DIE GEWINDE

IHRE ENTWICKLUNG, IHRE MESSUNG UND IHRE TOLERANZEN

IM AUFTRAGE VON
LUDW. LOEWE & CO. A.-G., BERLIN

BEARBEITET VON

Dr. G. BERNDT

PROFESSOR AN DER TECHNISCHEN HOCHSCHULE
DRESDEN

ERSTER NACHTRAG

MIT 102 ABBILDUNGEN IM TEXT
UND 79 TABELLEN

Springer-Verlag Berlin Heidelberg GmbH
1926

ISBN 978-3-662-39370-3   ISBN 978-3-662-40425-6 (eBook)
DOI 10.1007/978-3-662-40425-6

Vorwort.

Die Normung ist nicht etwas Starres, sondern ständig im Fluß befindlich. So treten fortlaufend Ergänzungen hinzu, während andere Normen den fortschreitenden wissenschaftlichen Erkenntnissen und praktischen Erfahrungen angepaßt werden müssen. Aus diesem Grunde sind einige Ausführungen in dem ersten Abschnitt des 1925 erschienenen Werkes (über die Entwicklung der verschiedenen Gewindesysteme) wie auch im 3. Abschnitt (über Gewindetoleranzen und ihre Prüfung) heute nicht mehr völlig zutreffend, sondern verlangen gewisse Ergänzungen und Änderungen. Ebenso steht auch auf dem (im 2. Abschnitt behandelten) Gebiet der Gewindemessungen und -meßgeräte die Entwicklung keinen Augenblick still.

Um nun dem Benutzer des Buches „Die Gewinde" doch stets den neuesten Stand der Gewindefragen bringen zu können, ohne ihn zu zwingen, nach bereits kurzer Zeit eine neue Auflage erwerben zu müssen, ist die Form eines Nachtrages gewählt, der das grundlegende Werk an den nötigen Stellen ergänzen soll. Diese Gelegenheit wurde zugleich benutzt, um einige bei der Korrektur des Gewindebuches übersehene Druckfehler, bzw. von den einzelnen Normenausschüssen gebrachte kleine Änderungen mit zu berücksichtigen.

An wesentlichen Neuerungen, die der vorliegende Nachtrag enthält, seien die folgenden genannt:

Abschnitt I. Die Entwicklung der verschiedenen Gewindesysteme:

Gewinde für Luftreifenventile in England.

Die Berechnung der einzelnen Größen der genormten Gewinde.

Die Sondergewinde des Lokomotiv-Normenausschusses.

Die neue Ausgabe der DIN 202: Bezeichnung der Gewinde.

Die Fortschritte der Normung der Gewinde in außerdeutschen Ländern.

Die Normung der amerikanischen Feuerschlauchverschraubungen.

Die neue Ausgabe der DIN 2999: Whitworth-Rohrgewinde für Fittingsanschlüsse.

Die Normung der Stahlpanzerrohrgewinde (DIN VDE 430).

Abschnitt II. Gewindemessungen:

Neue Meßgeräte zur Bestimmung des Flankendurchmessers.

Die amerikanischen Vorschriften für die Dreidrahtmethode.

Die in Deutschland verwendeten Drahtdurchmesser.

Wickman-Universal-Meßmaschine.

Neue Ausführung des Gewindemeß-Komparators und des Universal-Meßmikroskopes.

Neue Geräte zur Messung von Innengewinden.

Normen für Normalgewindelehren (DIN 2151/2, 2445/50).

Abschnitt III. Gewindetoleranzen und ihre Prüfung.

Gewindelehren zur Prüfung der Ausschußseite und Kontrolle der Abnutzung.

Toleranzen für Luftreifenventile in England.

Neue amerikanische Vorschriften zur Prüfung der Innehaltung der Toleranzen und die dazu nötigen Lehren.

Amerikanische Toleranzen für anormale Gewinde.

Amerikanische Toleranzen für Schneidzeuge für normale und anormale Gewinde.

Toleranzen für Außen- und Kerndurchmesser der Gewinde nach DIN 13/4, 12 und 11.

Mutterhöhen $m \sim 0,8 \cdot d$ nach DIN 934.

Die neuen Toleranzen für metrisches Gewinde nach DIN 13/4 sowie für die beiden Whitworth-Gewinde nach DIN 11 und 12 (DIN 2244 und 2245/50).

Toleranzen des Schraubeneisens.

Deutsche Toleranzen für anormale Gewinde.

Prüfung der Gewindetoleranzen in Deutschland und die dazu benutzten Lehren.

Toleranzen für amerikanische Schlauch- und Feuerschlauchverschraubungen.

Toleranzen für Stahlpanzerrohrgewinde.

Da die Anordnung genau so wie in dem Buch „Die Gewinde" getroffen ist und die Numerierung der Seiten, der Tabellen und der Abbildungen diesem völlig entspricht, so gilt das Inhaltsverzeichnis jenes Buches im wesentlichen auch für diesen Nachtrag. Um aber namentlich die neu aufgenommenen Gewinde und Meßgeräte schnell auffinden zu können, ist auch diesem ein besonderes Verzeichnis beigegeben.

Empfehlen dürfte es sich, kleine Änderungen (Druckfehlerberichtigungen usw.) auf Grund der Angaben des Nachtrages unmittelbar in dem eigentlichen Gewindebuch einzutragen, bei größeren Änderungen und Ergänzungen indessen in diesem einen Hinweis auf den Nachtrag anzubringen.

Die Literatur ist bis zum 30. Juni 1926 berücksichtigt und findet sich wieder am Schlusse zusammengestellt, worauf die eingeklammerten Zahlen im Text verweisen.

Durch diesen Nachtrag soll das Buch „Die Gewinde" wieder dem neuesten Stande der Forschung und Technik entsprechen.

Dresden, Oktober 1926.

Berndt.

Inhaltsverzeichnis.

I. Die Entwicklung der verschiedenen Gewindesysteme.

A. Einleitung.

B. Das Whitworth-Gewinde — England.

C. Das United States Standard- (USSt-) Gewinde.

D. Thury-Gewinde.

E. Die vor der Aufstellung des Vdl- und des SF-Gewindes gebräuchlichen Systeme.

F. Das metrische Gewindesystem in Deutschland.

G. Das Système Français- (SF-) Gewinde.

H. Das Système International- (SI-) Gewinde.

J. Die Normung der Gewinde in Europa.

K. Rohrgewinde.

L. Trapez-, Sägen- und Rundgewinde.

II. Gewindemessungen.

B. Kerndurchmesser.

C. Flankendurchmesser.

D. Steigung.

E. Flankenwinkel.

F. Abflachung und Abrundung.

G. Optische Meßgeräte.

H. Innengewinde.

J. Konische Gewinde.

L. Feste und nachstellbare Gewindelehren.

III. Gewindetoleranzen und ihre Prüfung.

A. Einleitung

B. BSW-, BSF- und BA-Gewinde — England.

C. USSt-Gewinde — Vereinigte Staaten.

D. Gewindetoleranzen in Deutschland.

E. Rohr- und Rundgewinde.

Umrechnung von Zoll in mm.

Nachtrag.

I. Die Entwicklung der verschiedenen Gewindesysteme.

A. Einleitung.

1. Grundbegriffe.

Zu S. 4—6. Konische Gewinde. Über die Messung der Steigung bei den konischen Gewinden bestehen verschiedentlich Zweifel (5). Demgegenüber sei darauf hingewiesen, daß nach den amerikanischen (2, 4) und den englischen Normen (3) die Steigung h die Projektion des parallel zum Kegelmantel gemessenen Abstandes h' (s. Abb. 6 und 7) zweier benachbarter, gleichgerichteter Flanken ist. Beide stehen untereinander, da die Verjüngung $1:16$ und der ganze Kegelwinkel $\beta = 3^0 \, 34' \, 29{,}7''$ ist, sowie auch zu dem achsenparallelen Abstand h_1 zweier benachbarter gleichgerichteter Flanken in der Beziehung:

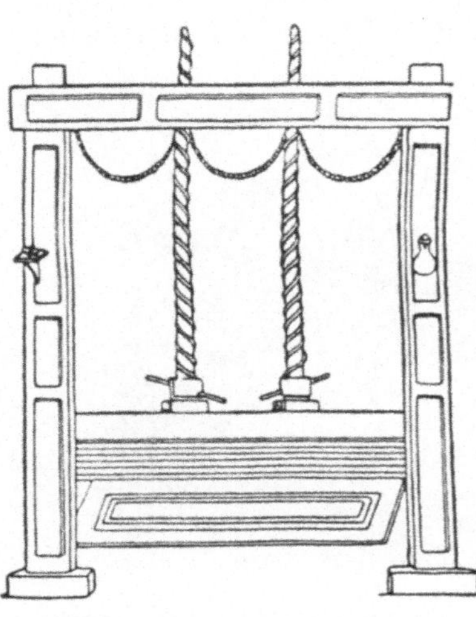

Abb. 9a. Römische Presse zum Plätten der Wäsche. (Nach Feldhaus, Tage der Technik, 1925.)

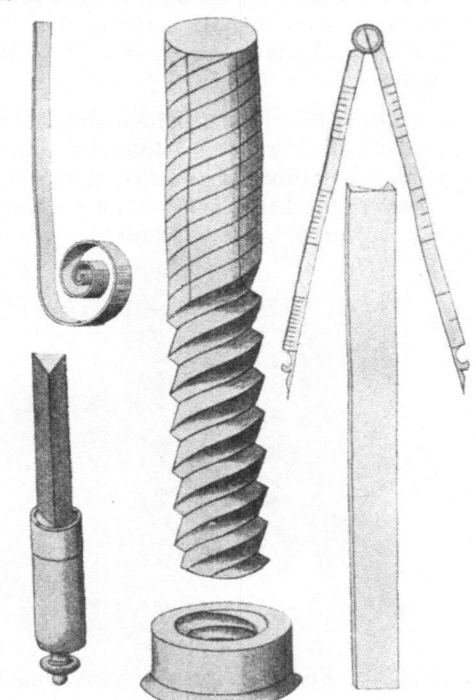

Abb. 9b. Herstellung der Schraube um 1550.

Konisches Gewinde

amerikanisches	englisches
$\alpha = 60^0$	55^0
$h' = 1{,}000_5 \cdot h$	$1{,}000_5 \cdot h$
$h_1 = 0{,}981_9 \cdot h$	$0{,}984_9 \cdot h$

Der Unterschied zwischen h und h' macht $^1/_2\,^0/_{00}$, also auf $1''$ nur 12,7 μ aus, so daß er praktisch meist zu vernachlässigen sein wird; dagegen beläuft er sich zwischen h_1 und h auf 1,8 bzw. 1,5$^0/_0$.

Neuerdings ist auch in LON 285 darauf hingewiesen, daß die Steigung parallel zur Achse zu messen ist (6).

3. Entwicklung der Gewindeherstellung.

Zu S. 16. Römische Wäschepresse s. Abb. 9a.

Zu S. 16. Herstellung der Schraube im Mittelalter. Nach Jac. Besson (1565) wurden mit Hilfe eines ausgehöhlten Lineals (Abb. 9b rechts) auf dem vorgedrehten Zylinder parallele Längslinien gezogen und diese mit dem Zirkel eingeteilt; durch die so entstandenen Schnittpunkte wurde der Pergamentstreifen (Abb. 9b, links oben) gelegt und danach die Schraubenlinie angerissen. Diese wurde mit der Dreikantfeile vertieft, die damals das wichtigste Werkzeug zur Gewindeherstellung war. Die Mutter goß man über die fertige Spindel (18).

Zu S. 17. Erste Leitspindeldrehbank. Abb. 9c zeigt die erste von Maudslay (1771—1831) im Jahre 1797 erbaute Leitspindeldrehbank. Ursprünglich wurden zum Schneiden der einzelnen Steigungen verschiedene Leitspindeln benutzt, während die Wechselradübersetzung erst später eingeführt wurde.

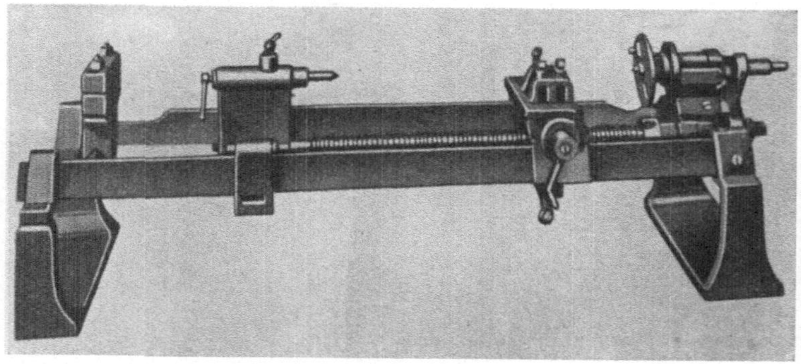

Abb. 9c. Erste Leitspindeldrehbank zum Gewindeschneiden (Maudslay 1797).

Zu S. 17. Der Erbauer der ersten Dampfmaschine in Essen heißt Dinnendahl (1775—1826).

B. Das Whitworth-Gewinde — England.

3. Das British Standard Fine- (BSF-) Gewinde.

Zu S. 34. Für die **Luftreifenventile** besteht ein von den Abmessungen des BSF-Gewindes abweichendes Gewinde mit Whitworth-Profil (das sogenannte **Schrader**-Gewinde); die näheren Angaben dafür sind aus Tabelle 6a zu entnehmen (für ein anderes Luftreifenventilgewinde s. Nachtrag zu S. 40).

Tabelle 6a.   Schrader-Gewinde für Luftreifenventile.
(Whitworth-Profil Abb. 12, s. S. 24.)

d mm	z	h mm	d_1 mm	d_2 mm
12,15	26	0,977	10,900	11,525
7,65	32	0,794	6,634	7,142

5. Das SI-Gewinde in England.

Zu S. 40. Ein Gewinde mit **SI-Profil**, und zwar gleichfalls mit dem auf dem Züricher Kongreß vorgeschlagenen Spitzenspiel von $\frac{1}{16} \cdot t$, ist für die Luftreifenventile von der Society of Motor Manufacturers and Traders im September 1923 vorgeschlagen und dem englischen Normenausschuß zur Genehmigung unterbreitet. Es weicht aber doch insofern stark davon ab, als nicht nur die Steigungen (durch Angabe der Gangzahl z auf $1''$), sondern auch die Durchmesser in Zollmaß aufgestellt sind. Vorgeschlagen sind 4 Durchmesser: $0,4820''$ (12,243 mm); $0,4070''$ (10,338 mm); $0,3820''$ (9,703 mm); $0,3050''$ (7,747 mm). Zwischen Bolzen und Mutter soll in allen drei Durchmessern ein Mindestspiel von $^4/_{1000}''$ (102 μ) vorhanden sein, das durch Vergrößerung der Mutterdurchmesser zu erreichen ist. Die näheren Angaben sind aus Tabelle 11a zu entnehmen (über die Toleranzen s. Nachtrag zu S. 515; über ein Luftreifenventilgewinde mit Whitworth-Profil s. Nachtrag zu S. 34).

Tabelle 11a.   Gewinde für Luftreifenventile.
(SI-Profil Abb. 39, s. S. 137.)

d Zoll	z	d_1 Zoll	d_2 Zoll	D Zoll	D_1 Zoll	D_2 Zoll	Mindestspiel $^1/_{1000}''$	μ
0,4820	26	0,4279	0,4570	0,4901	0,4360	0,4610	4	102
0,4070	28	0,3568	0,3838	0,4149	0,3646	0,3878	4	102
0,3820	32	0,3380	0,3617	0,3894	0,3454	0,3657	4	102
0,3050	32	0,2610	0,2847	0,3124	0,2684	0,2887	4	102

C. Das United States Standard- (USSt-) Gewinde.

5. Das USSt-Gewinde 1922.

Zu S. 56. National Screw Thread Commission. Seit 1923 ist an Stelle von Dr. Stratton der neue Direktor des Bureau of Standards, Dr. Burgess, Obmann der NSThC. Diese strebte seit 1919 auch zu einer Vereinheitlichung der Gewinde mit England (und evtl. mit Frankreich) zu kommen (10), wobei das Profil des USSt-Gewindes beibehalten, dafür aber die Steigungen des Whitworth-Gewindes genommen werden sollten. Nach Besprechungen zwischen den Normenausschüssen der Vereinigten Staaten, Englands, Canadas und Australiens wurde diese Frage auch auf der im April 1926 tagenden internationalen Normungskonferenz behandelt (11, 12). Diese ist aber auch zu keinen brauchbaren Vorschlägen gekommen. Betont wurde nur die Wichtigkeit des Spitzenspiels und guter Flankenanlage.

Zu S. 57/8. Das Tap und Die Institute hat sich im Jahre 1925 der Normung angeschlossen.

Zu S. 59/61. Profil des USSt-Gewindes. In Abb. 20 b muß es heißen: $t_2 = \frac{5}{8} \cdot t = \frac{5}{6} \cdot t_1$.

Bei dem Profil Abb. 20 b beträgt die Abrundung $\frac{1}{8} \cdot t + \frac{1}{24} \cdot t = \frac{1}{6} \cdot t$ und ist somit der Krümmungshalbmesser $r = \frac{1}{6} \cdot t$. Der Berührungspunkt des Abrundungsbogens mit den Flanken liegt somit $\frac{1}{6} \cdot t + \frac{1}{2} \cdot r$

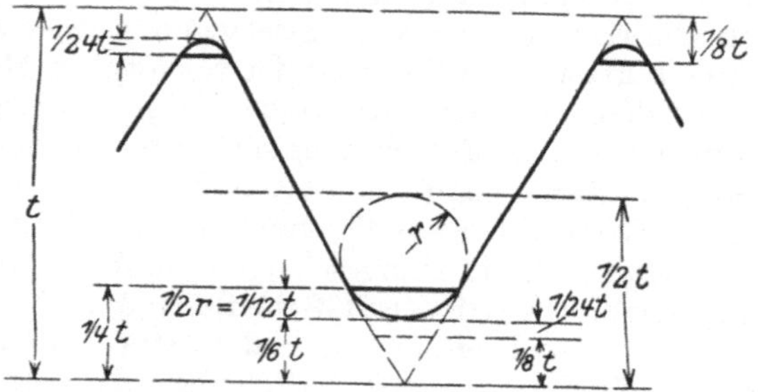

Abb. 20 d. Erläuterung zum Profil des USSt-Gewindes.

$= \frac{1}{4} \cdot t$ von der Spitze des scharf ausgeschnitten gedachten Profils entfernt (Abb. 20 d), also an der Stelle, an welcher die Abflachung der Mutter im Kern ansetzt, wie es bei jedem Spitzenspiel der Fall sein soll, damit die Zusammenschraubbarkeit nicht behindert ist.

Vervollständigt man den Abrundungskreis, so berührt er eine Parallele zur Achse, die von der Spitze des scharf ausgeschnitten gedachten Profils im Abstand $\frac{1}{6} \cdot t + 2 \cdot r = \frac{1}{2} \cdot t$ gezogen ist, bei welcher somit die Breite des Kammes gleich der der Lücke und von der aus also nach der amerikanischen Definition der Flankendurchmesser zu rechnen ist (10).

In den neuesten Veröffentlichungen (10) wird als National Form of Thread dasjenige mit den Abflachungen nach Abb. 20 c, aber mit dem größtzulässigen Kerndurchmesser d_1' der Tabellen 29 und 30 bezeichnet. Es unterscheidet sich von der Abb. 20 c also dadurch, daß die Abflachung im Kern des Bolzens $\frac{1}{6} \cdot t$ (statt $\frac{1}{8} \cdot t$) und das Spitzenspiel b im Grunde $\frac{1}{12} \cdot t$ (statt $\frac{1}{8} \cdot t$) wird. Demgemäß würde hierfür gelten:

$$t = 0{,}8660/z,$$
$$t_1 = \tfrac{17}{24} \cdot t = 0{,}6134/z,$$
$$T_1 = \tfrac{5}{8} \cdot t = 0{,}5413/z.$$
$$t_2 = \tfrac{5}{8} \cdot t = 0{,}5413/z,$$
$$a = 0,$$
$$b = \tfrac{1}{12} \cdot t = 0{,}07217/z,$$
$$t_2/t = \tfrac{5}{8} = 0{,}625.$$

In den Tabellen sind aber trotzdem nur die Werte von d_1 und nicht die von d_1' aufgeführt, so daß das grundlegende Profil danach doch das nach Abb. 20c bleibt, wenn man nicht gar dafür das Sellers-Profil (ohne jedes Spitzenspiel) nach Abb. 17 nehmen will.

Zu S. 61/62. Tabelle 29 und 30. Die Überschrift der beiden letzten Spalten muß heißen: **2.** a' und **2.** b'. In der Spalte t_1 der Tabelle 29 sind folgende Änderungen anzubringen: 0,01015; 0,02706; 0,04639.

Tabelle 29a. Ergänzung zu USSt-Gewinde, Grobreihe.

Nr.	d, D mm	A Zoll	A' Zoll	φ
1	1,854	0,00195	0,00065	4° 31′
2	2,184	0,00223	0,00074	4° 22′
3	2,515	0,00260	0,00087	4° 26′
4	2,845	0,00312	0,00104	4° 45′
5	3,175	0,00312	0,00104	4° 11′
6	3,505	0,00391	0,00130	4° 50′
8	4,166	0,00391	0,00130	3° 58′
10	4,826	0,00521	0,00174	4° 39′
12	5,486	0,00521	0,00174	4° 1′
$\varphi\ 1/4$	6,350	0,00625	0,00208	4° 11′
$5/16$	7,938	0,00694	0,00231	3° 40′
$3/8$	9,525	0,00781	0,00260	3° 24′
$7/16$	11,113	0,00893	0,00298	3° 20′
$1/2$	12,700	0,00962	0,00321	3° 7′
$9/16$	14,288	0,01042	0,00347	2° 59′
$5/8$	15,875	0,01136	0,00379	2° 56′
$3/4$	19,050	0,01250	0,00417	2° 40′
$7/8$	22,225	0,01389	0,00463	2° 31′
1	25,400	0,01562	0,00521	2° 29′
$1\,1/8$	28,575	0,01786	0,00595	2° 31′
$1\,1/4$	31,750	0,01786	0,00595	2° 15′
$1\,1/2$	38,100	0,02083	0,00694	2° 11′
$1\,3/4$	44,450	0,02500	0,00833	2° 15′
2	50,800	0,02778	0,00926	2° 11′
$2\,1/4$	57,150	0,02778	0,00926	1° 55′
$2\,1/2$	63,500	0,03125	0,01042	1° 57′
$2\,3/4$	69,850	0,03125	0,01042	1° 46′
3	76,200	0,03125	0,01042	1° 36′

Die neue Fassung der amerikanischen Norm enthält noch den Durchmesser in Millimetern (woraus folgt, daß mit der Bezugstemperatur 20° für das Zoll- und das metrische Maßsystem gerechnet ist;

s. S. 628), die Breite der normalen Abflachung $A = \frac{1}{8} \cdot t$ und die Breite der kleinstzulässigen Abflachung des Außendurchmessers der Mutter $\left(A' = \frac{1}{24} \cdot t\right)$ sowie die Steigungswinkel φ (am Flankendurchmesser), die in Tabelle 29a und 30a wiedergegeben sind.

Tabelle 30a. Ergänzung zu USSt-Gewinde, Feinreihe.

Nr.	d, D mm	A Zoll	A' Zoll	b
0	1,524	0,001 56	0,000 52	4° 23′
1	1,854	0,001 74	0,000 58	3° 57′
2	2,184	0,001 95	0,000 65	3° 45′
3	2,515	0,002 23	0,000 74	3° 43′
4	2,845	0,002 60	0,000 87	3° 51′
5	3,175	0,002 84	0,000 95	3° 45′
6	3,505	0,003 12	0,001 04	3° 44′
8	4,166	0,003 47	0,001 16	3° 28′
10	4,826	0,003 91	0,001 30	3° 21′
12	5,486	0,004 46	0,001 49	3° 22′
ϕ $^1/_4$	6,350	0,004 46	0;001 49	2° 52′
$^5/_{16}$	7,938	0,005 21	0,001 74	2° 40′
$^3/_8$	9,525	0,005 21	0,001 74	2° 11′
$^7/_{16}$	11,113	0,006 25	0,002 08	2° 15′
$^1/_2$	12,700	0,006 25	0,002 08	1° 57′
$^9/_{16}$	14,288	0,006 94	0,002 31	1° 55′
$^5/_8$	15,875	0,006 94	0,002 31	1° 43′
$^3/_4$	19,050	0,007 81	0,002 60	1° 36′
$^7/_8$	22,225	0,008 93	0,002 98	1° 34′
1	25,400	0,008 93	0,002 98	1° 22′
$1\,^1/_8$	28,575	0,010 42	0,003 47	1° 25′
$1\,^1/_4$	31,750	0,010 42	0,003 47	1° 16′
$1\,^1/_2$	38,100	0,010 42	0,003 47	1° 3′

Zu S. 63. **Die Bezeichnung** des amerikanischen Gewindes erfolgt durch Angabe des Durchmessers, der Gangzahl z, des Profils, des Sitzes[1]), wozu bei Linksgewinden noch der Zusatz LH (Abkürzung von: left hand) hinter z eingefügt wird, z. B. $1'' - 12 - LH - N - 5$[2]).

Für anormale Durchmesser sollen möglichst die Gangzahlen $z = 4$, 6, 8, 10, 12, 14, 16, 18, 20, 24, 28, 32, 36, 40, 48, 56, 64 verwendet werden (10).

6. Sondergewinde.

Zu S. 65. **Für Holzschraubengewinde** sind nur die Durchmesser und die Gangzahlen z, nicht dagegen das Profil festgelegt (5) (s. Tabelle 35a). Es ist etwas feiner als das in Österreich genormte Holzschraubengewinde mit Zollmaßen (s. Tabelle 116b). Die Tole-

---

[1]) Die Sitze (s. Abschnitt: Toleranzen) werden durch Nummern bezeichnet.
[2]) $N =$ Nationalform; $z = 12$ ist anormal für $1''$ Durchmesser.

ranzen für den Außendurchmesser sind zu $+4$ und $-7\cdot10^{-3}$ Zoll (also $+0,1$ und $-0,2$ mm), die für z zu $\pm10\,{}^0/_0$ festgesetzt.

Tabelle 35a. Amerikanisches Holzschraubengewinde.
(Profil nicht angegeben.)

Nr.	d		z
	Zoll	mm	
0	0,060	1,5	32
1	0,073	1,9	28
2	0,086	2,2	26
3	0,099	2,5	24
4	0,112	2,8	22
5	0,125	3,2	20
6	0,138	3,5	18
7	0,151	3,8	16
8	0,164	4,2	15
9	0,177	4,5	14
10	0,190	4,8	13
11	0,203	5,2	12
12	0,216	5,5	11
14	0,242	6,1	10
16	0,268	6,8	9
18	0,294	7,5	8
20	0,320	8,1	8
24	0,372	9,4	7

D. Das Thury-Gewinde.

Zu S. 69. 7. Zeile von unten muß es heißen: $k=\frac{6}{5}$.

E. Die vor der Aufstellung des VdI- und des SF-Gewindes gebräuchlichen Systeme.

Zu S. 77. 4. Zeile von oben muß es heißen: t_2/t.

Zu S. 79/80. Preußisches Artilleriegewinde. Dieses hat nicht eine bestimmte Abrundung c (in Abb. 26 muß es deshalb dafür heißen: $\sim\frac{1}{10}\cdot t$), es sind vielmehr die Kerndurchmesser d_1 festgelegt; dadurch kommt es, daß die Werte von c und des Krümmungshalbmessers r für die einzelnen Durchmesser verschieden ausfallen. Streng ergeben sich die einzelnen Größen aus:

$$t=\tfrac{1}{2}\cdot h\cdot\operatorname{ctg}30^0=0,8660\cdot h\,,$$
$$t_1=t_2=\tfrac{1}{2}\cdot(d-d_1)\,,$$
$$c=r=\tfrac{1}{2}\cdot(t-t_1)\,,$$
$$t_2/t\sim0,80\,.$$

Dementsprechend ist Tabelle 54 durch Tabelle 54a zu ersetzen.

Tabelle 54a. Preußisches Artillerie-Gewinde.
(Profil: Abb. 26.)

Nr.	Be-nennung	d mm	d Zoll	z	d_1 mm	t mm	r mm
1	2	1,60	$^1/_{16}$	68	1,10	0,32	0,037
	2,5	2,50	$^3/_{32}$	48	1,77	0,45	0,041
2	3,5	3,20	$^1/_8$	38	2,20	0,58	0,039
	4	4,00	$^5/_{32}$	38	3,00	0,58	0,039
3	5	4,75	$^3/_{16}$	27	3,45	0,81	0,083
4	6,5	6,35	$^1/_4$	20	4,55	1,10	0,100
5	8,5	7,95	$^5/_{16}$	18	5,85	1,22	0,086
6	10	9,55	$^3/_8$	16	7,20	1,37	0,100
7	12	11,10	$^7/_{16}$	14	8,50	1,57	0,136
8	13,5	12,70	$^1/_2$	12	9,85	1,83	0,204
9	17	15,90	$^5/_8$	11	12,75	2,00	0,213
10	20	19,05	$^3/_4$	10	15,40	2,28	0,188
11	23	22,25	$^7/_8$	9	18,20	2,44	0,210
12	26	25,40	1	8	20,95	2,74	0,263
13	29	28,60	$1^1/_8$	7	23,35	3,14	0,259
14	33	31,75	$1^1/_4$	7	26,50	3,14	0,259
15	39	38,10	$1^1/_2$	6	32,10	3,66	0,333
16	46	44,45	$1^3/_4$	5	37,65	4,40	0,500
17	52	50,80	2	$4^1/_2$	42,95	4,88	0,482
18	58	57,15	$2^1/_4$	4	48,35	5,50	0,550

F. Das metrische Gewindesystem in Deutschland.

1. Das VdI-Gewinde.

Zu S. 97. **3. Zeile von unten muß es heißen:** für 4 bis 8 mm.

Zu S. 97, Fußnote: Delisle, geboren 10. Januar 1827; Eisenbahningenieur in Amerika und in der Schweiz; Oberingenieur der badischen Staatsbahn; gest. 29. Januar 1909.

G. Das Système Français- (SF-) Gewinde.

Zu S. 125, Fußnote 2: Sauvage, geboren 16. August 1850 in Paris.

H. Das Système International- (SI-) Gewinde.

1. Der Züricher Kongreß.

Zu S. 131. **Ein Spitzenspiel** ist erforderlich, um möglichst große Gewähr dafür zu haben, daß die Anlage von Bolzen und Mutter wirklich an den Flanken (und nicht an den Spitzen) erfolgt und damit auch stärkere Kräfte aufgenommen werden können. Um dieses notwendige Spitzenspiel zu erhalten, hatte man bisher schon fast immer den Gewindebohrer im Außen- und Kerndurchmesser größer ausgeführt; häufig entstand es auch — unbeabsichtigt — durch die Toleranz des Schraubeneisens bzw. das Größerbohren der Kernlochbohrer (s. auch Nachtrag zu S. 165).

Zu S. 136 und 137. In der 4. Zeile von oben muß es heißen: $r = 0,0541 \cdot h$.

In der 5. Zeile von oben muß es heißen: $a = 0,0541 \cdot h$.

3. Die Einführung des SI-Gewindes in Deutschland.

Zu S. 145. Neben Abb. 40 muß es heißen: $r = 0,0633 \cdot h$.

Zu S. 146. 13. Zeile von unten muß es heißen: $t_1 = 61/76 \cdot t$. 11. Zeile von unten muß es heißen:

$$r = \left(\tfrac{1}{8} - \tfrac{1}{19}\right) \cdot t = \tfrac{11}{152} \cdot t = 0,0633 \cdot h.$$

Das Kleinstspiel $a = \tfrac{1}{24} \cdot t$ ergibt sich daraus, daß damit der Abrundungsbogen die Flanken an der Stelle tangiert, an welcher die Abflachung des Bolzens ansetzt; denn in diesem Falle ist (s. S. 10) $r = \tfrac{1}{12} \cdot t$ und somit $a = r \cdot (1 - \sin \alpha/2) = \tfrac{1}{2} \cdot r = \tfrac{1}{24} \cdot t$.

J. Die Normung der Gewinde in Europa.

1. Deutschland.

b) Das Whitworth- und das metrische Gewinde (DIN 11/12 und 13/14).

Zu S. 151/2. Mit dem Umrechnungsfaktor $1'' = 25,399\,98$ mm waren die erste, zweite und dritte Ausgabe von DIN 11 berechnet. Die Umrechnung mit $1'' = 25,400\,95$ mm ist erst in der vierten Ausgabe vom 1. IV. 1922 erfolgt.

Zu S. 152. Dem Beschluß, bis 10 mm das metrische Gewinde zu verwenden, hat sich auch der VDE, der Zentralverband der Elektrotechnik und der Schwachstromverband angeschlossen. Dagegen hat das EZA seine Zustimmung für die Bekleidungsschrauben an Fahrzeugen zurückgezogen, wo es Whitworth-Gewinde beibehält. Da diese Schrauben aber eine von den sonstigen abweichende Kopfform haben, so stellt diese Regelung gewissermaßen eine Fachnorm dar. Die Klammern bei den Durchmessern $1/4$, $5/16$ und $3/8''$ sind jetzt wieder in Fortfall gekommen (40).

Zu S. 152, Fußnote: Die Norm G 1a des HNA (vom 15. November 1921, die an Stelle der früheren Norm G 1 getreten ist) enthält die Durchmesser $1/8$, $3/16$ und $9/16''$ nicht mehr.

Zu S. 154/156, Tabelle 94 und 96. Original-Whitworth-Gewinde (DIN 11) und Whitworth-Gewinde mit Spitzenspiel (DIN 12): Die Klammern bei den Durchmessern $1/4$, $5/16$ und $3/8''$ sind in Fortfall gekommen (40). In Tabelle 94 muß es beim Durchmesser $1\tfrac{1}{4}''$ heißen: $d = 31,751$ mm, und beim Durchmesser $1\tfrac{1}{2}''$: $h = 4,233$.

Zu S. 155. DIN VDE 9301, Unverwechselbarkeitseinsätze zu Schraubstöpselsicherungen bis 60 Amp., ist auch vom österreichischen Normenausschuß übernommen (37).

Das Gewinde $^3/_{16}''$ findet sich dementsprechend auch bei den D-Paßschrauben auf DIN VDE 9360.

Zu S. 155. In Tabelle 95, Nichtgenormte Durchmesser des Original-Whitworth-Gewindes, sind folgende Änderungen einzutragen:

Spalte d: 66,677, 117,479, 142,880.

Spalte d_1: 14,506, 17,384, 20,199, 52,194, 58,544, 75,720, 82,070, 99,816, 106,166, 124,137, 130,487, 136,218.

Spalte d_2: 12,932, 15,985, 19,013, 22,007, 50,362, 68,379, 74,730, 80,724, 87,074, 93,008, 99,358, 117,916, 124,267, 130,335.

Spalte r: 0,997, 1,268.

Zu S. 157. In Tabelle 97, Nichtgenormte Durchmesser des Whitworth-Gewindes mit Spitzenspiel, sind in den Spalten d_1, d_2 und r dieselben Änderungen wie in Tabelle 95 anzubringen.

Zu S. 157. Bei den schwarzen Schrauben mit dem Profil nach DIN 12 wird die rohe Außenhaut des Schraubeneisens infolge seiner Unrundheit meist sichtbar bleiben, und zwar in verschiedener Breite. Sie wird sich nie vermeiden lassen, da das Schraubeneisen zwecks Schonung der Schneidzeuge stets eine negative Herstellungstoleranz besitzen muß.

Infolge der Einführung eines Mindestspitzenspieles durch die Toleranzen auch für Gewinde mit Profil nach DIN 11 besteht eigentlich kein grundsätzlicher Unterschied mehr zwischen DIN 11 und DIN 12, nur hat dieses Mindestspitzenspiel verschiedene Größe für beide. Für die Konstruktion bleibt aber dadurch ein Unterschied, daß man in vielen Fällen bei Verwendung von DIN 12 einen kleineren Normaldurchmesser (nach DIN 3) wählen kann (41). Deshalb ist auch das Normblatt DIN 12 über Whitworth-Gewinde mit Spitzenspiel nicht zurückgezogen, vielmehr hat der Gewindeausschuß in seiner Sitzung vom 7. Dezember 1925 beschlossen (40): Als Ausgangspunkt für alle Whitworth-Gewinde gilt DIN 11 unter Berücksichtigung der Gewindetoleranzen. DIN 12 bleibt aber als Konstruktionsgewinde bestehen.

Indessen bleibt zu bedenken, daß durch die völlige Ausnutzung der Toleranzen für DIN 11 sich vielfach auch bei dem Original-Whitworth-Gewinde ein kleinerer Paßdurchmesser verwenden läßt (zumal es auf die Form der Abrundung nicht ankommt).

Zu S. 158. Das Whitworth-Gewinde mit Spitzenspiel nach DIN 12 ist von $^1/_2$ bis $2''$ auch vom Awana übernommen; für Dichtungsgewinde ist aber das Whitworth-Gewinde ohne Spitzenspiel nach DIN 11 vorgeschrieben.

Dagegen verwendet der HNA das Whitworth-Gewinde ohne Spitzenspiel nach DIN 11 (s. Fußnote auf S. 152).

Zu S. 159. Für die Wahl der Stufung 4, 9 sprachen, außer den angeführten, folgende Gründe (38): Das namentlich vom Großmaschinenbau verlangte Absetzen um 1 mm vom Wellendurchmesser d_1 (Abb. 44) auf den Gewindedurchmesser d_2 ist auch von Vorteil bei Kupplungsbolzen, die stramm in die Bohrungen hineingetrieben werden müssen; wenn nämlich die Löcher der Kupplungsflanschen nicht sehr genau fluchten, würde beim Eintreiben des Kupplungsbolzens das Gewinde beschädigt, falls der Bolzendurchmesser d_2 gleich dem Wellendurchmesser d_1 wäre. Die durch die Stufung 4, 9 gegenüber 0, 5 erzielten Vorteile wären mit der sonst gebräuchlichen Stufung 2, 8 nicht zu erreichen gewesen, da es auch bei diesen nicht möglich ist, mit dem kleinen Unterschied von 1 mm für die Paßdurchmesser auszukommen, was zu schwereren Konstruktionsausführungen oder höheren Beanspruchungen der stark geschwächten Querschnitte geführt hätte.

Zu S. 160. Die Steigung 6 mm von 64 mm Durchmesser ab war schon in der zweiten Ausgabe von DIN 14 vom April 1920 enthalten. Dagegen wurde das Spitzenspiel $a = 0{,}045 \cdot h$ erst in der dritten Ausgabe von 1921 endgültig festgelegt. Die letzte Ausgabe vom Juni 1923 ist für DIN 13 die fünfte, für DIN 14 die vierte.

Zu S. 163. Um Unterschiede in der dritten Dezimale durch einen verschiedenen Rechnungsgang in den einzelnen Ländern zu vermeiden, ist mit dem Holländischen Normenausschuß der folgende vereinbart, dem sich auch der Schwedische Normenausschuß anschließen will (41):

1. $d = \text{Nenndurchmesser,}$
2. $t = 0{,}866 \cdot h$, auf drei Stellen abgerundet,
3. $t_2 = t - \frac{2}{8} \cdot t = \frac{3}{4} \cdot t$, auf drei Stellen abgerundet,
4. $d_2 = d + \frac{2}{8} \cdot t - t = d - t_2$,
5. $D_1 = d - 2 \cdot t_2$,
6. $t_1 = t_2 + a$, auf drei Stellen abgerundet,
7. $d_1 = d - 2 \cdot t_1$,
8. $D = D_1 + 2 \cdot t_1$.

Dieser Rechnungsgang geht von dem Flankendurchmesser als dem wichtigsten Bestimmungsstück aus. Da die Spitzen des scharf ausgeschnitten gedachten Dreiecks um $\frac{1}{8} \cdot t$ über dem Außendurchmesser des Bolzens liegen sollen, so wird $d_2 = d + \frac{2}{8} \cdot t - t = d - \frac{3}{4} \cdot t$. Da die Spitze des scharf ausgeschnitten gedachten Dreiecks auch um $\frac{1}{8} \cdot t$ unter dem Kerndurchmesser der Mutter liegen soll, so wird $t_2 = t - \frac{2}{8} \cdot t = \frac{3}{4} \cdot t$. Der Flankendurchmesser d_2 teilt somit die Tragtiefe t_2 symmetrisch. Der Einfachheit halber wird aber zunächst t_2 berechnet, da es sowohl zur Bestimmung von d_2 wie auch von D_1 herangezogen werden kann. Zur Berechnung von $t_1 = t_2 + a$ ist das Spitzenspiel nötig. Mit Hilfe von t_1 ergibt sich dann der Kerndurchmesser des Bolzens $d_1 = d - 2 \cdot t_1$ und der Außendurchmesser der Mutter $D = D_1 + 2 \cdot t_1$. Dadurch ist erreicht, daß das Spitzenspiel a nur einmal, nämlich bei der Berechnung von t_1, in Erscheinung tritt. Die hieran vorgenommenen Abrundungen wirken natürlich in gleicher Weise auf d_1 und D ein (41).

Zu S. 164. Das metrische Gewinde nach DIN 13 ist auch für Kappen-Schraubhülsen für Kabelleiter von 0 bis 400 mm² Querschnitt, Kupferrundleiter-Querschnitt in DIN VDE 7652 und für Gewindestifte mit Kegelansatz in DIN VDE 7676 übernommen.

Zu S. 164, Absatz 1. Der HNA hat das metrische Gewinde von 1 bis 10 mm Durchmesser nach DIN 13 in seiner Norm G 1a übernommen, in der jetzt auch das Spitzenspiel in Übereinstimmung mit DIN 13 zu $0,045 \cdot h$ festgesetzt ist (Fußnote 2 muß also gestrichen werden). Die Normen G 2 und 7 sind in Fortfall gekommen und in Norm G 1a vom 15. November 1921 aufgegangen.

Die Kraftfahrnormen KrG 302/304 werden nicht mehr ausgegeben und sind durch DIN 13/14 ersetzt. Ebenso soll der Durchmesser 13 mm aufgegeben werden (41), so daß dann die Fußnote 1 zu streichen wäre. KrG 301 gibt einen Überblick über die verschiedenen Arten des metrischen Gewindes.

Über die von EZA gemachte Einschränkung s. Nachtrag zu S. 152.

DIN 13 ist ferner von Awana angenommen.

Zu S. 164, Absatz 2. Zu der weiteren Ausbreitung des metrischen Gewindes trägt auch bei, daß es gegenüber dem Whitworth-Gewinde bei den kleinen Durchmessern den Vorteil feinerer Steigungen, damit größeren Kernquerschnitts und besserer Selbstsperrung hat. Vor allem gestattet es aber eine völlige Ausnutzung des Materials, da stets in mm-Maßen konstruiert wird. Es würde auch das Whitworth-Gewinde in dem Bereich von $^1/_2$ bis 2″ Durchmesser schon völlig verdrängt haben, wenn nicht die jetzige wirtschaftliche Lage die Umstellung unmöglich gemacht hätte (35). Über die Verwendung der beiden Gewinde bei den verschiedenen Behörden und Verbänden gibt nachfolgende Zusammenstellung Aufschluß, zu der noch zu bemerken ist, daß über 50 mm Durchmesser das metrische Gewinde nach DIN 14 nahezu ausschließlich gebraucht wird.

Behörden und Verbände	ϕ-Bereich 1—10 mm		ϕ-Bereich 10—50 mm	
	Whitworth DIN 11/12	Metrisch DIN 13	Whitworth DIN 11/12	Metrisch DIN 14
Reichseisenbahn	Bekleidungsschrauben an Fahrzeugen ¹)	Lokomotiven, Maschinen u. Apparate	Allg.	
Reichspost		Allg.	Allg.	
Reichsheer		Allg.		Allg.
Reichsmarine		Allg.	Allg.	
HNA	z. T.	z. T.	Allg.	
VDE		Allg.	Allg.	
Zentralverband d. Elektrotechn. Ind. . . .		Allg.	Allg.	
Verband d. Schwachstrom Ind.		Allg.	Allg.	
RDA		Allg. ²)		Allg. ²)

¹) Da diese Schrauben abweichende Kopfform haben, so handelt es sich dabei im Grunde um eine Fachnorm.

²) Vom 1. Januar 1927 ab verbindlich.

Der Werkzeugmaschinenbau verwendet zu etwa zwei Drittel metrisches, zu einem Drittel Whitworth-Gewinde, während bei den landwirtschaftlichen Maschinen (neben dem USSt-) das Whitworth-Gewinde vorherrscht. Der Großmaschinenbau benutzt als Schraubengewinde bis 10 mm Durchmesser metrisches, von $^1/_2$ bis 2″ Whitworth-Gewinde nach DIN 11 (für größere Durchmesser s. Nachtrag zu S. 185). Zur Zeit werden in Deutschland etwa 60 % der Gewinde mit Whitworth-Profil und 40 % mit dem des metrischen Gewindes hergestellt.

Zu S. 165. Angriffe gegen das metrische Gewinde. Auch in der Zwischenzeit sind diese, besonders seines Spitzenspiels wegen, nicht verstummt (34). Die Gründe für die Notwendigkeit des Spitzenspiels sind wohl am besten von Zehl zusammengefaßt (39). Während es nämlich früher bei der Verarbeitung von Schweißeisen, das kurzbrüchig ist und nicht vorquetscht, leicht möglich war, die gewollten Werte von Außen- und Kerndurchmesser zu erreichen, verlangt das Vorquetschen des (seit 1900 meist verwendeten) Flußeisens unbedingt ein Spitzenspiel, das zweckmäßig in Bolzen und Mutter verlegt wird. Die Praxis hatte sich bisher dadurch geholfen, daß sie den Gewindebohrer im Außen- und Kerndurchmesser größer ausführte, und dadurch das von ihr als unbedingt nötig erkannte Spitzenspiel erzielt. Vor allem verlangt die Massenerzeugung das Spitzenspiel, da nur auf diese Weise zu erreichen ist, daß wirklich die Flanken tragen, was zur Aufnahme größerer Kräfte notwendig ist. Zwar könnte es scheinen, als wenn auch beim Spitzenspiel ein Klemmen in den Spitzen auftreten könnte (42); das wäre aber nur bei Verwendung falscher Schneidzeuge möglich. Wenn diese richtig konstruiert sind, legen sich bei den Gewinden mit Spitzenspiel immer die Flanken aneinander. Die sogenannten „zügig" gehenden Gewinde tragen in der Regel nur an den Spitzen (s. z. B. Abb. 362 b und 365 a und b); diese Anlage verschwindet aber mit dem zwei- oder dreimaligen Lösen und Wiederzusammenschrauben der Verbindung. Bei Beanspruchung geben auch die Spitzen sofort nach, so daß sich dann die Flanken, aber nur zu einem sehr kleinen Teil, aneinander anschmiegen. Somit täuscht das „Zügiggehen" nur einen guten Sitz vor und ist eine derartige Schraube schlechter als eine loser gehende, die dafür aber wirklich an den Flanken trägt. Schließlich führt auch die Toleranz des Schraubeneisens von selbst zum Auftreten des Spitzenspiels. Da ferner die Erfahrungen der Praxis gezeigt haben, daß selbst Schrauben mit dem Profil nach DIN 11 stets ein Spitzenspiel aufweisen (s. Abb. 47 a und b), und auch von den Gegnern des Spitzenspiels zugegeben werden mußte, daß es tatsächlich in der Praxis nicht zu vermeiden ist, also betriebstechnische Schwierigkeiten nicht vorliegen, so lief der ganze Streit schließlich darauf hinaus, ob ein bestimmtes Mindestspitzenspiel vorgesehen werden sollte, wie bei den Profilen nach DIN 12 und 13/14, oder ob dieses gelegentlich und rein zufällig auch einmal den Wert 0 haben dürfte, wie dies das Original-Whitworth-Gewinde nach DIN 11 vorsieht, und wie es von der Gegenseite gewünscht wurde, um derartige sehr seltene Zu-

fallsergebnisse nicht als Ausschuß erklären zu müssen. Um aber
einigermaßen Sicherheit zu haben, daß das Tragen an den Flanken
und nicht an den Spitzen erfolgt, ist in der Sitzung des Gewinde-

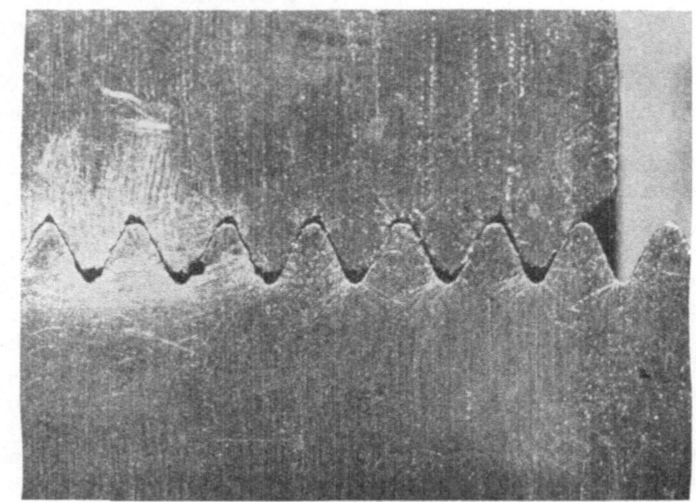

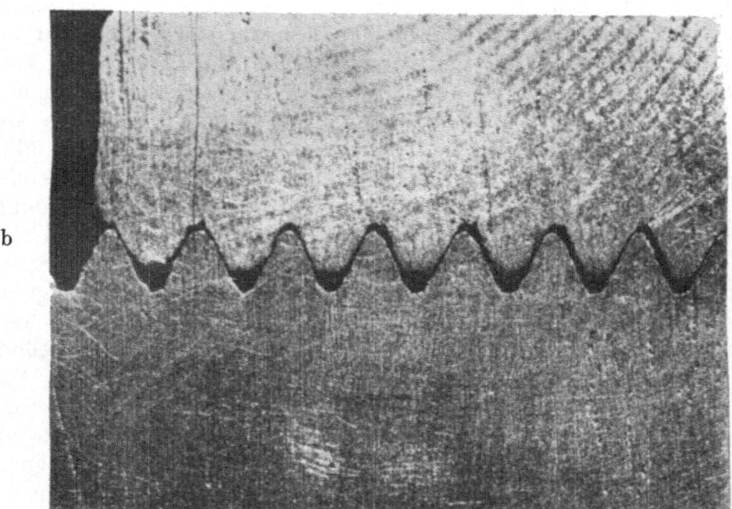

Abb. 47a und b. Schraubenbolzen (unten) und Mutter (oben) mit angeblich
Original-Whitworth-Gewinde ohne Spitzenspiel (im Schnitt).

ausschusses des NDI vom 7. Dezember 1925 (40) nahezu einstimmig
beschlossen, an einem bestimmten Mindestspitzenspiel, also einem
absichtlich „gewollten", im Gegensatz zu dem in der Praxis ent-

stehenden „zufälligen" Spitzenspiel festzuhalten (und ist dieses sogar auch durch die Tolerierung der DIN 11 bei dem Original-Whitworth-Gewinde eingeführt). Ganz besonders werden sich die Vorteile des Spitzenspieles bei der Benutzung geschliffener Schneidezeuge auswirken, bei denen die Steigungs- und die Winkelfehler wesentlich geringer als bei den gewöhnlichen sind, und die somit keine so weitgehende Verkleinerung des Flankendurchmessers des Bolzens bzw. Vergrößerung bei der Mutter verlangen wie bisher.

c) Uhrmachergewinde.

Zu S. 169. Tabelle 99, letzte Spalte muß heißen: Kommissionsbeschluß 1920.

d) Das metrische und das Whitworth-Feingewinde.

Zu S. 175. Metrisches Feingewinde 1. Für die Gründe zu der Wahl der Stufung 4, 9 sei auf die Ausführungen im Nachtrag zu S. 159 verwiesen.

Zu S. 175. Metrisches Feingewinde 2. Da dieses vorzugsweise im allgemeinen Maschinenbau verwendet wird, so erwies sich auch hier die Stufung 4, 9 als notwendig.

Das metrische Feingewinde 2 hat nach den Besprechungen auf der internationalen technischen Informationskonferenz in Zürich 1925 Aussicht, als internationale Norm angenommen zu werden (43).

Zu S. 181. Metrisches Feingewinde 3. Die Stufung 0, 2, 5, 8 wurde hier mit Rücksicht auf den Kugellagereinbau und auf die allgemeinen Konstruktionsforderungen, namentlich des Werkzeugmaschinen- und des Kraftwagenbaues, gewählt, um mit möglichst geringen Wellenabsätzen auszukommen. Demgegenüber ist es auch ohne Bedeutung, daß die Stufung des metrischen Gewindes und der metrischen Feingewinde 1 und 2 in anderer Weise (nämlich 4, 9) erfolgt ist.

Betreffs internationaler Übernahme des metrischen Feingewindes 3 schweben noch Verhandlungen. Eine in Frankreich bei den wichtigsten Firmen veranstaltete Rundfrage ergab fast übereinstimmend den Wunsch, die Steigungen 1,25 und 2,5 mm fallen zu lassen. Dagegen bevorzugt man diese in Italien, in Anlehnung an die Schweizer Normen; in den übrigen Ländern ist die Frage noch unentschieden (43).

Zu S. 183. Metrisches Feingewinde 4. Da der Motorenbau beim Einbau von Kugellagern von über 100 mm Durchmesser Schwierigkeiten hatte, ist später der DIN 516 noch die Bemerkung angefügt, daß für jene Zwecke die Zwischenschaltung von Durchmessern in der Stufung 2, 8 zulässig ist (41).

Zu S. 185. Die Normen KrG 305 und 306 des RDA werden nicht mehr ausgegeben, sondern durch DIN 243 und 516 bis 519 ersetzt (41).

Das metrische Feingewinde 3 ist vom RDA übernommen für
Sechskant-Verschlußschrauben (KrK 702) mit 8, 10, 12, 14, 18, 24,
    30, 36 mm Durchmesser,
Einschraubstutzen, Überwurfmuttern und Flanschstutzen für Rohr-
    verschraubungen (KrK 602, 603, 605) mit 14, 16, 20, 22, 27,
    30, 36, 42, 48, 56 mm Durchmesser,
Verschlußschrauben mit Bund (KrK 703) mit 14, 18, 24, 30, 42, 52,
    60 mm Durchmesser.

Es war ferner übernommen für Gewindezapfen an Armaturen
(KrG 401) mit 8, 10, 14 und 18 mm Durchmesser. Die Norm KrG 401
ist aber gesperrt und wird durch DIN 2350 ersetzt; diese enthält
die Durchmesser 6, 12, 19, 25, 33, 40, 50, 71, 91, 120 und 145 mm
der DIN 243 und bezieht sich auf Gewindezapfen und -löcher für
Rohrverschraubungen und Armaturen.

Zu S. 185. Die Whitworth-Feingewinde 1 und 2 werden auch
im Großmaschinenbau, aber ohne Spitzenspiel, benutzt, wobei
für Außen- und Kerndurchmesser Bolzen die entsprechenden Werte
der Muttern genommen werden, und zwar das Whitworth-Feingewinde 1
als Konstruktionsgewinde bei hoch- und stoßweise beanspruchten
Teilen von 154 mm Durchmesser ab, während bei leichteren Beanspruchungen für den Bereich 20 bis 369 mm Durchmesser das
Whitworth-Feingewinde 2 Verwendung findet, das für diesen Zweck
mit denselben Durchmessern wie das Whitworth-Feingewinde 1 und
der gleichbleibenden Gangzahl $z = 6$ bis 369 mm weitergeführt ist
(36). Als Schraubengewinde dient von 68 bis 99 mm (für kleinere
Durchmesser s. den letzten Nachtrag zu S. 164) das Whitworth-Feingewinde 2, und zwar gleichfalls ohne Spitzenspiel.

Zu S. 187. Das Sonder-Feingewinde des HNA steht jetzt in der
Norm G 1a vom 15. November 1921 (die die ältere Norm G 1 ersetzt hat).

Zu S. 187. Feingewinde im Lokomotivbau. Hier wird zum Teil
auch das Whitworth-Feingewinde 2 verwendet; so stellt LON 287
(für Kolbenstangenbefestigung) einen Auszug aus DIN 240 dar.
Das (als Fachnorm) für Feinausrüstung und Federspannschrauben
verwendete Gewinde mit dem Profil nach DIN 12 (also mit Spitzenspiel) und der konstanten Gangzahl $z = 10$ (LON 286) ist in Tabelle 111a
wiedergegeben. Es findet auch Anwendung für Schieber- und Kolben-
stangen bis 56 mm Gewinde-Nenndurchmesser, ferner für Überwurfmuttern, Verschraubungen und Stutzen. Sind Nenndurchmesser über
80 mm unvermeidlich, so sind sie mit den Endziffern 3, 6, 0 zu stufen.
Für die dampfdichten Gewinde der Einschraubenden der Stiftschrauben (LON 283) sowie der Stehbolzen, Deckenstehbolzen und
Queranker (LON 284) mußte naturgemäß das Profil des Original-
Whitworth-Gewindes nach DIN 11 vorgesehen werden. Für die Stiftschrauben (Tabelle 111b) wurden die Durchmesser $^1/_2$, $^5/_8$ und $^3/_4''$
mit den Gangzahlen nach DIN 11 (also $z = 12$, 11 und 10), für die
Durchmesser 23, 26, 30 und 33 mm dagegen konstant $z = 10$ ge-

nommen. Dieselbe gleichbleibende Gangzahl $z = 10$ findet man auch für die Gewinde der Stehbolzen usw. (Tabelle 111c); bei diesen gelten die angegebenen Durchmesser für die Gewindebohrer, während die Bolzen mit einem entsprechenden Übermaß herzustellen sind, um die Dampfdichtigkeit zu erzielen. Die eingeklammerten Durchmesser dürfen nur für Ausbesserungsarbeiten benutzt werden.

Tabelle 111a. Whitworth-Gewinde mit Spitzenspiel für Feinausrüstung und Federspannschrauben (LON 286).
(Whitworth-Profil mit Spitzenspiel Abb. 43, s. S. 156.)

z	h mm	t_1 mm	t_2 mm	r mm
10	2,540	1,439	1,251	0,349

ϕ	d mm	d_1 mm	d_2 mm	D mm	D_1 mm	F mm^2
20[1])	19,624	16,746	18,373	20	17,122	2,20
23	22,624	19,746	21,373	23	20,122	3,06
26	25,624	22,746	24,373	26	23.122	4,06
30[1])	29,624	26,746	28,373	30	27,122	5,62
33[1])	32,624	29,746	31,373	33	30,122	6,95
36	35,624	32,746	34,373	36	33,122	8,42
40	39,624	36,746	38,373	40	37,122	10,60
43	42,624	39,746	41,373	43	40,122	12,41
46	45,624	42,746	44,373	46	43,122	14,35
50	49,624	46,746	48,373	50	47,122	17,16
53	52,624	49,746	51,373	53	50,122	19,44
56	55,624	52,746	54,373	56	53,122	21,85
60	59,624	56,746	58,373	60	57,122	25,29
63	62,624	59,746	61,373	63	60,122	28,04
66	65,624	62,746	64,373	66	63,122	30,92
70	69,624	66,746	68,373	70	67,122	34,99
73	72,624	69,746	71,373	73	70,122	38,21
76	75,624	72,746	74,373	76	73,122	41,56
80	79,624	76,745	78,373	80	77,122	46,26

Tabelle 111b. Whitworth-Gewinde ohne Spitzenspiel für Stiftschrauben (Einschraubende) (LON 283).
(Whitworth-Profil Abb. 42, s. S. 154.)

ϕ	d mm	z	h mm	d_1 mm	d_2 mm	t_1 mm	r mm
$^1/_2$[2])	12,700	12	2,117	9,990	11,345	1,355	0,291
$^5/_8$[2])	15,876	11	2,309	12,918	14,397	1,479	0,317
$^3/_4$[2])	19,051	10	2,540	15,798	17,424	1,627	0,349
$^7/_8$	23	10	2,540	19,746	21,373	1,627	0,349
1	26	10	2,540	22,746	24,373	1,627	0,349
$1^1/_8$	30	10	2,540	26,746	28,373	1,627	0,349
$1^1/_4$	33	10	2,540	29,746	31,373	1,627	0,349

[1]) Diese Durchmesser stimmen mit DIN 240 überein.
[2]) Diese Durchmesser stimmen mit DIN 11 überein.

Tabelle 111c. Whitworth-Gewinde ohne Spitzenspiel für
Stehbolzen, Deckenstehbolen und Queranker (LON 284).
(Whitworth-Profil Abb. 42, s. S. 154.)

z	h mm	t_1 mm	r mm
10	2,540	1,627	0,349

Stehbolzen und Stehbolzenbuchsen.

d mm	d_1 mm	d_2 mm	d mm	d_1 mm	d_2 mm
23	19,746	21,373	(32)	28,746	30,373
(24,5)	21,246	22,873	(38)	34,746	36,373
26	22,746	24,373	(39)	35,746	37,373
(28)	24,746	26,373	(40)	36,746	38,373
(29)	25,746	27,373	(41)	37,746	39,373
(30)	26,746	28,373	(42)	38,746	40,373
(31)	27,746	29,373			

Deckenstehbolzen und Queranker.

Kleiner Durchmesser			Schaft-Durchmesser	Großer Durchmesser		
d mm	d_1 mm	d_2 mm	mm	d mm	d_1 mm	d_2 mm
26	22,746	24,373	22	30	26,746	28,373
(27)	23,746	25,373	22	(31)	27,746	29,373
(28)	24,746	26,373	22	(32)	28,746	30,373
(29)	25,746	27,373	22	(33)	29,746	31,373
30	26,746	28,373	26	34	30,746	32,373
(31)	27,746	29.373	26	(35)	31,746	33,373
(32)	28,746	30,373	26	(36)	32,746	34,373
33	29,746	31,373	29	37	33,746	35,373
(34)	30,746	32,373	29	(38)	34,746	36,373
(35)	31,746	33,373	29	(39)	35,746	37,373
36	32,746	34,373	32	40	36,746	38,373
(38)	34,746	36,373	32	(42)	38,746	40,373
(40)	36,746	38,373	32	(44)	40,746	42,373
42	38,746	40,373	38	46	42,746	44,373
(44)	40,746	42,373	38	(48)	44,746	46,373
46	42,746	44,373	42	50	46,746	48,373
(48)	44,746	46,373	42	(52)	48,746	50,373
(50)	46,746	48,373	42	(54)	50,746	52,373

Die eingeklammerten Werte sind nur für Ausbesserungszwecke zu benutzen.
Die angegebenen Durchmesser gelten für die Gewindebohrer.

e) Bezeichnungen.

Zu S. 193/4. Bezeichnung der Gewinde. In der dritten geänderten Ausgabe der DIN 202 vom April 1926 ist auf Beschluß des
Gewindeausschusses (40) die Änderung eingetreten, daß bei nicht
vorhandenem Spitzenspiel kein Zusatz erfolgt, während das Whitworth-
Gewinde mit Spitzenspiel durch den Zusatz m Sp gekennzeichnet
wird. Die tabellarischen Angaben auf S. 194 sind deshalb durch

folgende zu ersetzen [wobei auch gleich die Rohr-, Trapez-, Sägen-
und Rundgewinde (s. Abschnitt K und L) mit aufgenommen sind]:

DIN 202. Gewinde, abgekürzte Bezeichnungen.

A. Für eingängige Rechtsgewinde.

Art des eingängigen Rechtsgewindes	Zeichen vor der Maßzahl	Maßangabe	Beispiel	Für Gewinde nach DIN
Whitworth	—	ϕ in Zoll mit zugefügtem Zollzeichen	2″	11 [1]
Whitworth Fein .	W	ϕ in mm $\times$ Steigung in Zoll . .	W 104 $\times$ $^1/_6$″	239/40
Whitworth Rohr .	R	Innenϕ des Rohres in Zoll mit zugefügtem Zollzeichen	R 4″	259
Metrisch	M	ϕ in mm	M 80	13/14
Metrisch Fein . .	M	ϕ in mm $\times$ Steigung in mm . .	M 104 $\times$ 4	241/43 u. 516/21
Trapez	Trapg	ϕ in mm $\times$ Steigung in mm . .	Trapg 48 $\times$ 8	103 u. 378/79
Sägen	Sägg	ϕ in mm $\times$ Steigung in mm . .	Sägg 70 $\times$ 7	513/15
Rund	Rundg	ϕ in mm $\times$ Steigung in Zoll . .	Rundg 40 $\times$ $^1/_6$″	405

B. Für Gewinde mit Spitzenspiel, Links- und mehrgängige Gewinde.

Bezeichnung d. Zusatzes für	Abkürzung	Zeichenort	Beispiel	Für Gewinde	Gültig für DIN
Mit Spitzenspiel	m Sp	hinter der Gewindebezeichnung	2″ m Sp R 4″ m Sp	— R	12 260
Gas- u. dampfdicht	dicht		2″ dicht	—	11 u. 259
Linksgewinde [2]	links	vor der Gewindebezeichnung	links W 104 $\times$ $^1/_6$″ links M 80 links R 4″ links Trapg 48 $\times$ 8	W M R Trapg	Alle Gewinde unter A
Mehrgängiges Gew. rechts	*) gäng		2 gäng 2″ 2 gäng Trapg 48 $\times$ 16	— Trapg	
Mehrgängiges Gew. links	*) gäng links		2 gäng links 2″ 2 gäng links Trapg 48 $\times$ 16	— Trapg	

[1]) Das durch die Toleranzen nach DIN 2244 eingeführte kleine Spitzenspiel
wird in der Bezeichnung nicht ausgedrückt.

[2]) Bei Teilen, die mit Rechts- und Linksgewinde versehen sind, z. B.
Stangenschlösser, Eisenbahnkupplungsgewinde, ist auch vor die Gewinde-
bezeichnung des Rechtsgewindes das Wort „rechts" zu setzen.

*) Die Gangzahl ist von Fall zu Fall einzusetzen.

Diese Neuregelung hatte den Zweck, den früheren Zusatz o Sp bei dem Whitworth-Gewinde nach DIN 11, seines häufigeren Gebrauches wegen, zu vermeiden. Zu bedauern bleibt aber diese Neuregelung doch, da dadurch eine Unklarheit in die Bezeichnungen

Tabelle 116 a.   Holzschrauben-Gewinde (DIN 95/97, 570/571).

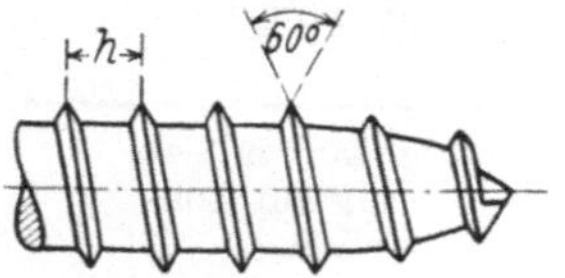

Abb. 50 c.

Halbrund-, Senk- u. Linsensenk-schrauben			Vier- u. Sechskant-schrauben
d mm	h mm	d_1 mm	d mm
1,3	0,6	0,9	
1,5	0,6	1,1	
1,8	0,8	1,3	
2,1	1,0	1,5	
2,4	1,1	1,7	
2,7	1,2	1,9	
3,0	1,35	2,1	
3,5	1,6	2,4	
4,0	1,8	2,8	
4,5	2,0	3,1	
5,0	2,2	3,5	5
5,5	2,4	3,8	
6,0	2,6	4,2	6
6,5	2,8	4,5	
7	3,2	4,9	7
8	3,5	5,6	8
9	4,0	6,3	9
10	4,5	7,0	10
	5	7,7	(11)[1]
	5	8,4	12
	6	9,8	14
	7	11,6	16
	8	14,0	19

hineingekommen ist. So erhält den Zusatz „m Sp" nur das Whitworth-Gewinde nach DIN 12 und das Rohrgewinde nach DIN 260, obwohl auch die beiden Whitworth-Feingewinde sowie das metrische und sämtliche metrische Feingewinde mit Spitzenspiel ausgeführt werden.
    Eine graphische Übersicht über die gesamten Befestigungs-, Fein-(und Rohr-)gewinde mit Whitworth-Profil nach DIN 11, 12, 239,

---

[1] Nur bei Vierkantschrauben; möglichst nicht zu verwenden.

240, (259, 260), DIN LON 283, 284, 286 und mit metrischem Profil nach DIN 13, 14, 241, 242, 243, 516—521 gibt die Zusammenstellung in DIN 203.

f) Holzschrauben.

Zu S. 195. Die Holzschrauben sind genormt als Halbrundholzschrauben in DIN 96, als Senkholzschrauben in DIN 97, als Linsensenkholzschrauben in DIN 95, als Vierkantholzschrauben in DIN 570 und als Sechskantholzschrauben in DIN 571. Die auf das Gewinde bezüglichen Größen ergeben sich aus Tabelle 116a; der Flankenwinkel beträgt durchweg 60^0 (Abb. 50c).

2. Die Normung in den übrigen europäischen Ländern.

Zu S. 195. Österreich. Infolge der bei der Tolerierung des Whitworth-Gewindes ohne Spitzenspiel (DIN 11, M 1520, welch letztere sich übrigens nur bis 2″ Durchmesser erstreckt) eingeführten kleinen Spitzenspiels soll das Whitworth-Gewinde mit Spitzenspiel, wie es in M 1521 (in Übereinstimmung mit DIN 12) aufgestellt ist, zurückgezogen werden, da seine Aufgaben von dem tolerierten Gewinde nach M 1520 (DIN 11) mit erfüllt werden. Die M 1520 soll bis $^1/_{16}$″ erweitert werden (im übrigen sollen dafür die Toleranzen nach DIN 2244 gelten) (18).

Die DIN-Feingewinde sollen mit Rücksicht auf die engen wirtschaftlichen Beziehungen zwischen beiden Ländern übernommen werden. Herausgegeben wird aber allein das metrische Feingewinde 3, während für die übrigen metrischen Feingewinde nur ein Übersichtsblatt aufgestellt wird, das die Steigungen und die zugeordneten Durchmessergruppen enthält. Die Whitworth-Feingewinde werden nicht herausgegeben, da an ihrer Stelle meist das Rohrgewinde verwendet wird (18).

Zu S. 196. Österreich. Die Holzschraubengewinde sind in M 1530 genormt (Tabelle 116b), und zwar abweichend von Deutschland mit einem Flankenwinkel von $53^0\,8'$ (Abb. 50d). Die Gewindetiefe (und die Breite des Zahns am Grunde) t_1 beträgt $0,32 \cdot h$. Die Durchmesser sind mit Ausnahme von 1,4; 1,6 und 13 mm dieselben wie in DIN 95 bis 97 und DIN 570 bis 571, während die Steigungen zum größten Teil andere Werte aufweisen. Außerdem ist in M 1530 je eine Reihe mit mm- und mit Zoll-Steigung aufgestellt.

Zu S. 196. Schweiz. Das Whitworth-Gewinde (ohne Spitzenspiel) ist jetzt auf VSM 12000 zusammengefaßt, wobei auch die Umrechnung mit 1″ = 25,40095 mm (entsprechend der Bezugstemperatur 20^0) erfolgt ist. Außerdem ist auch der Durchmesser $^1/_8$″ fortgelassen.

Zu S. 199. Schweiz. Bei dem Uhrmachergewinde mit den Durchmessern unter 1 mm (Flankenwinkel 50^0) muß die Abflachung mit einem kleinen Bogen in die gerade Flanke übergehen, da sie nicht dort ansetzt, wo die Abrundungsbögen des anderen Teiles die Flanken tangieren (sondern an einer höher gelegenen Stelle), um ein Klemmen von Bolzen und Mutter an den Spitzen zu vermeiden.

Das Schweizer Uhrmachergewinde ist auch von den französischen Uhrenfabriken in Boncourt übernommen (16).

Zu S. 201. Holland. Die holländische Norm N 83 enthält das Whitworth-Gewinde ohne und mit Spitzenspiel und entspricht somit den DIN 11 und 12.

Tabelle 116 b.   Österreichisches Holzschrauben-Gewinde (M 1530).

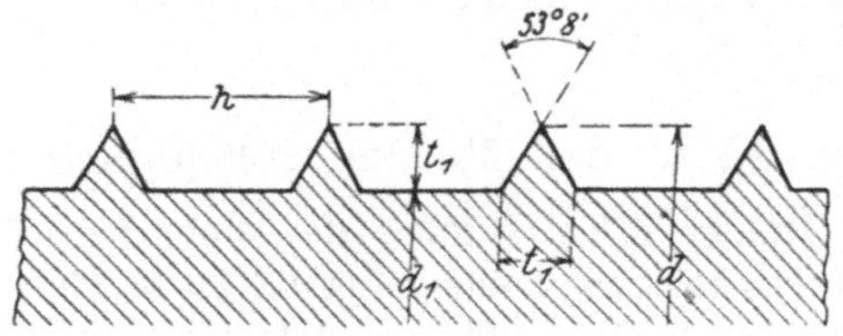

Abb. 50 d. $t_1 = 0{,}32 \cdot h$

d	Metrische Reihe			Zoll-Reihe		
	h	d_1	t_1	$z/1''$	d_1	t_1
mm	mm	mm	mm		mm	mm
1,4	0,8	0,88	0,26	29	0,84	0,28
1,6	0,8	1,08	0,26	29	1,04	0,28
1,8	1,0	1,16	0,32	25	1,14	0,33
2,1	1,0	1,46	0,32	25	1,44	0,33
2,4	1,25	1,60	0,40	22	1,66	0,37
2,7	1,25	1,90	0,40	19	1,84	0,43
3,0	1,50	2,04	0,48	19	2,14	0,43
3,5	1,50	2,54	0,48	16	2,48	0,51
4,0	2,0	2,72	0,64	13	2,76	0,62
4,5	2,0	3,22	0,64	13	3,26	0,62
5,0	2,5	3,40	0,80	11	3,52	0,74
5,5	2,5	3,90	0,80	11	4,02	0,74
6,0	3,0	4,08	0,96	9	4,20	0,90
6,5	3,0	4,58	0,96	9	4,70	0,90
7,0	3,5	4,76	1,12	7,5	4,84	1,08
8,0	3,5	5,76	1,12	7,5	5,84	1,08
9,0	4,0	6,44	1,28	6,0	6,32	1,34
10,0	5,0	6,80	1,60	5,0	6,74	1,63
11,0	5,5	7,48	1,76	4,5	7,38	1,81
13,0	5,5	9,48	1,76	4,5	9,38	1,81
16,0	6,0	12,16	1,92	4,0	11,94	2,03
19,0	7,0	14,52	2,24	3,5	14,36	2,32

d_1 wird etwa 10 mm vom kopfseitigen Ende des Gewindes gemessen.

Zu S. 201. Schweden. Das metrische Gewinde SMS 2 erstreckt sich jetzt bis 150 mm Durchmesser (hat also nicht die Stufung 4, 9 wie in DIN 14, aber auch von 64 mm Durchmesser ab die gleichbleibende Steigung $h = 6$ mm).

Der neue Entwurf für metrisches Feingewinde lehnt sich eng an DIN 242 und 243 an und vermeidet wie diese die Steigung $h = 1{,}25$ mm (14). Außerdem soll auch ein Whitworth-Feingewinde genormt werden.

Zu S. 201. In Norwegen ist es bisher noch nicht zur Aufstellung von Gewindenormen gekommen, es soll vielmehr die internationale Verständigung auf ein einheitliches Profil abgewartet und dieses dann angenommen werden (das gilt vor allem für das metrische Gewinde, bei dem Deutschland und Schweden das Spitzenspiel $a = 0{,}045 \cdot h$, Österreich, Schweiz, Finnland, Tschechoslowakei $a = 0{,}050 \cdot h$ und Frankreich $0{,}054 \cdot h$ haben).

Zu S. 201. In Finnland ist das metrische Gewinde von 1 bis 149 mm Durchmesser (entsprechend DIN 13/14, aber mit $a = 0{,}050 \cdot h$; $t_1 = 0{,}6995 \cdot h$ und $r = 0{,}058 \cdot h$, also wie in Österreich und der Schweiz) in BI 2 bis 4 genormt, und zwar umfassen diese die Durchmesser 1—10, 6—80 und 64—149 mm. Diese Blätter stimmen bis auf unbedeutende Abweichungen in der dritten Dezimalen mit den Normen M 1501/2 und VSM 12002/4 jener beider Länder überein. (14). Das in BI 1 genormte Whitworth-Gewinde stimmt völlig mit DIN 11 überein; die Bezugstemperatur ist also auch 20° (19).

Zu S. 202. Italien. Die Normblätter für Whitworth-Gewinde haben die Nummern UNIM 3 und 4.

Zu S. 203. Italien. Die Tabelle 120 des italienischen Whitworth-Gewindes ist noch durch die in der Tabelle 120a angegebenen Durchmesser zu ergänzen.

Tabelle 120a. Ergänzung zum italienischen Whitworth-Gewinde.

| d | | z | h | d_1 | D | D_1 | F |
Zoll	mm		mm	mm	mm	mm	mm²
$(^3/_{16})$	4,76	24	1,058	3,41	4,76	3,56	9,12
$(2\,^1/_8)$	53,97	$4\,^1/_2$	5,644	46,75	53,97	47,58	1716
$(2\,^3/_8)$	60,32	4	6,350	52,19	60,32	53,13	2139
$(2\,^5/_8)$	66,67	4	6,350	58,54	66,67	59,48	2692
$(2\,^7/_8)$	73,02	4	6,350	64,89	73,02	65,83	3307

Außerdem sind in der Spalte für F folgende Änderungen anzubringen: 29,51; 44,03; 60,68; 78,34; 131; 450; 577; 685; 839; 1131; 1282; 1491; 1887; 2407; 2991; 3639; 4350; 5124, 5961; 6862; 7825; 8853; 9944; 11098; 12315; 13595; 14939; 16348.

In den Fiatwerken, Turin, werden metrische und metrische Feingewinde mit dem Spitzenspiel $a = 0{,}036 \cdot h \left(= \frac{1}{24} \cdot t \right)$, also dem auf dem Züricher Kongreß zugelassenen Mindest-Spitzenspiel verwendet.

Zu S. 203. Tschechoslowakei. Die tschechoslowakische Norm CSN 1001 enthält das Whitworth-, das metrische und 2-metrische Feingewinde (12).

Das metrische Gewinde entspricht völlig der schweizer Norm VSM 12002 bis 12004, hat also auch das Spitzenspiel $a = 0{,}050 \cdot h$.

Das Whitworth-Gewinde stimmt völlig mit dem BSW-Gewinde überein (man ist also von dem ursprünglichen Vorhaben (13), von $2''$ Durchmesser ab metrische Durchmesser und die konstante Gangzahl $z = 4$ zu nehmen, abgegangen) und ist mit dem für die Bezugstemperatur 20^0 geltenden Wert $1'' = 25{,}400\,95$ mm umgerechnet; somit entspricht es auch vollständig der DIN 11, enthält aber dazu noch die Durchmesser: $\frac{9}{16}$, $\frac{11}{16}$, $1\frac{3}{16}$, $1\frac{5}{16}$, $2\frac{1}{8}$, $2\frac{3}{8}$, $2\frac{5}{8}$, $2\frac{7}{8}$, $3\frac{1}{8}$, $3\frac{3}{8}$, $3\frac{5}{8}$, $3\frac{7}{8}$, $4\frac{1}{8}$, $4\frac{3}{8}$, $4\frac{5}{8}$, $4\frac{7}{8}$, $5\frac{1}{8}$, $5\frac{3}{8}$, $5\frac{5}{8}$, $5\frac{7}{8}''$, für welche die Wert aus Tabelle 95 entnommen werden können. Im Inlande sollen (wie in Deutschland) möglichst nur die Durchmesser von $\frac{1}{2}$ bis $2''$ benutzt werden, ja es wird nach Möglichkeit dahin gestrebt werden, das Whitworth-Gewinde auch in diesem Bereich durch das metrische Gewinde zu ersetzen, das für größere und kleinere Durchmesser allgemein verwendet werden soll. Das Whitworth-Gewinde ist überhaupt im wesentlichen nur mit Rücksicht auf die Geschäftsbeziehungen mit England genormt.

Das metrische Feingewinde hat eine gewisse Ähnlichkeit mit dem metrischen Feingewinde 3 (DIN 243), enthält aber nur die auch bei dem normalen metrischen Gewinde (DIN 13/14) vorkommenden Durchmesser, deren Reihe von 154 bis 204 mm in der Stufung 4, 9 fortgesetzt ist. Es sind 2 Reihen A und B aufgestellt (Tabelle 120 b und c), von denen B im allgemeinen feinere Steigungen hat, aber zum Teil auch auf A übergreift. Genaue Übereinstimmung mit DIN 243 herrscht bei Reihe A in den Bereichen 1,7 bis 11 und 14 bis 22 mm, bei Reihe B für 8 mm und 24 bis 189 mm Durchmesser. Die Steigungen für die Durchmesser 1 bis 22 mm in der Reihe A sollen nur als vorläufige bis zur erhofften internationalen Verständigung gelten.

Zu S. 203. In Ungarn sind bisher nur Vorschläge veröffentlicht (11) und zwar MJSZ 11, Whitworth-Gewinde ohne Spitzenspiel, MJSZ 12 Whitworth-Gewinde mit Spitzenspiel, MJSZ 13 bis 15 Metrisches Gewinde, die völlig den DI-Normen 11, 12 und 13/14 gleichen.

In Japan ist das metrische Gewinde von 1 bis 25 mm Durchmesser für die Schrauben für Luft- und Kraftfahrzeuge sowie von 1 bis 9 mm Durchmesser für die bei elektrischen Maschinen, Apparaten und Meßgeräten gebrauchten Schrauben genormt (20). Die japanische Norm Nr. 13, B 3 entspricht im allgemeinen den DIN 13/14, hat also auch das Spitzenspiel $0{,}045 \cdot h$. Sie unterscheidet sich aber dadurch von diesen, daß sie z. T. abweichende Steigungen hat (für die Durchmesser 3, 4 und 5 mm ist $h = 0{,}6$; 0,75 und 0,9 mm gewählt, statt 0,5; 0,7 und 0,8 mm in DIN 13/14), und daß sie ferner noch folgende Durchmesser enthält: 13 (mit $h = 1{,}75$); 15 und 17 (mit $h = 2$); 19, 21 und 23 (mit $h = 2{,}5$) sowie 25 mm (mit $h = 3$ mm). Bei den Durchmessern mit anderen Steigungen haben naturgemäß auch d_1, d_2, D, D_1, t_1, t_2, r und F abweichende Werte. Geringfügige Unterschiede in der dritten Dezimale sind auf die in anderer Weise erfolgten Berechnungen und Abrundungen zurückzuführen.

Tabelle 120b. Tschechoslowakisches metrisches Feingewinde.
Reihe A (CSN 1001.)

(Profil ähnlich dem des metrischen Gewindes Abb. 42, S. 162, aber $a = 0{,}05 \cdot h$
und $r = 0{,}058 \cdot h$.)

| h | t_1 | t_2 | a | r | h | t_1 | t_2 | a | r |
mm	mm	mm	mm	mm	mm	mm	mm	mm	mm
0,15	0,105	0,097	0,008	0,009	1,0	0,700	0,650	0,050	0,058
0,20	0,140	0,130	0,010	0,012	1,5	1,050	0,974	0,075	0,087
0,25	0,175	0,162	0,012	0,015	2	1,400	1,299	0,100	0,116
0,35	0,245	0,227	0,017	0,021	3	2,100	1,949	0,150	0,174
0,50	0,350	0,325	0,025	0,029	4	2,800	2,598	0,200	0,232
0,75	0,525	0,487	0,037	0,044					

| d | h | d_1 | d_2 | D | D_1 | d | h | d_1 | d_2 | D | D_1 |
mm	mm	mm	mm	mm	mm	mm	mm	mm	mm	mm	mm
1,0	0,15	0,790	0,903	1,016	0,806	52	3	47,800	50,051	52,300	48,100
1,2	0,15	0,990	1,103	1,216	1,006	56	4	50,400	53,402	56,400	50,800
1,4	0,15	1,290	1,353	1,416	1,306	60	4	54,400	57,402	60,400	54,800
1,7	0,20	1,420	1,570	1,720	1,440	64	4	58,400	61,402	64,400	58,800
2,0	0,20	1,720	1,870	2,020	1,740	68	4	62,400	65,402	68,400	62,800
2,3	0,25	1,950	2,138	2,325	1,975	72	4	66,400	69,402	72,400	66,800
2,6	0,25	2,250	2,438	2,625	2,275	76	4	70,400	73,402	76,400	70,800
3,0	0,35	2,510	2,773	3,035	2,545	80	4	74,400	77,402	80,400	74,800
3,5	0,35	3,010	3,273	3,535	3,045	84	4	78,400	81,402	84,400	78,800
4,0	0,35	3,510	3,773	4,035	3,545	89	4	83,400	86,402	89,400	83,800
4,5	0,50	3,800	4,175	4,550	3,850	94	4	88,400	91,402	94,400	88,800
5,0	0,50	4,300	4,675	5,050	4,350	99	4	93,400	96,402	99,400	93,800
5,5	0,50	4,800	5,175	5,550	4,850	104	4	98,400	101,402	104,400	98,800
6	0,75	4,950	5,513	6,075	5,025	109	4	103,400	106,402	109,400	103,800
7	0,75	5,950	6,513	7,075	6,025	114	4	108,400	111,402	114,400	108,800
8	0,75	6,950	7,513	8,075	7,025	119	4	113,400	116,402	119,400	113,800
9	1	7,600	8,350	9,100	7,700	124	4	118,400	121,402	124,400	118,800
10	1	8,600	9,350	10,100	8,700	129	4	123,400	126,402	129,400	123,800
11	1	9,600	10,350	11,100	9,700	134	4	128,400	131,402	134,400	128,800
12	1	10,600	11,350	12,100	10,700	139	4	133,400	136,402	139,400	133,800
14	1,5	11,900	13,026	14,150	12,050	144	4	138,400	141,402	144,400	138,800
16	1,5	13,900	15,026	16,150	14,050	149	4	143,400	146,402	149,400	143,800
18	1,5	15,900	17,026	18,150	16,050	154	4	148,400	151,402	154,400	148,800
20	1,5	17,900	19,026	20,150	18,050	159	4	153,400	156,402	159,400	153,800
22	1,5	19,900	21,026	22,150	20,050	164	4	158,400	161,402	164,400	158,800
24	2	21,200	22,701	24,200	21,400	169	4	163,400	166,402	169,400	163,800
27	2	24,200	25,701	27,200	24,400	174	4	168,400	171,402	174,400	168,800
30	2	27,200	28,701	30,200	27,400	179	4	173,400	176,402	179,400	173,800
33	2	30,200	31,701	33,200	30,400	184	4	178,400	181,402	184,400	178,800
36	3	31,800	34,051	36,300	32,100	189	4	183,400	186,402	189,400	183,800
39	3	34,800	37,051	39,300	35,100	194	4	188,400	191,402	194,400	188,800
42	3	37,800	40,051	42,300	38,100	199	4	193,400	196,402	199,400	193,800
45	3	40,800	43,051	45,300	41,100	204	4	198,400	201,402	204,400	198,800
48	3	43,800	46,051	48,300	44,100						

Tabelle 120c. Tschechoslowakisches metrisches Feingewinde Reihe B (CSN 1001).

(Profil ähnlich dem des metrischen Gewindes, Abb. 42, S. 162, aber mit $a = 0,05 \cdot h$ und $r = 0,058 \cdot h$.)

| h | t_1 | t_2 | a | r | h | t_1 | t_2 | a | r |
mm	mm	mm	mm	mm	mm	mm	mm	mm	mm
0,75	0,525	0,487	0,037	0,044	2	1,400	1,299	0,100	0,116
1	0,700	0,650	0,050	0,058	3	2,100	1,949	0,150	0,174
1,5	1,050	0,974	0,075	0,087					

| d | h | d_1 | d_2 | D | D_1 | d | h | d_1 | d_2 | D | D_1 |
mm	mm	mm	mm	mm	mm	mm	mm	mm	mm	mm	mm
8	0,75	6,950	7,513	8,075	7,025	80	2	77,200	78,701	80,200	77,400
9	0,75	7,950	8,513	9,075	8,025	84	2	81,200	82,701	84,200	81,400
10	0,75	8,950	9,513	10,075	9,025	89	2	86,200	87,701	89,200	86,400
11	0,75	9,950	10,513	11,075	10,025	94	2	91,200	92,701	94,200	91,400
12	1	10,600	11,350	12,100	10,700	99	2	96,200	97,701	99,200	96,400
14	1	12,600	13,350	14,100	12,700	104	3	99,800	102,051	104,300	100,100
16	1	14,600	15,350	16,100	14,700	109	3	104,800	107,051	109,300	105,100
18	1	16,600	17,350	18,100	16,700	114	3	109,800	112,051	114,300	110,100
20	1	18,600	19,350	20,100	18,700	119	3	114,800	117,051	119,300	115,100
22	1	20,600	21,350	22,100	20,700	124	3	119,800	122,051	124,300	120,100
24	1,5	21,900	23,026	24,150	22,050	129	3	124,800	127,051	129,300	125,100
27	1,5	24,900	26,026	27,150	25,050	134	3	129,800	132,051	134,300	130,100
30	1,5	27,900	29,026	30,150	28,050	139	3	134,800	137,051	139,300	135,100
33	1,5	30,900	32,026	33,150	31,050	144	3	139,800	142,051	144,300	140,100
36	1,5	33,900	35,026	36,150	34,050	149	3	144,800	147,051	149,300	145,100
39	1,5	36,900	38,026	39,150	37,050	154	3	149,800	152,051	154,300	150,100
42	1,5	39,900	41,026	42,150	40,050	159	3	154,800	157,051	159,300	155,100
45	1,5	42,900	44,026	45,150	43,050	164	3	159,800	162,051	164,300	160,100
48	1,5	45,900	47,026	48,150	46,050	169	3	164,800	167,051	169,300	165,100
52	1,5	49,900	51,026	52,150	50,050	174	3	169,800	172,051	174,300	170,100
56	2	53,200	54,701	56,200	53,400	179	3	174,800	177,051	179,300	175,100
60	2	57,200	58,701	60,200	57,400	184	3	179,800	182,051	184,300	180,100
64	2	61,200	62,701	64,200	61,400	189	3	184,800	187,051	189,300	185,100
68	2	65,200	66,701	68,200	65,400	194	3	189,800	192,051	194,300	190,100
72	2	69,200	70,701	72,200	69,400	199	3	194,800	197,051	199,300	195,100
76	2	73,200	74,701	76,200	73,400	204	3	199,800	202,051	204,300	200,100

Zu S. 204. Übersicht über die in Europa genormten normalen Befestigungsgewinde.

| Land | Bezeichnung | Metrisches Gewinde | Whitworth-Gewinde | |
			ohne Sp.-Sp.	mit Sp.-Sp.
Deutschland	DIN	13/14	11	12
Österreich	M	1501/2[1])[3]	1520[4]	1521[4])[8]
Schweiz	VSM	12002/4[1]	12000	
Holland	N	81/82[1]	83	83

[1]) Spitzenspiel $0,050 \cdot h$.   [3]) Bis 80 mm Durchmesser.
[4]) Bis 2″ Durchmesser   [8]) Wird zurückgezogen.

Land	Bezeichnung	Metrisches Gewinde	Whitworth-Gewinde	
			ohne Sp.-Sp.	mit Sp.-Sp.
Schweden	SMS	2 [5]	3	
Finnland	BI	2/4 [1]	1	
Frankreich	E	1 [2] [5] [6]		
Belgien			6	
Italien	UNIM	5/6 [1] [3]	3/4 [7]	3/4 [7]
Tschechoslowakei	CSM	1101 [1]	1001	
Ungarn	MJSZ	13/15 [9]	11 [9]	12 [9]
England			92	
Japan	B	3 [10]		

Somit besteht bei den metrischen Gewinden eine sehr weitgehende Übereinstimmung, besonders in dem Bereich 1 bis 80 mm Durchmesser, wo nur Frankreich unter 6 mm Durchmesser abweichende Steigung hat, während alle anderen Länder sich hier auf die Steigungen des früheren Löwenherz-Gewindes geeinigt haben. Soweit die Durchmesserreihe über 80 mm fortgesetzt wurde, sind Schweden und Frankreich bei der Stufung 0, 5 geblieben, während Deutschland, Österreich, Schweiz, Holland, Finnland, Italien, Tschechoslowakei und Ungarn die Stufung 4, 9 haben. Trotzdem wird von manchen Seiten die Rückkehr zur Stufung 0, 5 gewünscht, um Übereinstimmung mit dem metrischen Feingewinde 3 zu erhalten, was für wertvoller angesehen wird als die Erwägungen, die im DIN zur Wahl der Stufung 4, 9 geführt hatten.

Ferner bestehen noch Unterschiede im Spitzenspiel, das in Deutschland, Schweden und Ungarn zu $0{,}045 \cdot h$, in Österreich, Schweiz, Holland, Finnland, Italien und Tschechoslowakei zu $0{,}050 \cdot h$ und in Frankreich zu $0{,}054 \cdot h$ gewählt wurde, doch stört diese Verschiedenheit die gegenseitige Austauschbarkeit in keiner Weise. Es sind auch Verhandlungen im Gange, hierüber zu einer Einigung zu gelangen, die voraussichtlich dahin führen werden, das auf dem Züricher Kongreß vorgesehene Kleinstspiel von $1/24 \cdot t = 0{,}036 \cdot h$ zu nehmen, da dieses mit dem in Deutschland bei den Gewinde-Toleranzen bisher vorgesehenen Mindestspiel praktisch zusammenfiel. Dies würde den Vorteil haben, daß dann auch beim Außendurchmesser des Bolzens und beim Kerndurchmesser der Mutter das theoretische Profil die Grenze für die tolerierten Gewinde wäre. Eine Vereinheitlichung wird aber im Augenblick nicht für zweckmäßig erachtet, um nicht einer praktisch bedeutungslosen Kleinigkeit wegen die Normenblätter ändern zu müssen; sie ist vielmehr hinausgeschoben, bis die Frage der Gewindetoleranzen international besprochen werden wird.

---

[1]) Spitzenspiel $0{,}050 \cdot h$.   [2]) Spitzenspiel $0{,}054 \cdot h$.
[3]) Bis 80 mm Durchmesser.
[5]) Stufung über 80 mm Durchmesser: 0, 5.
[6]) Unter 6 mm Durchmesser abweichende Steigungen.
[7]) Von $2^1/_4''$ Durchmesser ab konstant $z = 4$.   [9]) Entwurf.
[10]) Von 1 bis 25 mm; für bestimmte Zwecke. Z. T. abweichende Steigungen.

Bei dem (ja das BSW-Gewinde darstellenden) Whitworth-Gewinde ohne Spitzenspiel besteht, abgesehen davon, daß in Österreich der Durchmesserbereich nur bis $2''$ geht, und der Aufnahme von Zwischendurchmessern, ferner mit Ausnahme von Italien, das von $2^1/_4{}''$ ab die konstante Gangzahl $z = 4$ hat, völlige Übereinstimmung, was leicht erklärlich, da es ja nur eine Übersetzung des BSW-Gewindes auf metrisches Maß ist.

Dagegen war es bisher noch nicht möglich, bei den Feingewinden zu einer internationalen Verständigung zu kommen. Es handelt sich dabei im wesentlichen um das metrische Feingewinde 3 und zwar hauptsächlich um den Bereich von 12 bis 16 mm Durchmesser, wo von vielen Seiten die Steigung $h = 1,25$ mm (der besseren Selbstsperrung wegen) gewünscht wird, die aber von Deutschland aus herstellungstechnischen Gründen bisher abgelehnt wurde (17) (s. Nachtrag zu S. 181). Außerdem bestehen noch Meinungsverschiedenheiten betreffs der Steigungen für Durchmesser unter 6 mm (15, 16), wofür die Schweiz die Vorschläge $h = 0,25$; 0,35 und 0,50 mm (statt 0,20; 0,25 und 0,35 mm in DIN 243) gemacht hat.

Außerdem liegt noch ein Vorschlag von anderer Seite (15) vor, 8 Feingewinde mit den Steigungen 0,25; 0,35; 0,50; 0,75; 1; 1,5; 2 und 3 mm aufzustellen, deren Durchmesserbereiche etwas übereinandergreifen; dabei soll die Reihe mit $h = 1,5$ mm am weitesten ausgebaut werden, da sie im Kraftfahrzeug- und im allgemeinen Maschinenbau am meisten verwendet wird.

K. Rohrgewinde.

1. England.

Zu S. 204. **Als Wandstärken** werden die in Tabelle 121a wiedergegebenen genannt (10). Die damit berechneten Außendurchmesser sind den in Tabelle 121 verzeichneten in Spalte 3 und 4 der Tabelle 121a gegenübergestellt, woraus hervorgeht, daß sich die praktische Ausführung z. T. doch wesentlich von der beabsichtigten entfernt hat.

Tabelle 121a. Wandstärken der Rohre.

d_l Zoll	Wandstärke Zoll	d (berechnet) Zoll	d nach Tab. 121 Zoll
$^1/_8$	$^1/_8$	$^3/_8 = 0,375$	0,385
$^1/_4$	$^1/_8$	$^1/_2 = 0,500$	0,520
$^3/_8$	$^1/_8$	$^5/_8 = 0,625$	0,665
$^1/_2$	$^5/_{32}$	$1^3/_{16} = 0,813$	0,882
$^3/_4$	$^5/_{32}$	$1^1/_{16} = 1,063$	1,034
1	$^5/_{32}$	$1^5/_{16} = 1,313$	1,302
$1^1/_4$	$^3/_{16}$	$1^5/_8 = 1,625$	1,650
$1^1/_2$	$^3/_{16}$	$1^7/_8 = 1,875$	1,882
2	$^3/_{16}$	$2^3/_8 = 2,375$	2,347

Zu S. 205. Konisches Gewinde. Trotz der ausdrücklichen Vorschrift der englischen Norm 21, daß die Gänge senkrecht zum Kegelmantel zu schneiden sind, werden sie in der Praxis auch vielfach senkrecht zur Achse hergestellt.

2. Vereinigte Staaten.

Zu S. 215. ASTP-Gewinde. Die Abflachung ist zu $0{,}033 \cdot h$ (angenähert $^1/_{26} \cdot t$) gewählt, damit $t = 0{,}80 \cdot h$ wird. Beim Gebrauch abgenutzter Werkzeuge entsteht anstelle der Abflachung eine Abrundung, weshalb diese ausdrücklich zugelassen ist.

Tabelle 127a.   **Ergänzung zu American Standard Taper Pipe-(ASTP-) Gewinde.**

Nenn- ϕ Zoll	Flankendurchmesser B am Ende der normalen Einschraublänge F Grenzwerte			Steigung h	Gewinde-länge E	Flanken-durch-messer G am Ende der Gewinde-länge E	Durch-messer-zuwachs je Gang
	Max. Zoll	Min. Zoll	$\pm$ Tol. 10^{-3} Zoll	Zoll	Zoll	Zoll	Zoll
$^1/_8$	0,37823	0,37129	3,47	0,03704	0,26385	0,38000	0,00231
$^1/_4$	0,49510	0,48468	5,21	0,05556	0,40178	0,50250	0,00347
$^3/_8$	0,63322	0,62180	5,21	0,05556	0,40778	0,63750	0,00347
$^1/_2$	0,78513	0,77173	6,70	0,07143	0,53371	0,79179	0,00446
$^3/_4$	0,99557	0,98217	6,70	0,07143	0,54571	1,00179	0,00446
1	1,24678	1,23048	8,15	0,08696	0,68278	1,25630	0,00543
$1^1/_4$	1,59153	1,57523	8,15	0,08696	0,70678	1,60130	0,00543
$1^1/_2$	1,83049	1,81419	8,15	0,08696	0,72348	1,84130	0,00543
2	2,30442	2,28812	8,15	0,08696	0,75652	2,31630	0,00543
$2^1/_2$	2,77388	2,75044	11,72	0,12500	1,13750	2,79062	0,00781
3	3,40022	3,37678	11,72	0,12500	1,20000	3,41562	0,00781
$3^1/_2$	3,90053	3,87709	11,72	0,12500	1,25000	3,91562	0,00781
4	4,39884	4,37540	11,72	0,12500	1,30000	4,41562	0,00781
$4^1/_2$	4,89766	4,87422	11,72	0,12500	1,35000	4,91562	0,00781
5	5,46101	5,43757	11,72	0,12500	1,40630	5,47862	0,00781
6	6,51769	6,49425	11,72	0,12500	1,51250	6,54062	0,00781
7	7,51406	7,49062	11,72	0,12500	1,61250	7,54062	0,00781
8	8,51175	8,48831	11,72	0,12500	1,71250	8,54062	0,00781
9	9,50969	9,48625	11,72	0,12500	1,81250	9,54062	0,00781
10	10,63266	10,60922	11,72	0,12500	1,92500	10,66562	0,00781
11	11,63110	11,60766	11,72	0,12500	2,02500	11,66562	0,00781
12	12,62953	12,60609	11,72	0,12500	2,12500	12,66562	0,00781
14 ϕ_A	13,88434	13,86090	11,72	0,12500	2,25000	13,91562	0,00781
15	14,88591	14,86247	11,72	0,12500	2,35000	14,91562	0,00781
16	15,88747	15,86403	11,72	0,12500	2,45000	15,91562	0,00781
17	16,88672	16,86328	11,72	0,12500	2,55000	16,91562	0,00781
18	17,88672	17,86328	11,72	0,12500	2,65000	17,91562	0,00781
20	19,88203	19,85859	11,72	0,12500	2,85000	19,91562	0,00781
22	21,87734	21,85390	11,72	0,12500	3,05000	21,91562	0,00781
24	23,87266	23,84922	11,72	0,12500	3,25000	23,91562	0,00781
26	25,86797	25,84453	11,72	0,12500	3,45000	25,91562	0,00781
28	27,86328	27,83984	11,72	0,12500	3,65000	27,91562	0,00781
30	29,85860	29,83516	11,72	0,12500	3,85000	29,91562	0,00781

Zu S. 216. Tabelle 127 des ASTP-Gewindes (deren mm-Angaben mit dem in Amerika geltenden Wert $1\,m = 39{,}37''$, entsprechend $1'' = 25{,}40005$ mm berechnet sind) ist in der neuen Veröffentlichung (26, 29) noch ergänzt durch die Angabe des größt- und kleinstzulässigen Flankendurchmessers B am Ende der normalen Einschraublänge F, sowie seine Toleranz (s. darüber Abschnitt IV, Toleranzen), des Flankendurchmessers G am Ende der Gewindelänge E, der sich aus $G = A + {}^1/_{16} \cdot E = A + 0{,}00625 \cdot E$ berechnet, die Steigung h und den Durchmesser-Zuwachs je Gang $(0{,}0625/z)$ (s. Tabelle 127 a).

Ferner sind folgende Änderungen in Tabelle 127 vorzunehmen:
Spalte Flankendurchmesser B, Zoll: 0,98887; 4,38712.
Spalte Gewindelänge E, Zoll: s. Tabelle 127a.
Spalte Gewindelänge E, mm: 30,480.
Spalte t, Zoll: 0,06957.
Spalte Flankendurchmesser A, Zoll: 3,34062.

Im übrigen sei noch darauf hingewiesen, daß die jetzigen Formeln dieselben Werte liefern wie die ursprünglich für das Briggs-Gewinde aufgestellten.

Zu S. 218. Für die zylindrischen Rohrgewinde geben die endgültigen Normen (26, 29) noch genauere Hinweise. Diese long screws

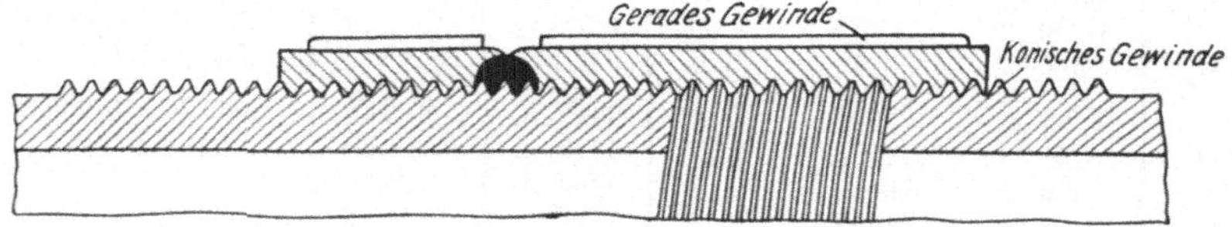

Abb. 56 a. Amerikanisches langes gerades Rohrgewinde.

sind nur zulässig, falls keine Temperatur- und Druckeinflüsse auftreten. Die Muffe wird zunächst mit ihrer ganzen Länge auf das gerade Rohrgewinde auf- und dann zurückgeschraubt, bis sie fest auf dem konischen Gewinde des anstoßenden Rohres sitzt; die Dichtung wird durch Packung zwischen Muffe und Gegenmutter erzielt (s. Abb. 56 a).

Diese Gewinde sind von $^1/_8$ bis $6''$ Durchmesser genormt; ihre Steigungen und Flankendurchmesser sind aus Tabelle 127 und 127a, Spalten für h und B, zu entnehmen. Die theoretischen Werte des Außen- und Kerndurchmessers sind in Tabelle 127b wiedergegeben; da aber das vorgeschriebene Profil stets aufrecht zu erhalten ist, so können sie um dieselben Beträge wie der Flankendurchmesser B (in Tabelle 127a) schwanken.

Das Gegenmuttergewinde wird auch für die Tank Nipples verwendet (28).

Zu S. 219. Tabelle 128. Amerikanische Gegenmuttergewinde. Die Gewindetiefe t hierfür ist aus Tabelle 127 zu entnehmen. Die neueren Veröffentlichungen (26, 29) geben noch den Nenndurchmesser in Millimetern und die Gangzahl auf 254 mm an (die gleich $10 \cdot z$ ist).

Tabelle 127b. Amerikanisches gerades Rohrgewinde (long screw).
(Profil des ASTP-Gewindes, Abb. 56, S. 216).
Steigung h und $\phi_{F1}\,B$ in Tabelle 127 und 127a.

Nenn-ϕ	Theoretischer	
	Außen-	Kern-
	durchmesser	
Zoll	Zoll	Zoll
$^1/_8$	0,40439	0,34513
$^1/_4$	0,53433	0,44545
$^3/_8$	0,67145	0,58257
$^1/_2$	0,83557	0,72129
$^3/_4$	1,04600	0,93127
1	1,30819	1,16907
$1^1/_4$	1,65294	1,51382
$1^1/_2$	1,89190	1,75278
2	2,36583	2,22671
$2^1/_2$	2,86216	2,66216
3	3,48850	3,28850
$3^1/_2$	3,98881	3,78881
4	4,48713	4,28713
$4^1/_2$	4,98594	4,78594
5	5,54929	5,34929
6	6,60597	6,40597

Zu S. 220/22. Amerikanische Feuerschlauchverschraubungen. Die
in Tabelle 131 gemachten Angaben für diese Gewinde über $2''$
Durchmesser (wobei in der Spalte: Nenndurchmesser die Ziffern 3,5
und 4,5 zu vertauschen sind) wurden von der National Fire Pro-
tection Association 1907, von dem National Board of Fire Under-
writers 1911, der ASME 1913 und dem Bureau of Standards 1914
und 1917 (als Circ. Nr. 30) veröffentlicht.

In Tabelle 132 sind folgende Änderungen einzutragen:

Spalte d_1: 1,1821; 1,7658.

Spalte D_1: 1,1921; 1,7758.

Vorletzte Spalte: t_1; 0,05648.

Die Mindestspiele der Schlauchverschraubungen unter $2^1/_2''$ Durchmesser, wie sie von der Nat. Screw Thread Comm. 1919 genormt
wurden (s. Tabelle 132), liegen im Bolzen. Dieses Gewinde entspricht mit seinen Gangzahlen (mit Ausnahme von $^3/_4''$ Durchmesser)
dem geraden Rohrgewinde nach Tabelle 127, unterscheidet sich aber
dadurch von ihm, daß sein Profil genau das des Sellers-Gewindes
mit der Abflachung $\frac{1}{8} \cdot t$ ist (Abb. 20). Dieses ist jetzt auch für die
Durchmesser über $2''$ von dem Hauptgewindeausschuß anläßlich der
1924 vorgenommenen Revision vorgeschrieben (27, 28, 30), wodurch
sich kleine Unterschiede gegen die früheren Abmessungen (Tabelle 131)
ergeben haben, die aber auf die Austauschbarkeit ohne Einfluß sind.
Um die leichte Zusammenschraubbarkeit auch unter den ungünstigsten
praktischen Verhältnissen zu gewährleisten ist, in allen 3 Durchmessern
ein Mindestspiel a beibehalten (Abb. 57a), das in den Bolzen verlegt

ist und bei 2,5 und 3,0″ Durchmesser 15,0, bei 3,5″ Durchmesser 20,0 und bei 4,5″ Durchmesser $25,0 \cdot 10^{-3}$ Zoll (also 381, 508 bzw. 635 μ) beträgt. Es ist jetzt kleiner als früher gehalten, da sich gezeigt hatte, daß die Sitze sonst zu locker wurden. Wie bei den Befestigungsgewinden ist statt der Abflachung auch eine Abrundung zulässig (Abb. 57 b); dabei setzt der Bogen im Außendurchmesser der Mutter tangential an die Flanken an der Stelle der sonstigen Abflachung an, während es für den Grund des Bolzens heißt, daß das Profil sich nicht unter die theoretische Abflachung erstrecken

Ersatztabelle 131a. Amerikanisches National-Feuerschlauch-verschraubungen-Gewinde.

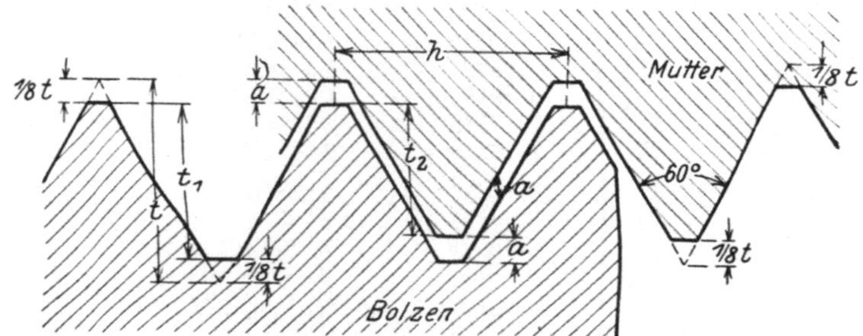

Abb. 57 a. Theoretisches Profil.

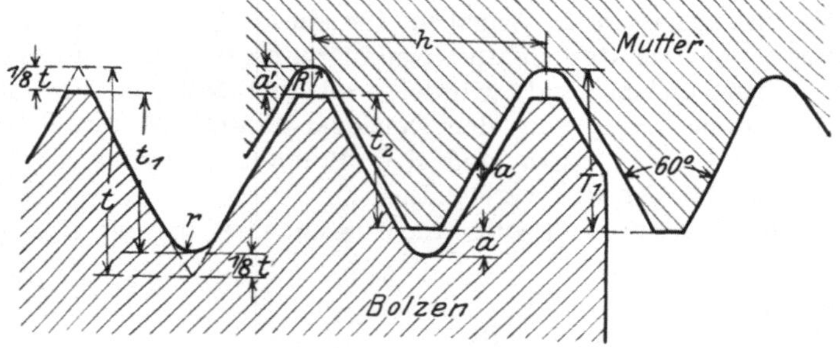

Abb. 57 b. Zulässiges Profil.

$$t = 0{,}8660/z,$$
$$t_1 = 0{,}6495/z,$$
$$T_1 = 0{,}6495/z + {}^1/_2\,R = 0{,}6856/z \quad \text{(nur für Abb. 57 b)},$$
$$t_2 = 0{,}6495/z - a,$$
$$R = {}^1/_{12} \cdot t = 0{,}0722/z \left.\vphantom{\frac{1}{1}}\right\}$$
$$r = {}^1/_8 \cdot t = 0{,}1083/z \left.\vphantom{\frac{1}{1}}\right\} \quad \text{(nur für Abb. 57 b)}.$$

Nenn-ϕ Zoll	d Zoll	z	h Zoll	d_1 Zoll	d_2 Zoll	D Zoll	D_1 Zoll	D_2 Zoll	t_1 Zoll	Spiel a 10^{-3} Zoll
2,500	3,0686	7,5	0,13333	2,8954	2,9820	3,0836	2,9104	2,9970	0,08660	15,0
3,000	3,6239	6	0,16667	3,4073	3,5156	3,6389	3,4223	3,5306	0,10825	15,0
3,500	4,2439	6	0,16667	4,0273	4,1356	4,2639	4,0473	4,1556	0,10825	20,0
4,500	5,7609	4	0,25000	5,4361	5,5985	5,7859	5,4611	5,6235	0,16238	25,0

darf. Hierin liegt also ein Unterschied gegen das Profil des USSt-Gewindes (Abb. 20b und c) insofern, als der Abrundungsbogen bei diesem die Abflachung $\frac{1}{8}\cdot t+\frac{1}{24}\cdot t=\frac{1}{6}\cdot t$, bei den Feuerschlauchverschraubungen dagegen die Abflachung $\frac{1}{8}\cdot t$ tangiert. Somit behält das Mindestspiel hier im Kern die Größe a, während es im Außendurchmesser $a'=a+\frac{1}{2}\cdot R=a+0{,}0361/z$ wird. Der Berührungspunkt des Bogens mit den Flanken liegt im Kern um $\frac{1}{2}\cdot r=0{,}0541/z$ (also um 7,2; 9,0; 9,0; $13{,}5\cdot10^{-3}$ Zoll) über dem theoretischen Profil der Abb. 57a, ist also durchweg kleiner als das theoretische Spitzenspiel a, so daß ein Zwängen auf keinen Fall eintreten kann.

Die Abmessungen des Gewindes sind in Tabelle 131a wiedergegeben; das Gewinde wird als Nationales Feuerschlauchverschraubungen-Gewinde, das unter $2^{1}/_{2}''$ Durchmesser nach Tabelle 132 als Nationales Schlauchverschraubungen-Gewinde bezeichnet. Die sonstigen Ab-

Tabelle 131b. Sonstige Abmessungen der amerikanischen National-Feuerschlauchverschraubungen.

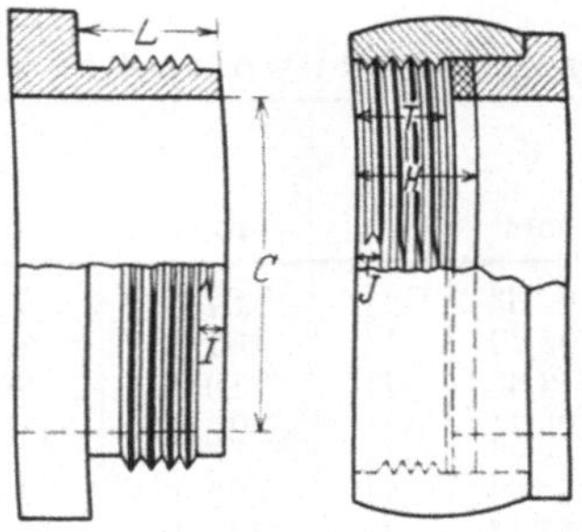

Abb. 57c.

C Zoll	z	L Zoll	I Zoll	H Zoll	J Zoll	T Zoll
$2^{1}/_{2}$	$7^{1}/_{2}$	1	$^{1}/_{4}$	$^{15}/_{16}$	$^{3}/_{16}$	$^{11}/_{16}$
3	6	$1^{1}/_{8}$	$^{5}/_{16}$	$1^{1}/_{16}$	$^{1}/_{4}$	$^{13}/_{16}$
$3^{1}/_{2}$	6	$1^{1}/_{8}$	$^{5}/_{16}$	$1^{1}/_{16}$	$^{1}/_{4}$	$^{13}/_{16}$
$4^{1}/_{2}$	4	$1^{1}/_{4}$	$^{7}/_{16}$	$1^{3}/_{16}$	$^{3}/_{8}$	$^{15}/_{16}$

messungen (Abb. 57c) findet man in Tabelle 131b. Dabei bedeuten: L die Gesamtlänge des Gewindes am Nippel, I Abstand der Stirnseite des Nippels vom Beginn des zweiten Ganges, H Tiefe der Muffe bis zur Anlage der Buchse, J Abstand der Stirnseite der Muffe vom Beginn des zweiten Ganges, T Gewindelänge der Muffe.

Um Verletzungen zu vermeiden, müssen das äußere Ende des Außen- und das innere Ende des Innengewindes mit einem vollen Gang abschließen. Die neuen Normen für die Feuerschlauchverschraubungen, an denen die NSThC, die amerikanische Handelskammer, das Bureau of Standards und viele andere Körperschaften mitgearbeitet haben, sollen gelten für die Gewindeteile an Feuerschlauchverschraubungen, Hydranten, Auslassen, Standröhren und

Siamesen-Verbindungen, sowie für alle Fittings an Feuerleitungen von $2^{1}/_{2}$, 3, $3^{1}/_{2}$ und $4^{1}/_{2}$ Zoll Durchmesser. Sie sind bereits in verschiedenen Staaten Nordamerikas vorgeschrieben, während in anderen die entsprechenden Gesetze in Vorbereitung sind.

Die Normung der Gewinde an Gasflaschen-Ventilen ist in Vorbereitung (29).

3. Deutschland.

Zu S. 224. In Frankreich ist im Dezember 1916 ein auf metrischem Maß beruhendes Gewinde für optische Instrumente genormt (34).

Zu S. 230/1. Whitworth-Rohrgewinde des HNA (Normalblatt G 1a) in Tabelle 141 ist wie folgt zu ändern:

Spalte Nenndurchmesser: der Nenndurchmesser $1^{3}/_{4}''$ gehört zu $d = 53,80$ mm.

Spalte d: der Durchmesser 51,99 mm ist einzuklammern.

Spalte d_1: 8,56; 20,60.

Von $3^{1}/_{2}''$ Durchmesser ab gelten die in Tabelle 141a mitgeteilten Werte.

Tabelle 141a.   **Ergänzung zum Whitworth-Rohrgewinde des HNA.**

Nenn-$\varnothing$ Zoll	d mm	z	d_1 mm	F cm²
$3^{1}/_{2}$	100,33	11	97,37	74,43
$3^{3}/_{4}$	104,79	11	101,83	81,40
4	113,60	11	110,64	96,14
$4^{1}/_{2}$	125,74	11	122,78	118,32
5	138,44	11	135,48	144,06
$5^{1}/_{2}$	151,14	11	148,18	172,34
6	163,84	11	160,88	203,15

Zu S. 231. DIN 259 und 260; letzte Ausgaben vom August 1924.

Zu S. 231. Für Rohrverschraubungen der Eisenbahn wird ein Gewinde mit Whitworth-Profil nach DIN 11 mit der gleichbleibenden Gangzahl $z = 10$ benutzt, und zwar mit den Durchmessern 20, 23, 26, 33, 36, 40, 50, 53, 56, 60, 66, 70 und 76 mm.

Der Großmaschinenbau hat sich für die Verwendung des Rohrgewindes ohne Spitzenspiel nach DIN 259 von $^{1}/_{8}$ bis $18''$ entschieden, während der Awana dazu auch das Rohrgewinde mit Spitzenspiel nach DIN 260 übernommen hat.

Nach dem Fachausschuß für Armaturen und Rohrleitungen sollten dort, wo das Rohrgewinde nach DIN 259 an Rohrleitungen und Armaturen nicht verwendbar ist, nach DIN 2354 Entwurf (35) zum Ersatz bestimmte Durchmesser des metrischen Feingewindes 3 nach DIN 243 genommen werden, um Einheitlichkeit zu erzielen. Das Blatt ist aber bis zur internationalen Klärung zurückgezogen (37).

Zu S. 232. Für die Bezeichnung des Rohrgewindes s. den Nachtrag zu S. 193/4. Es erhält jetzt das Rohrgewinde nach DIN 259 keinen, das nach DIN 260 den Zusatz: *m Sp.*

Ersatztabelle 142a. Whitworth-Rohrgewinde ohne Spitzenspiel für Fitttingsanschlüsse (DIN 2999).
(Whitworth-Profil Abb. 12, S. 24.)

Abb. 58a.

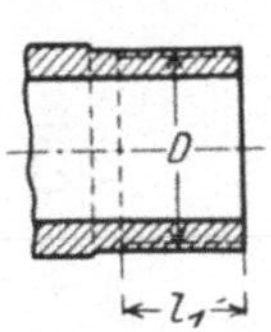

Gewinde zylindrisch

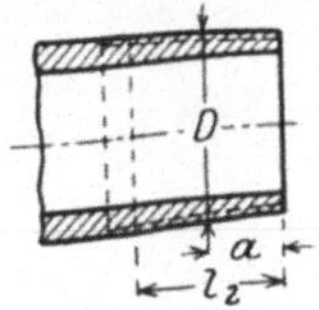

Rohr Gewinde kegelig Kegel 1 : 16

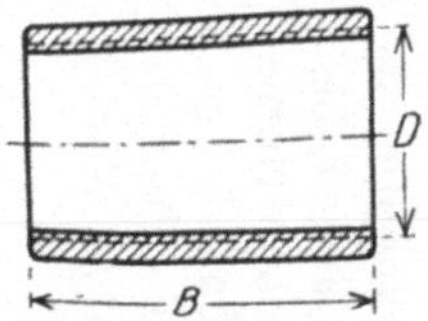

Muffe Gewinde zylindrisch

| Handelsübliche Nennweite | | d | Gangzahl | | h | d_1 | Lehr-ϕ und d_2 | t_1 | r | Zylindrisch nutzbare Gewindelänge l_2 Größtmaß | Kegelig | | | Muffe Mindestlänge B | Nennweite d. zugehörigen Armaturen u. Formstücke nach DIN 2003 |
| | | | z auf $1''$ | z_1 auf 127 | | | | | | | nutzbare Gewindelänge l_2 Größtmaß | Abstand a d. ϕ d v. Rohrende Größtmaß | Kleinstmaß | | |
Zoll	mm	mm		mm	mm	mm	mm	mm	mm	mm	mm	mm	mm	mm	mm
$1/8$	5—10	9,729	28	140	0,907	8,567	9,148	0,581	0,125	8	10	5,5	4	20	6
$1/4$	8—13	13,158	19	95	1,337	11,446	12,302	0,856	0,184	9	11	7	5	25	8
$3/8$	12—17	16,663	19	95	1,337	14,951	15,807	0,856	0,184	11	13	8	6	30	10
$1/2$	15—21	20,956	14	70	1,814	18,632	19,794	1,162	0,249	14	16	9	6	35	13
$(5/8)$	16—23	22,912	14	70	1,814	20,588	21,750	1,162	0,249	14	16	9	6	35	16
$3/4$	20—27	26,442	14	70	1,814	24,119	25,281	1,162	0,249	16	19	13	10	40	20
$(7/8)$	24—31	30,202	14	70	1,814	27,878	29,040	1,162	0,249	16	19	13	10	40	—
1	26—34	33,250	11	55	2,309	30,293	31,771	1,479	0,317	19	22	14	10	45	25
$1^1/_4$	33—42	41,912	11	55	2,309	38,954	40,433	1,479	0,317	21	25	17	13	50	32
$1^1/_2$	40—49	47,805	11	55	2,309	44,847	46,326	1,479	0,317	21	25	17	13	55	40
$(1^3/_4)$	45—55	53,748	11	55	2,309	50,791	52,270	1,479	0,317	24	28	20	16	60	—
2	50—60	59,616	11	55	2,309	56,659	58,137	1,479	0,317	24	28	20	16	60	50
$2^1/_4$	60—70	65,712	11	55	2,309	62,755	64,234	1,479	0,317	27	32	23	18	65	60
$2^1/_2$	66—76	75,187	11	55	2,309	72,230	73,708	1,479	0,317	27	32	23	18	65	70
$(2^3/_4)$	72—82	81,537	11	55	2,309	78,580	80,058	1,479	0,317	30	35	26	21	70	—
3	80—90	87,887	11	55	2,309	84,930	86,409	1,479	0,317	30	35	26	21	70	80
$3^1/_2$	90—102	100,334	11	55	2,309	97,376	98,855	1,479	0,317	32	38	28	22	80	90
4	102—114	113,034	11	55	2,309	110,077	111,556	1,479	0,317	36	41	32	25	85	100
$4^1/_2$	115—127	125,735	11	55	2,309	122,777	124,256	1,479	0,317	36	41	32	25	85	110
5	127—140	138,435	11	55	2,309	135,478	136,957	1,479	0,317	38	44	35	28	90	125
$5^1/_2$ [1])	—	151,136	11	55	2,309	148,178	149,657	1,479	0,317	40	48	39	32	100	140
6	152—165	163,836	11	55	2,309	160,879	162,357	1,479	0,317	42	51	42	35	100	150

Die eingeklammerten Durchmesser sind möglichst zu vermeiden.

[1]) Ist in der Fittingsindustrie nicht gebräuchlich.

Zu S. 232. Das konische Rohrgewinde (mit den Gängen senkrecht zum Mantel) ist inzwischen in DIN 2999 (s. Ersatz Tabelle 142 a, Abb. 58 a) endgültig festgelegt. In diese ist auch die Nennweite durch Angabe von zwei mm-Zahlen aufgenommen, die besonders in Frankreich handelsüblich ist; dabei entspricht die erste Zahl angenähert dem inneren, die zweite dem äußeren Rohrdurchmesser. Die sonstigen Zahlenwerte stimmen mit denen des konischen BSP-Gewindes überein, nur für l_1 und a sind die bisher in der deutschen Praxis gebräuchlichen Werte genommen. Bei Verbindungsstücken darf die Gewindelänge l_2 bis zu $15\,^0/_0$ gekürzt werden. Eine Abweichung von der englischen Norm liegt ferner noch darin, daß die Steigung parallel zum Kegelmantel gemessen werden soll, doch ist zu erwarten, daß auch hierin Übereinstimmung mit der englischen Norm hergestellt werden wird (s. Nachtrag zu S. 4 bis 6).

Tabelle 142b. **Konisches Rohrgewinde für Reinigungsschrauben und Stutzen (LON 285).**
(Whitworth-Profil Abb. 12, S. 24.)

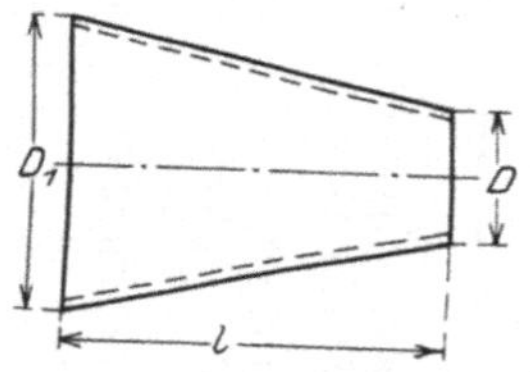

Abb. 58 b.

D	D_1	l Größtmaß	Kegel	Kegelwinkel
mm	mm	mm		
(17)	20	30	1 : 10	5⁰ 44′
21	25	40	1 : 10	5⁰ 44′
26	30	40	1 : 10	5⁰ 44′
31	35	40	1 : 10	5⁰ 44′
36	40	40	1 : 10	5⁰ 44′
41	45	40	1 : 10	5⁰ 44′
46	50	40	1 : 10	5⁰ 44′
50	55	50	1 : 10	5⁰ 44′
55	60	50	1 : 10	5⁰ 44′
80	86	30	1 : 5	11⁰ 25′ 16″
106	113	35	1 : 5	11⁰ 25′ 16″

Ein besonders konisches Rohrgewinde mit dem Profil des BSP-Gewindes (Abb. 12, S. 24) und den Gängen senkrecht zum Kegelmantel, aber abweichender Verjüngung, ist vom Lokomotiv-Normenausschuß in LON 285 für Reinigungsschrauben und Stutzen mit der konstanten Gangzahl $z = 10$ aufgestellt (Tabelle 142 b). Dabei geben die Maße D, D_1 und l (Abb. 58 b) den Bereich an, der mit dem Gewindebohrer herzustellen ist, während für die Werkstücke das Maß D bindend ist (38). Die Reinigungsschrauben selbst, und zwar mit den Durchmessern 31, 41 und 50 mm, findet man in DIN LON 2137.

Zu S. 232. Da **Österreich** das Whitworth-Gewinde mit Spitzenspiel (M 1521) zurückziehen will, ist anzunehmen, daß dies auch mit dem Rohrgewinde mit Spitzenspiel (M 1523) geschehen wird.

Zu S. 233. In der **Tschechoslowakei** ist das gerade Rohrgewinde ohne Spitzenspiel und das konische Rohrgewinde (in Normblatt CSN 1001) in genauer Übereinstimmung mit dem BSP-Gewinde genormt. Beide entsprechen somit auch den DIN 259 und 2999; gegen letztere besteht nur der Unterschied, daß auch die Abstände des Lehrdurchmessers vom Rohrende genau nach den englischen Vorschriften umgerechnet sind, so daß die tschechische Norm völlig mit der schwedischen SMS 37 übereinstimmt. Die in CSN 1001 aufgeführten, im BSP-Gewinde nicht vorgesehenen Durchmesser $1^1/_8$ und $1^3/_8''$ sind für Armaturen bestimmt und werden nur zylindrisch ausgeführt.

In **Finnland** ist das Rohrgewinde ohne Spitzenspiel durch Umrechnung des BSP-Gewindes (mit $1'' = 25{,}400'95$ mm) in BI 5 von $^1/_8''$ bis 4'' und in BI 6 von 3'' bis 18'' genormt; es besteht also Übereinstimmung mit DIN 259, nur fehlen in BI 5 die Durchmesser $1^1/_8''$ und $1^3/_8''$. Es ist zulässig als zylindrisches und auch als konisches Gewinde, wobei die Gänge senkrecht zum Kegelmantel stehen müssen. In BI 7 und 8 sind das zylindrische und das konische Rohrgewinde für Fittings in Übereinstimmung mit DIN 2999 genormt; der einzige Unterschied dagegen besteht darin, daß der Durchmesser $5^1/_2''$ fortgelassen ist.

Das BSP-Gewinde soll auch in Norwegen, Frankreich und Italien genormt werden, so daß bezüglich des Rohrgewindes ohne Spitzenspiel (entsprechend DIN 259) in allen europäischen Ländern Übereinstimmung bestehen wird.

Eine Übersicht über die bis jetzt vorliegenden Normen der Rohrgewinde gibt nachfolgende Zusammenstellung:

Land	Be-zeichnung	Rohrgewinde		
		o. SpSp.	m. SpSp.	konisch
Deutschland . . .	DIN	259	260	2999
Österreich	M	1522	1523 [1])	
Schweiz	VSM	12008/9		55 100
Holland	N	176	176	
Schweden	SMS	36		37
Finnland	BI	5/6		7/8
Frankreich	E	Entwurf		
Belgien				
Italien	UNIM	Entwurf		
Tschechoslowakei .	CSN	1001		1001
Ungarn	MJSZ			
England		21		21

[1]) Wird zurückgezogen.

Zu S. 235. **Das Nippelgewinde** nach DIN VDE 420 (die seit November 1924 endgültig ist) ist auch in Österreich Oenorm E 1510 genormt (36). Infolge des dortigen Spitzenspiels $a = 0{,}050 \cdot h$ wird d_1 um $^1/_{100}$ mm kleiner, D um $^1/_{100}$ mm größer als in Tabelle 145 b.

Zu S. 235/6. **Für das Stahlpanzerrohrgewinde** ist man bei der endgültigen Norm (DIN VDE 430) indessen doch bei dem Flankenwinkel von 80° geblieben. Dabei ist versehentlich $t = 0{,}595\,35 \cdot h$ angegeben, während aus der Formel $t = \tfrac{1}{2} h \cdot \operatorname{ctg} \alpha/2$ folgt: $t = 0{,}595\,875 \cdot h$. Das Gewinde mit $d_l = 7$ mm ist in Fortfall gekommen. In der neuen Norm ist von der Festsetzung von Mindestspielen Abstand genommen (so daß die Spalten: Lampe und Fassung in Tabelle 146 in Fortfall kommen und die Begrenzungslinien von Bolzen und Mutter mit dem theoretischen Profil in Abb. 61 zusammenfallen). Man hat sich — was auch richtiger — auf die Angabe von Grenzmaßen (s. Tabelle 283 a und 284 a) beschränkt. In DIN VDE 430 sind auch noch die Kurzzeichen und der Flammendurchmesser d_2 aufgeführt (s. Tabelle 146 a).

Tabelle 146 a. Ergänzung zum Stahlpanzerrohrgewinde.

Kurzzeiten	d_2 mm
Pg 9	14,53
Pg 11	17,93
Pg 13,5	19,73
Pg 16	21,83
Pg 21	27,54
Pg 29	36,24
Pg 36	46,24
Pg 42	53,24

Zu S. 238. **Gedrückte Gewinde.** Hierfür liegt in Österreich ein Normentwurf vor.

L. Trapez-, Sägen- und Rundgewinde.

1. Trapezgewinde.

Zu S. 241. **Acme-Gewinde.** In der Praxis werden die verschiedenen Steigungen des Acme-Trapezgewindes hauptsächlich auf die in Tabelle 150 a angegebenen Durchmesser geschnitten.

Tabelle 150a. Gebräuchliche Durchmesser für Acme-Trapergewinde.

z	Durchmesser (Zoll)								
1	3								
2	$1\,^3/_4$	2							
$2^1/_2$	$1\,^1/_2$								
3	$1\,^1/_4$	$2\,^1/_4$							
4	$^3/_4$	$^7/_8$	1	$1\,^1/_8$	$1\,^1/_4$	$1\,^3/_8$	$1\,^1/_2$	$1\,^3/_4$	2	$2\,^1/_4$
5	$^3/_4$	1	$1\,^1/_4$						
6	$^5/_8$	$^7/_8$	$1\,^1/_8$						
8	$^1/_2$	$^5/_8$	$^3/_4$						
10	1	$1\,^1/_4$	$1\,^1/_2$	$1\,^3/_4$					

In Aussicht genommen ist in Amerika die Normung der Gewinde an Ventilspindeln, wo jetzt abgestumpftes 60°- oder Acme-Trapezgewinde gebraucht wird, sowie des quadratischen Gewindes (18).

Zu S. 246. Das Trapezgewinde fein, eingängig, ist jetzt endgültige Norm (DIN 378). Sie ist noch bis 10 mm Durchmesser hin mit der Steigung $h = 2$ mm ergänzt worden (Tabelle 153a). In der Spalte F sind folgende Änderungen vorzunehmen: 1060,7; 1179,3; 1262,9; 1392,1; 1527,5; 1669,1; 1817,1; 1924,4; 2083,1; 2248,0; 2419,2; 2596,7; 2780,5; 2970,6.

Tabelle 153a. **Ergänzung zu Trapezgewinde fein, eingängig** (DIN 378).

h mm	t_1 mm	T_1 mm	t_2 mm	r mm	a mm	b mm
2	1,25	1,00	0,75	0,25	0,25	0,50

d mm	h mm	d_1 mm	d_2 mm	D mm	D_1 mm	F cm²
10	2	7,5	9	10,5	8,5	0,442
12	2	9,5	11	12,5	10,5	0,709
14	2	11,5	13	14,5	12,5	1,04
16	2	13,5	15	16 5	14,5	1,43
18	2	15,5	17	18,5	16,5	1,89
20	2	17,5	19	20,5	18,5	2,41

Zu S. 249. Trapezgewinde, Tabelle 154. Zu $d = 22$ mm gehört $d_1 = 16,5$ mm.

Zu S. 250. Das Trapezgewinde grob, eingängig, ist jetzt endgültig Norm (DIN 379).

Zu S. 251. Für die Bezeichnung des Trapezgewindes s. Nachtrag zu S. 193/4.

Für die Steigung der Leitspindeln wurde als Grundzahl 6 mm gewählt, da die am häufigsten gebrauchten Steigungen 0,5; 0,75; 1; 1,5; 2; 3 und 6 mm ohne Rest darin aufgehen. Demnach ist dafür das Ein- und Ausschlagen des Schlosses an jeder Stelle möglich, ohne daß Gefahr vorliegt, das Gewinde zu verderben.

Das eingängige Trapezgewinde nach DIN 103 ist im Auszuge in DIN LON 289 für Ventilspindeln übernommen.

Ein zweigängiges Trapezgewinde ist vom Lokomotiv-Normenausschuß in DIN LON 290 (vom April 1925) für Dampfstrahlpumpen genormt. Seine Spiele und Gewindetiefen weichen von DIN 103 ab, doch können in beiden Fällen dieselben Gewindefräser benutzt werden. Angegeben sind auch die Hauptmaße für das Profil der Fräser (Tabelle 155a, Abb. 69a).

Dasselbe gilt für das dreigängige Trapezgewinde für Steuerschrauben nach DIN LON 291 (vom April 1925), das in der Regel als Linksgewinde ausgeführt wird (Tabelle 155b, Abb. 69b). Dabei soll die Steuerschraube 52 mm Durchmesser für Klein- und Nebenbahn-, die von 55 mm Durchmesser für sämtliche Reichsbahnlokomotiven angewendet werden. Das Normenblatt gilt auch bei Verwendung von Rotgußmuttern und gehärteten zweiteiligen Muttern.

Tabelle 155a. Trapezgewinde, zweigängig, für Dampfstrahlpumpen (DIN LON 290).

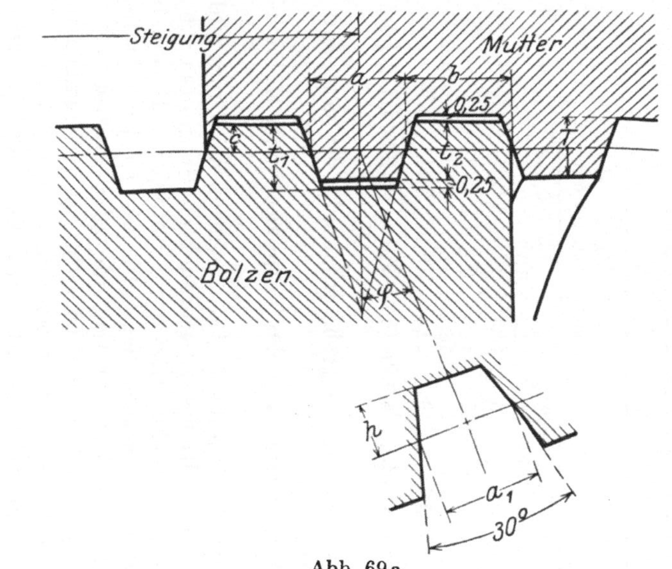

Abb. 69a.

| d | Steigung | | | | Gewinde | | | | | | | | | | Fräser | |
| | | d_1 | d_2 | D | D_1 | t_1 | c | a | b | t_2 | T | F | φ | a_1 | h |
mm	mm	mm	mm	mm	mm	mm	mm	mm	mm	mm	mm	cm²		mm	mm
20	10 zweigäng. = 20	13,5	17	20,5	14	3,25	1,5	4,77	5,23	3	3,25	1,43	20° 32′	5	2,75
24	10 zweigäng. = 20	17,5	21	24,5	18	3,25	1,5	4,67	5,33	3	3,25	2,41	16° 52′	5	2,75
24	12 zweigäng. = 24	16,5	20,5	24,5	17	3,75	1,75	6,32	5,68	3,5	3,75	2,14	20° 52′	7	4
30	12 zweigäng. = 24	22,5	26,5	30,5	23	3,75	1,75	6,16	5,84	3,5	3,75	3,98	16° 5′	7	4

Tabelle 155 b. Trapezgewinde, dreigängig, für Steuerschrauben (DIN LON 291).

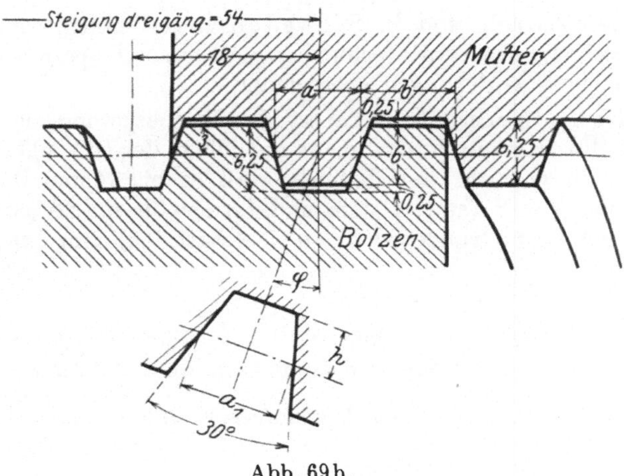

Abb. 69 b.

Gewinde, neue Schraube.

| d | d_1 | d_2 | D | D_1 | a | b | F | φ |
mm	mm	mm	mm	mm	mm	mm	cm²	
52	39,5	46	52,5	40	8,61	9,39	12,25	20° 29′
55	42,5	49	55,5	43	8,54	9,46	14,19	19° 20′

Gewinde, Nacharbeitsstufen für Bolzengewinde.

| d | 1 | | 2 | | 3 | | 4 | | 5 | | 6 | |
| | a | b | a | b | a | b | a | b | a | b | a | b |
mm	mm	mm	mm	mm	mm	mm	mm	mm	mm	mm	mm	mm
52	9,00	9,00	9,39	8,61	9,78	8,22	10,17	7,83	10,56	7,44	10,05	7,05
55	8,93	9,07	9,32	8,68	9,70	8,30	10,09	7,91	10,48	7,52	10,87	7,13

| d | 7 | | 8 | | 9 | | 10 | | 11 | | 12 | |
| | a | b | a | b | a | b | a | b | a | b | a | b |
mm	mm	mm	mm	mm	mm	mm	mm	mm	mm	mm	mm	mm
52	11,34	6,66	11,73	6,27	12,12	5,88	12,51	5,49	12,90	5,10	13,29	4,71
55	11,26	6,74	11,65	6,35	12,03	5,97	12,42	5,58	12,81	5,19	13,20	4,80

Fräser für Nacharbeitsstufen

| | neue Schraube | 1 | 2 | 3 | 4 | 5 | 6 | 7 | 8 | 9 | 10 | 11 | 12 |
	mm	mm	mm	mm	mm	mm	mm	mm	mm	mm	mm	mm	mm
a_1	9	9,5	10	10,5	11	11,5	12	12,5	13	13,5	14	14,5	15
h	5	5,25	5,5	5,75	6	6,25	6,5	6,75	7	7,25	7,5	7,75	8

HNA-Norm G 2. Es sind die Worte: „von 10 bis 20 mm Durchmesser um 0,5 mm" zu streichen.

Das Trapezgewinde nach DIN 103 und das für Bremsspindeln nach DIN 263 ist vom Awana übernommen.

In Österreich und in Schweden liegen bisher nur Entwürfe für Trapezgewinde vor. Schweden will das Trapezgewinde nach DIN 103 ohne Änderungen übernehmen.

In der Tschechoslowakei ist das Trapezgewinde in CSN 1001 genormt (19). Es entspricht im wesentlichen der DIN 103 und unterscheidet sich von ihr nur dadurch, daß es bis 14 mm Durchmesser die Steigung $h = 3$ (statt 4) mm und ferner für die Steigungen $h = 3$ und 4 mm das Grundspiel $b = 0,75$ (statt 0,5) mm hat; dadurch wird bei

$$h = \quad 3 \quad\quad 4 \quad \text{mm},$$
$$T_1 = 1,25 \quad 1,75 \text{ mm (statt 1,50 bzw. 2,00 mm)},$$
$$t_2 = 1,00 \quad 1,50 \text{ mm (statt 1,25 bzw. 1,75 mm)}$$

und treten bei 10 bis 20 mm Durchmesser andere Werte für D_1 auf.

2. Sägengewinde.

Zu S. 254. **Auch in Amerika** ist eine Normung der Sägengewinde in Aussicht genommen (7).

Zu S. 256/9. Die Normen über Sägengewinde DIN 513 bis 515 sind seit Oktober 1925 endgültig. Die einzelnen Größen berechnen sich aus

$$t = 1,73205 \cdot h; \qquad i = 0,52507 \cdot h$$
$$i_1 = 0,45698 \cdot h; \qquad r = 0,12427 \cdot h$$
$$b = 0,11777 \cdot h$$

Passung der Gewindedurchmesser von Bolzen und Mutter: Schlicht weiter Laufsitz (sWL).

Das Sägengewinde fein, eingängig, ist noch bis 10 mm Durchmesser mit der Steigung $h = 2$ mm erweitert (s. Tabelle 157a).

Tabelle 157a. Ergänzung zu Sägengewinde fein, eingängig DIN 514.

h	t_1	t_2	r	b	e
mm	mm	mm	mm	mm	mm
2	1,736	1,50	0,249	0,236	0,528

$d_1\,D$	h	d_1	d_2	D_1	D_2	F
mm	mm	mm	mm	mm	mm	cm²
10	2	6,528	8,636	7,0	9,329	0,335
12	2	8,528	10,636	9,0	11,329	0,571
14	2	10,528	12,636	11,0	13,329	0,871
16	2	12,528	14,636	13,0	15,329	1,23
18	2	14,528	16.636	15,0	17,329	1,66
20	2	16,528	18,636	17,0	19,329	2,15

Folgende Änderungen sind in Tabelle 157 anzubringen:

Spalte d_2: 503,634; 523,634; 543,634; 563,634; 583,634; 603,634; 623,634.

Spalte F: 800,10; 1013,2; 1129,2; 1187,0; 1312,3; 1443,8; 1581,7; 1725,8; 1797,1; 1950,5; 2110,2; 2276,2; 2448,5; 2627,1; 2811,9.

In Tabelle 158, Sägengewinde, eingängig (DIN 513) sind die Durchmesser 10 bis 20 mm in Fortfall gekommen.

Zu S. 260. Für die Bezeichnung des Sägengewindes s. Nachtrag zu S. 193/4.

In Österreich ist ein Entwurf über Sägengewinde in Vorbereitung.

3. Rundgewinde.

Zu S. 264. Rundgewinde nach DIN 405 ist im Auszuge vom Lokomotiv-Normenausschuß in LON 288 übernommen und wird auch vom Awana für Teile, die wenig oder gar nicht verstellt werden (z. B. bei Spannschlössern für Sprengwerke) benutzt.

Bestimmte Durchmesser des Rundgewindes nach DIN 405 sollen auch für die im Feuerwehrwesen benutzten Druck- und Saugverschraubungen nach DIN FEN 120 und 121 (Entwurf) übernommen werden (19).

In DIN LON 293 ist ein Rundgewinde für Feuerlöschstutzen und Anschluß für Kesselablaßhähne genormt.

In Österreich und der Schweiz liegen Entwürfe für Rundgewinde vor.

Zu S. 264. Tabelle 162, Rundgewinde der deutschen Eisenbahn für Kupplungsspindeln, Zughaken und Bremszugstangen (DIN 262): der Durchmesser 42 mm soll nur für Kupplungsgewinde alter Bauart, der Durchmesser 70 mm nur für Zughaken bereits im Betriebe befindlicher Lokomotiven benutzt werden. Es ist auch von Awana übernommen.

Zu S. 265. Das neue Kupplungsgewinde nach Abb. 80 mit $t_1 = 3{,}5$ mm ist im April 1926 als DIN 264 erschienen, und zwar nur für 50 mm Durchmesser. Seine Abmessungen sind:

$$d = 50\,\text{mm}; \qquad d_1 = 43\,\text{mm}; \qquad d_2 = 46{,}5\,\text{mm}$$
$$D = 50{,}6\,\text{mm}; \qquad D_1 = 43{,}6\,\text{mm}; \qquad D_2 = 47{,}06\,\text{mm}$$
$$h = 7\,\text{mm}; \qquad \alpha = 30^{\circ}.$$
$$t = 13{,}062\,\text{mm}; \qquad t_1 = 3{,}5\,\text{mm};$$
$$b = 4{,}781\,\text{mm}; \qquad r = 1{,}67\,\text{mm}$$
$$a = 0{,}3\,\text{mm}; \qquad f = 0{,}16071\,\text{mm}.$$

Demnach ist sein Flankendurchmesser um 1 mm größer als in Tabelle 162.

Zu S. 266. Edison-Gewinde. DIN 400 ist seit November 1924 endgültig; ihre Werte sind auch vom Oenig in Oenorm E 1500 übernommen (16). Das Edison-Gewinde E 27 wird für Sicherungssockel (DIN VDE 9320) sowie für L- und D-Sicherungsschraubstöpsel (DIN

VDE 9350 und 9360), das Edison-Gewinde $E\,33$ für Sicherungssockel (DIN VDE 9321) und für L-Sicherungsschraubstöpsel (DIN VDE 9351) verwendet. Die Edison-Lampensockel 10, 14, 27, 40 mit den Edisongewinden $E\,10$, 14, 27, 40 findet man in DIN VDE 9610, 9615, 9620, 9625, für Österreich in Önorm E 8000.

Die in Tabelle 164 angegebenen in den Vereinigten Staaten genormten Werte für das Edison-Gewinde sind auch vom Kanadischen Normenausschuß übernommen (17).

Zu S. 267. **In Japan** ist das amerikanische Normal Edisongewinde übernommen (20); die Norm Nr. 12, $C\,2$ gibt dafür die nachstehenden Werte: $d = 26{,}34$; $h = 3{,}63$; $d_1 = 24{,}66$; $D = 26{,}54$; $D_1 = 24{,}87$; $r = 1{,}17$ mm.

Zu S. 268. Kühlerfüllschrauben-Gewinde. In Tabelle 165 (KrG 402) bedeuten in Spalte d die Zahlen $-0{,}35$; $-0{,}4$; $-0{,}4$ die Toleranzen der Durchmesser. In der 3. Zeile der Spalte für t_1 muß es heißen: 1,5. Außerdem ist folgende 4. Zeile hinzuzufügen:

d	h	d_1	D	D_1	t_1	r_1	r_2	Lichte Weite
$88_{-0{,}4}$	5	$85_{-0{,}4}$	$88{,}5_{+0{,}4}$	$85{,}5_{+0{,}4}$	1,5	0,6	1,4	80

Die angegebenen Maße gelten für in Blech gedrückte Gewinde; werden sie ausnahmsweise gedreht, so verengern sich die Abmaße des Bolzens auf $-0{,}1$ mm und die der Mutter auf $+0{,}1$ mm. Die Blechdicke soll mindestens 0,5 mm betragen.

II. Gewindemessungen.

B. Kerndurchmesser.

Zu S. 281. **Zur Messung des Kerndurchmessers** kann man auch Endmaße mit angesprengten Messerschnäbeln nehmen.

C. Flankendurchmesser.

1. Meßstücke.

Zu S. 291. Tabelle 168, Steigungs- und Winkeltoleranzen für Schraubenbolzen und Lehren. Bei der Berechnung der Steigungsfehler für einen Gang war stillschweigend angenommen, daß es sich um einen rein fortschreitenden, von Gang zu Gang in gleicher Größe auftretenden Fehler handelt. Da dazu aber noch von Gang zu Gang schwankende (innere) Fehler hinzukommen, so darf man die Steigungsfehler nicht als proportional der Gewindelänge ansehen. Demgemäß wäre es richtiger gewesen, die Steigungsfehler für 1 Gang etwa doppelt so groß als geschehen anzusetzen (Näheres s. Gewindetoleranzen, Nachtrag zu S. 596). Da aber bei der Fehlerberechnung nur ein Überblick über die zu erwartende Größenordnung gegeben werden soll, so genügt es, wenn man statt des größtmöglichen einen durchschnittlichen Fehler annimmt und hierfür die in Tabelle 168 angegebenen Zahlen wählt. Dies ist um so eher gestattet, als inzwischen die zulässigen Abweichungen bei Lehren herabgesetzt sind und dies bei den Schrauben auch in absehbarer Zeit zu erwarten ist.

Zu S. 293. Was mißt die Flankenschraube eigentlich? Nach S. 285 muß bei einem Winkelfehler $\delta\,\alpha/2$ der Flankendurchmesser eines Bolzens verkleinert werden beim

$$\text{metrischen und USSt-Gewinde um } f = 1{,}500 \cdot h \cdot \delta\,\alpha/2,$$
$$\text{Whitworth-Gewinde um } f = 1{,}201 \cdot h \cdot \delta\,\alpha/2.$$

Nach S. 290 mißt das Flankenmikrometer zu groß um

$$f' = \tfrac{1}{2} \cdot (h - f - s) \cdot (\operatorname{ctg}\alpha/2 - \operatorname{ctg}\beta/2)$$
$$= c \cdot h \cdot (\operatorname{ctg}\alpha/2 - \operatorname{ctg}\beta/2).$$

Dabei kann man für metrisches und USSt-Gewinde etwa $c = {}^3/_8 = 0{,}375$, für Whitworth-Gewinde, bei welchem der Berührungspunkt des Abrundungsbogens mit den Flanken tiefer liegt und dementsprechend die Zahnbreite an dieser Stelle größer ist, etwa $c = 0{,}3$ wählen.

Setzt man noch $\beta/2 = \alpha/2 + \delta\,\alpha/2$, so wird, da $\delta\,\alpha/2$ ein kleiner Winkel und folglich $\cos\delta\,\alpha/2 \sim 1$, $\sin\delta\,\alpha/2 \sim \delta\,\alpha/2$ ist,

$$f' = c \cdot h \cdot \left(\frac{\cos\alpha/2}{\sin\alpha/2} - \frac{\cos\alpha/2 - \delta\,\alpha/2 \cdot \sin\alpha/2}{\sin\alpha/2 + \delta\,\alpha/2 \cdot \cos\alpha/2} \right)$$
$$= c \cdot h \cdot \frac{\delta\,\alpha/2}{\sin^2\alpha/2 + \delta\,\alpha/2 \cdot \sin\alpha/2 \cdot \cos\alpha/2}$$
$$= c \cdot h \cdot \frac{\delta\,\alpha/2}{\sin^2\alpha/2 \cdot (1 + \delta\,\alpha/2 \cdot \operatorname{ctg}\alpha/2)}$$
$$= c \cdot h \cdot \frac{\delta\,\alpha/2}{\sin^2\alpha/2} \cdot (1 - \delta\,\alpha/2 \cdot \operatorname{ctg}\alpha/2)$$
$$= c \cdot h \cdot \frac{\delta\,\alpha/2}{\sin^2\alpha/2},$$

da man das Glied mit $(\delta\,\alpha/2)^2$ bei den vorkommenden Winkelfehlern stets vernachlässigen kann. Aus dieser Gleichung folgt für

$$\text{metrisches und USSt-Gewinde } f' = 1{,}5 \cdot h \cdot \delta\,\alpha/2,$$
$$\text{Whitworth-Gewinde } f' = 1{,}4 \cdot h \cdot \delta\,\alpha/2.$$

Unter den gemachten Voraussetzungen mißt also das Flankenmikrometer beim metrischen und USSt-Gewinde um genau so viel zu groß wie der Flankendurchmesser des Winkelfehlers wegen verkleinert ist, während dieser gegenseitige Ausgleich beim Whitworth-Gewinde weniger gut ist; bei Messung mit dem Flankenmikrometer wird man also hier den Flankendurchmesser maximal um etwa $20\,^0/_0$ kleiner ausführen, als zum Ausgleich der Winkelfehler notwendig wäre.

Zu S. 303. f) Dreidrahtmethode. Da der Meßdruck eine Abplattung der Drähte bewirkt[1]) und dadurch die Ergebnisse mit ihm

---

[1]) Für die Größe der an Drähten (und auch an Kugeln) bei der Gewindemessung auftretenden Abplattung sei auf die Anfang 1927 erscheinende Dissertation von H. Bochmann verwiesen.

schwanken, wird in den Vereinigten Staaton ein Druck von 2 bis 3 (amerikanischen) Pfund (etwa 1 bis $1^1/_2$ kg) empfohlen (35).

In Amerika haben sich an Gewinden von $^1/_2''$ Durchmesser mit 13 Gang/$1''$ (also $h \sim 2$ mm) folgende Fehler bei der Messung nach der Dreidrahtmethode (gegenüber der mikroskopischen Bestimmung) für den Flankendurchmesser ergeben (34):

Fehler des Flankenwinkels	$0'$	$73'$	$73'$	$0'$	$55'$
Dazu stand das Gewinde schief um	$0'$	$0'$	$0'$	$130'$	$30'$
Also Fehler des halben Flankenwinkels	$0'$	$37'$	$37'$	$130'$	$58'$
Fehler bei der Messung der Flankendurchmesser	$0'$	$+60$	$+63$	$+38$	$+50\,\mu$

Daß anscheinend die Abweichungen im halben Flankenwinkel einen geringeren Einfluß haben als die des ganzen Winkels, rührt daher, daß bei auf beiden Seiten gleich oder angenähert gleich schief liegenden Flanken die davon bewirkten Fehler sich zum Teil aufheben. Im übrigen bestätigen diese Erfahrungen die Ergebnisse der theoretischen Betrachtungen, wonach die Fehler bei 2,5 mm Steigung von der Größenordnung $60\,\mu$ sind.

Zu S. 305. f) Dreidrahtmethode. Die Vorteile der Benutzung von Drähten mit dem günstigsten Durchmesser werden jetzt auch in den Vereinigten Staaten betont (35). Bei ihrer Verwendung kann man in der auf S. 300 abgeleiteten Formel in erster Annäherung die Glieder $-d\cdot(1 + 1/\sin\alpha/2) + \frac{1}{2}\cdot h\cdot\mathrm{ctg}\,\alpha/2$ für einen gegebenen Satz von Drähten als konstant ansehen, wodurch die Formel für den Flankendurchmesser F die für die Rechnung wesentlich einfachere Form

$$F = M - C$$

annimmt.

Bezeichnet man noch den günstigsten Drahtdurchmesser mit $d'\,(=\frac{1}{2}\cdot h/\cos\alpha/2)$, so wird

$$\tfrac{1}{2}\cdot h\cdot\mathrm{ctg}\,\alpha/2 = d'\cdot\cos\alpha/2\cdot\mathrm{ctg}\,\alpha/2 = d'\cdot(1 - \sin^2\alpha/2)/\sin\alpha/2$$

und somit

$$\begin{aligned}
F &= M - d\cdot(1 + 1/\sin\alpha/2) + d'\cdot(1 - \sin^2\alpha/2)/\sin\alpha/2 \\
&= M - d + (d' - d)/\sin\alpha/2 - d'\cdot\sin\alpha/2 \\
&= M - d + (d' - d)/\sin\alpha/2 - \tfrac{1}{2}\cdot h\cdot\mathrm{tg}\,\alpha/2\,.
\end{aligned}$$

Zu S. 305/7. g) Kugelschraube. Bezeichnet man die von der Berührung der beiden Kugeln aus vorgenommene Verschiebung mit M', so ist bei der Ableitung des Flankendurchmessers die Größe GB zu ersetzen durch $M' + d$. Dann wird der Fehler φ_3 (S. 307)

$$\varphi_3 = \pm\, f_3\cdot\frac{\partial F}{\partial d} = \pm\, f_3\cdot\left(\frac{1}{\sin\alpha/2} - \frac{M' + d}{\sqrt{(M' + d)^2 - h^2/4}}\right).$$

Vernachlässigt man hierin in erster Annäherung $h^2/4$ gegen $(M' + d)^2$, so wird

$$\varphi_3 = \pm\, f_3\cdot(1/\sin\alpha/2 - 1),$$

so daß der Fehler des Drahtdurchmessers d nur mit seinem einfachen Betrage in das Ergebnis eingeht. In den Tabellen 178 und 179, Absolutmessungen, Spalten: „Kugeldurchmesser" und „Zusammen" sind also die Zahlen um $1\,\mu$ zu verringern. Dasselbe gilt für Tabelle 180, Absolutmessungen, Spalte: „Zusammen" und für Tabellen 190 und 191 (S. 326/27), Absolutmessungen, Zeilen: g) Kugelschraube.

Zu S. 320. l) Flankenmesser von Göpel. Bei geschliffenen Gewindelehren wird man die durch die Seiten- und Höhenabweichung der Achse verursachten Fehler nur halb so groß wie früher anzusetzen brauchen, wodurch sich die Werte in Tabelle 187, Lehren, Spalte: „Zusammen" und in Tabelle 188, Spalte: „Lehren" wie folgt ändern:

	Tabelle 187.		Tabelle 188.
h	Absol.	Vergl.	Lehren
0,25	10	9	3
0,5	9	7	4
1	7	6	4
2,5	7	6	5
5	7	8	6
7,5	8	9	7
10	10	14	9

Diese Werte sind auch in Tabelle 191 (S. 327) in der Zeile l) Schneiden einzutragen.

Zu S. 321. m) Gewindemeßkomparator. Um auf den Axialschnitt einzustellen, könnte man daran denken, das Mikroskop zunächst auf die Spitzen zu fokussieren, zwischen denen das Gewinde nachher aufgenommen wird. Aber auch damit würde man keine einwandfreien Ergebnisse erhalten; außerdem hängen die auftretenden Abweichungen auch noch von der Art und dem Grade der Abblendung ab, der das beleuchtende und das abbildende Strahlenbündel unterworfen wird. Durch geeignete Abblendung kann man es zwar erreichen, daß man eine Projektionsfigur des Gewindes, entsprechend den äußeren Umrißlinien B in Abb. 135, sieht; diese ist aber nicht identisch mit dem Axialschnitt AA in Abb. 135, da die eine Flanke durch die von oben, die andere durch die von unten vorstehenden Teile des Gewindes verdeckt wird (s. Abb. 135). Bei normalen Gewinden ist dann zwar der Flankenwinkel in der Projektionsfigur bis auf wenige Minuten gleich dem wirklichen (im Axialschnitt gemessenen) Wert. Auch die Steigung könnte man an der Projektionsfigur messen, weil dabei nur Anlage an gleichgerichtete Flanken erfolgt. Dagegen würde die Messung des Flankendurchmessers bei gröberen Whitworth-Gewinden um $32\,\mu$, bei $1''$-Whitworth-Gewinden um $19\,\mu$, bei 64 mm metrischem Gewinde um $22\,\mu$ und bei solchem von 10 mm Durchmesser um $3\,\mu$ falsche Werte ergeben. Diese Fehler werden nun durch das Anschieben der Schneiden vermieden (32). Sie haben den weiteren Vorteil, daß ihre Anlage von den Unregelmäßigkeiten der Flanken nicht gestört wird, wie aus Abb. 136a und b folgt, die die Anlage bei konkaven und konvexen Flanken zeigen. Die Steigerung der Ge-

nauigkeit durch das Anschieben der Schneiden und die dadurch er-
möglichte Beobachtung des Axialschnittes geht deutlich aus einer
bei Zeiss durchgeführten Meßreihe hervor. Während sich hierbei
nur Abweichungen von $+ 0{,}7$ bis $— 1{,}4\ \mu$ vom Mittelwert ergaben,
beliefen sie sich bei Messung der Projektionsfigur (ohne Schneiden-
anlage) auf $+ 5{,}9$ bis $— 12{,}6\ \mu$.

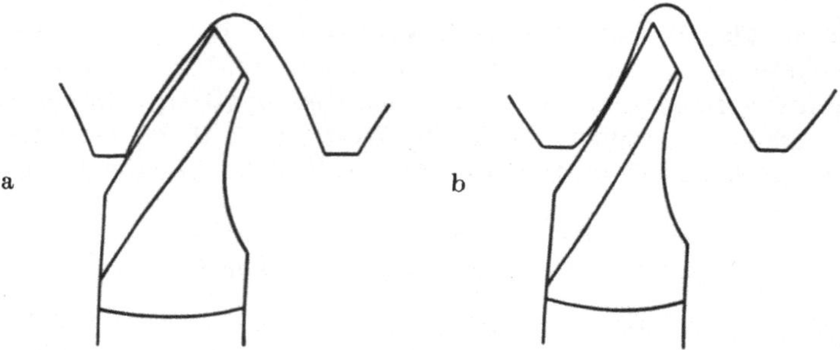

Abb. 136 a und b. Anlage der Schneiden bei konkaven und konvexen Flächen.

Zu S. 324. m) Gewindemeßkomparator. Bei geschliffenen Gewindelehren wären auch hier die von der Seiten- und Höhenabweichung
der Achse herrührenden Fehler auf die Hälfte zu verringern, so daß
die Gesamtfehler f bei Lehren in Tabelle 189 folgende Werte annehmen:

$$h \quad 0{,}25 \quad 0{,}5 \quad 1 \quad 2{,}5 \quad 5 \quad 7{,}5 \quad 10 \text{ mm,}$$
$$f \quad 3 \quad 3 \quad 3 \quad 4 \quad 5 \quad 5 \quad 7\ \mu.$$

Diese Werte wären auch in Tabelle 193 (S. 327) in Zeile m) Optische Methode einzutragen, wodurch die durch Wiederholung zu er-
reichende Meßgenauigkeit F etwa wird:

$$h \quad 0{,}25 \quad 0{,}5 \quad 1 \quad 2{,}5 \quad 5 \quad 7{,}5 \quad 10 \text{ mm}$$
$$F \quad 1{,}5 \quad 1{,}5 \quad 1{,}5 \quad 2 \quad 2{,}5 \quad 2{,}5 \quad 3{,}5\ \mu.$$

Dabei ist vorausgesetzt, daß die etwaige Abweichung der Summe
der Strichabstände von den Kanten der beiden Schneiden gegen den
Abstand der beiden Striche auf der Strichplatte in Rechnung gesetzt
ist. Bestimmt wird sie dadurch, daß man einen genauen Zylinder
oder auch ein Parallelendmaß unter Anlage der Schneiden auf dem
Komparator ausmißt. Um die Sicherheit der Bestimmung noch etwas
zu erhöhen, könnte man daran denken, diese Normalstücke so ein-
zuspannen, daß die Meßflächen unter 30^0 geneigt zur Achse stehen.
**Zu S. 328. o) Methoden unter Benutzung des Außendurch-
messers.** Um die schwierige Bestimmung der Breite b der Ab-
stumpfung des Kegels zu vermeiden, ermittelt man die Höhe H des
bis zu seiner Spitze verlängert gedachten Kegels (Abb. 142 a), indem
man ihn in einen entsprechenden Schuh einsetzt zu $H = G — g$ und
bestimmt dann die Größe B (statt $M = C B$ in Abb. 142) (33). Es
wird

$$F = 2 \cdot M + (h/2 — b) \cdot \operatorname{ctg} \alpha/2 — d;$$

nun ist

$$b = 2 \cdot a / \operatorname{ctg} \alpha/2 , \quad M = B - (H - a),$$

also

$$F = 2 \cdot B - 2 \cdot H + \tfrac{1}{2} \cdot h \cdot \operatorname{ctg} \alpha/2 - d.$$

An Meßgenauigkeit ist aber auch durch diese Methode nichts gewonnen.

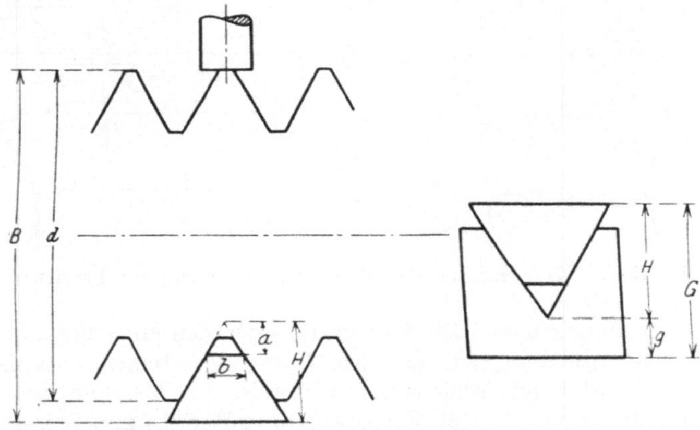

Abb. 142a. Messung des Flankendurchmessers mittels Kegels unter Benutzung des Außendurchmessers.

Zu S. 332. 11. Zeile von oben muß es heißen:

$$\partial h / n = \tfrac{1}{2} \cdot h \cdot (\psi_1 - \psi_2) / (360 \cdot n).$$

2. Die Meßgeräte zur Bestimmung des Flankendurchmessers.

Zu S. 334. Eine Beschreibung des optischen Gewindetasters findet sich bei (42).

Zu S. 335. Die Flankenmikrometer werden jetzt auch mit Fühlhebel als Druckanzeiger hergestellt (Abb. 153a).

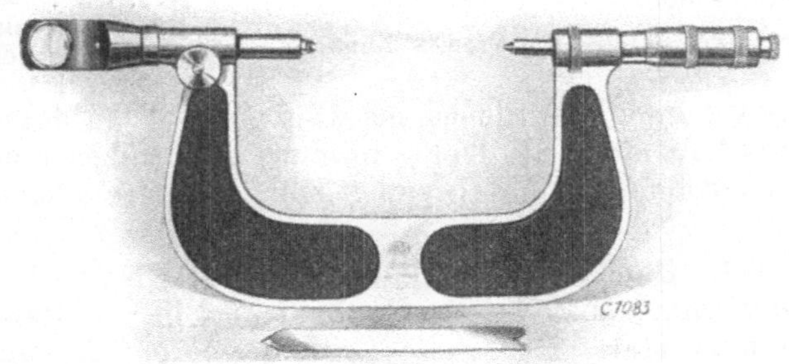

Abb. 153a. Feinmeß-Schraublehre mit Fühlhebel als Meßdruckanzeiger.

Zu S. 336. Flankenmikrometer mit Meßeinsätzen. Bei der neueren Ausführung (40, 42) legen sich die zylindrischen Einsetzzapfen gegen eine in der Bohrung der Meßspindel und des Ambosses befindliche Kugel und gewährleisten damit eine sichere, stets gleichbleibende Auflage (Abb. 155a). Der Amboß ist mit Feineinstellung und Klemm-

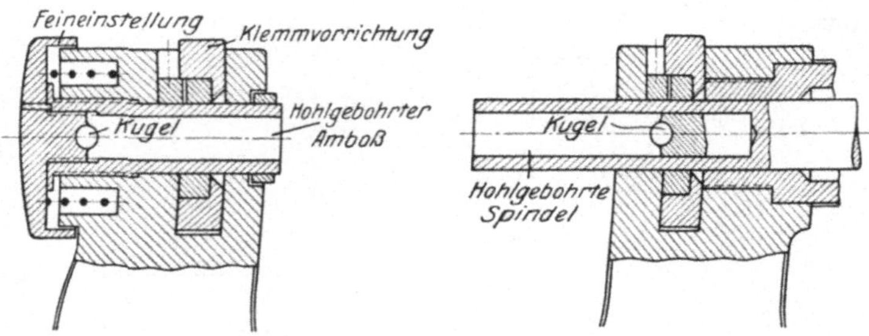

Abb. 155a. Konstruktion des Flankenmikrometers mit Einsätzen.

vorrichtnng ausgerüstet. Die Meßeinsätze werden entweder als Kegel und Kimme mit dem den einzelnen Gewindesystemen entsprechenden Winkel (oder mit schlankeren Winkeln zur Messung des Kerndurchmessers) oder — für Feingewinde unter 0,4 mm Steigung — als Ebene und Kegel ausgeführt (Abb. 155 b, c, d). Entschieden besser ist

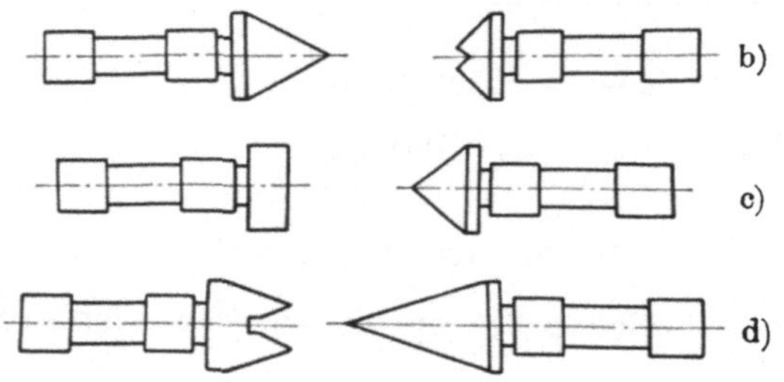

Abb. 155b, c, d. Einsätze zum Flankenmikrometer.

b) Kegel und Kimme für Flankendurchmesser.

c) Ebene und Kegel für Flankendurchmesser von Feingewinden.

d) Kegel und Kimme für Kerndurchmesser.

Abb. 155e. Kegel und Kimme mit eingesetzten Meßschneiden.

es im letzteren Falle, die Kimme aus zwei eingesetzten Meßschneiden herzustellen (Abb. 155e), da die Bestimmung des Flankendurchmessers vom Außendurchmesser aus zu grobe Fehler in sich schließt (siehe S. 328ff.).

Zu S. 341. Handgeräte mit Fühlhebel. Alle Nachteile der mit Kegel und Kimme ausgerüsteten Geräte treten in verstärktem Maße auf, wenn man statt ihrer ganze Gewindestücke (oder auch zwei Backen) nimmt, wie bei der Vorrichtung Abb. 166a, bei welcher die Abweichungen durch den Ausschlag der Meßuhr angezeigt werden sollen.

Diese Geräte prüfen nicht den wirklichen Flankendurchmesser, sondern, wie bereits früher erwähnt, die Zusammenschraubbarkeit.

Eine Beschreibung des Meßuhr-Gewindetasters (Abb. 166) findet man bei (43).

Statt des Fühlhebels verwendet Bernlöhr (38) die **Meßkugellehre** (Abb. 166 b). Als **Meßstücke** dienen bei dieser ein verstellbarer Kegel oder Keil *a* und eine federnd bewegliche Kimme *b*, beide mit verkürzten Anlageflächen. Das dazwischen eingeführte Gewinde legt sich gegen den Stützzapfen *c*. Die Messung erfolgt dadurch, daß durch Druck auf Stift *e* gehärtete Stahlkugeln verschiedener Größe durch Schiebung zwischen zwei gehärteten Flächen hindurchgeführt werden, von denen die eine an der Innenseite des beweglichen Meßbolzens *b* sitzt, bis *a* und *b* an den Flanken anliegen. In dem Fenster *d* erscheinen dabei nacheinander die Ziffern: 0,10; 0,05; 0,025, um die noch erforderliche Spanabnahme anzuzeigen, weiterhin eine Marke *g* (Gut) und eine rote Marke (Ausschuß). Um evtl. noch $^1/_{1000}$ mm feststellen zu können, ist eine Blattfeder vorgesehen, die bei der Schiebung den Kugelkeil mitnimmt, beim geringsten auftretenden Meßdruck aber sofort ausklinkt, so daß der Keil stehen bleibt.

Zu S. 343. Für die Ausführung der **Dreidrahtmethode** kann natürlich statt des Schraubenmikrometers auch eine Meßmaschine oder ein Fühlhebel mit zwei ebenen **Meßstücken** genommen werden.

Abb. 166 a. Kontrolle des Flankendurchmessers durch zwei Schneidbacken.

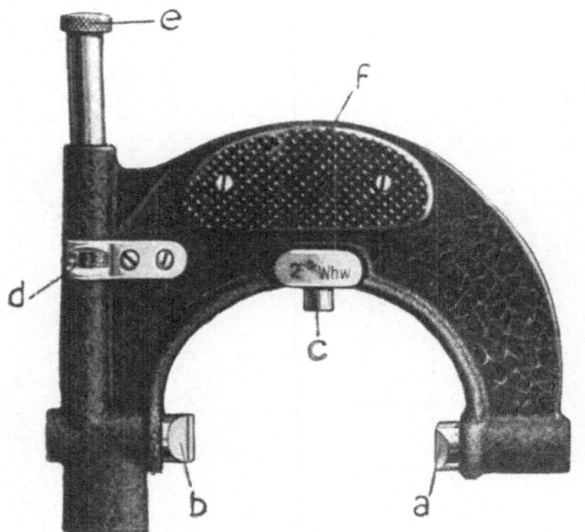

Abb. 166 b. Meßkugellehre zur Bestimmung des Flankendurchmessers.

Eine Abart dieser Methode stellt die Kruppsche Mikrotast-Flankendurchmesserlehre dar (Abb. 170 a). Bei dieser legt sich das Gewinde

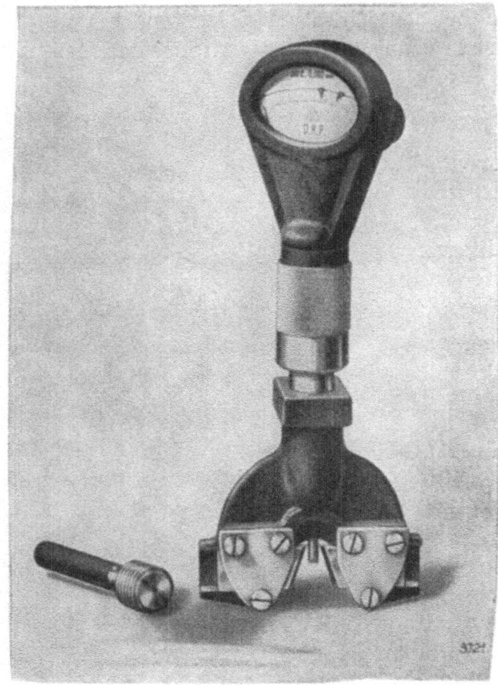

Abb. 170a. Reiterlehre zur Bestimmung des Flankendurchmessers.

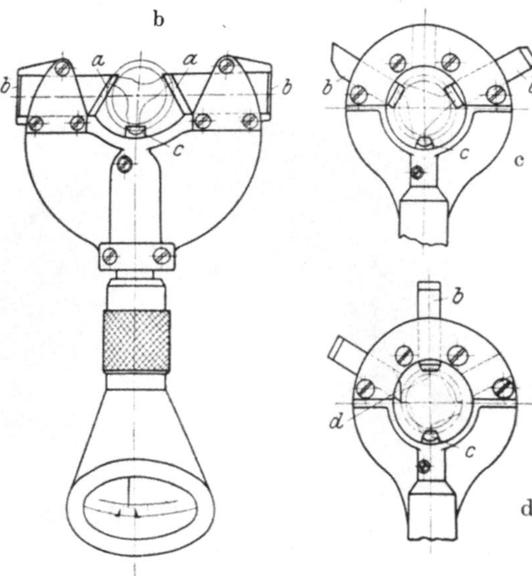

Abb. 170b, c, d. Reiterlehre zur Messung genuteter Gewindebohrer.

mit zwei nahe einander gegenüberliegenden Lükken an die entsprechend abgerundeten einstellbaren keilförmigen Meßriegel an, während von oben der entsprechend gestaltete Meßbolzen des Mikrotasts eingreift. Eingestellt muß diese Lehre nach einem Normalgewinde werden. Der Winkel des Reiters beträgt 38° 56′ 39,3″, so daß der Ausschlag des Fühlhebels unmittelbar den Unterschied der Flankendurchmesser anzeigt. Die Meßbereiche betragen 6 bis 10, 10 bis 25, 25 bis 45, 45 bis 80 und 80 bis 120 mm.

Zur Messung dreischneidiger Gewindebohrer werden die Stützflächen a der Meßriegel b dem Meßbolzen c des Fühlhebels zugekehrt (Abb. 170b). Eine vielseitigere Verwendung gestattet noch die Ausführung nach Abb. 170c und d, bei welcher der Lehrenkörper ringförmig gehalten ist. Für dreischneidige Gewindebohrer werden die Meßriegel b in die um 120° vom Fühlhebel abstehenden Nuten geschoben (Abb. 170c). Zur Messung der Flankendurchmesser vierschneidiger oder allgemein gleichteiliger Gewindebohrer kommt der Meßriegel b nach Abb. 170d in die diesem Fühlhebel gegenüberliegende Nut, während ein zweiter Meßriegel mit seinem flachen und entsprechend abgeschrägten Ende d in eine der beiden anderen Nuten so eingeschoben wird, daß er den Prüfling in seiner Umfläche berührt und damit als Stütznocken dient. Die Gewindebohrer lassen sich durch Drehen in die Geräte einführen, die nach einem Normalgewinde eingestellt werden. Um einen gleichbleibenden Meßdruck zu erzielen, werden die Fühlhebel bei der Messung nach unten gehalten.

Zu S. 344. Die neuen amerikanischen Vorschriften für die Dreidrahtmethode (41) bestimmen:

1. Die Drähte aus Stahl müssen eine glasharte Oberfläche haben und genau bearbeitet (finished) sein.

2. Die Nutzlänge beträgt 1″; die Verlängerung hat eine Öse zum Aufhängen.

3. Die eine Seite der Verlängerung ist flach zu halten; hier sind anzugeben: der Flankendurchmesser, der am besten mit dem Draht gemessen werden kann, und der Drahtdurchmesser.

4. Die Drähte müssen innerhalb $2 \cdot 10^{-5}$ Zoll $(0,5\ \mu)$ rund und über $^1/_4{}''$ Länge auf $0,5\ \mu$ gerade sein.

5. Die drei Drähte müssen auf $3 \cdot 10^{-5}$ Zoll (etwa $0,8\ \mu$) untereinander gleich sein und bis auf $1 \cdot 10^{-4}$ Zoll $(2,5\ \mu)$ mit dem günstigsten Durchmesser übereinstimmen. Die erstere Forderung ist notwendig, um in der Messung keine größeren Fehler als $2,5\ \mu$ zu erhalten.

6. Das zur Messung benutzte Mikrometer muß eine Ablesung auf 10^{-4} Zoll $(2,5\ \mu)$ und eine Schätzung auf $^1/_{10}$ davon (also $0,25\ \mu$) gestatten, so daß Spezialmikrometer oder Meßmaschinen verwendet werden müssen; ihre Meßflächen sollen auf $2 \cdot 10^{-5}$ Zoll $(0,5\ \mu)$ eben und parallel sein.

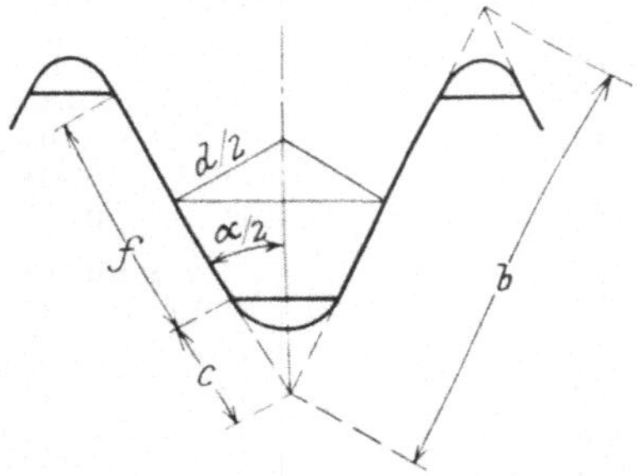

7. Die Drähte sind auf Konizität, vortretende oder Abnutzungsstellen, Kreisform und Geradheit zu untersuchen und dürfen auch vor allem keine Gleichdicke sein.

8. Wegen des Einflusses des Meßdruckes sollen die Drähte hängen und nicht etwa die Schraube auf zwei Drähten aufliegen. Der Meßdruck soll 2 Pfund (etwa 1 kg) betragen (er schwankt bei verschiedenen Beobachtern zwischen 1 und 3 Pfund),

Abb. 170 e. Berechnung des Drahtdurchmessers für die Dreidrahtmethode.

da sonst infolge der Abplattung Fehler von der Größenordnung $3\ \mu$ auftreten. —

In Deutschland möchte man die bei der Verwendung von Drähten mit dem günstigsten Durchmesser nötige große Zahl von Sätzen vermeiden (es wäre für jede Steigung und ferner für jedes Profil ein

54   Zu Seite 344.

besonderer Satz nötig) und hat deshalb vorgeschlagen, daß die Drähte
in dem Bereich von $\pm\,{}^1/_8$ der Flankenlänge von der Mitte der Flanke
aus anliegen sollen (39). Aus Abb. 170e folgt, falls man mit d' den
danach größt-, mit d'' den kleinstzulässigen und mit d_0 den günstigsten
Drahtdurchmesser bezeichnet:

$$\tfrac{1}{2}\cdot d' = \left(\tfrac{5}{8}\cdot f + c\right)\cdot\operatorname{tg}\alpha/2\,, \qquad \tfrac{1}{2}\cdot d'' = \left(\tfrac{3}{8}\cdot f + c\right)\cdot\operatorname{tg}\alpha/2\,.$$

Da nun $f = t_2/\cos\alpha/2$ und

$$c = \tfrac{1}{2}\cdot(b - f) = \tfrac{1}{2}\cdot\left(\tfrac{1}{2}\cdot h/\sin\alpha/2 - t_2/\cos\alpha/2\right)$$

Tabelle 192a. Größt- und kleinstzulässiger Drahtdurchmesser d
bei der Dreidrahtmethode.

Metrisches Gewinde				Whitworth-Gewinde			
ϕ	h	d		ϕ	z	d	
		größt	kleinst			größt	kleinst
mm	mm	mm	mm	Zoll	mm	mm	mm
1,0	0,25	0,172	0,117	$^1/_4$	20	0,808	0,624
1,2	0,25	0,172	0,117	$^5/_{16}$	18	0,897	0,693
1,4	0,30	0,206	0,141	$^3/_8$	16	1,010	0,780
1,7	0,35	0,240	0,164	$^7/_{16}$	14	1,154	0,891
2,0	0,40	0,274	0,188	$^1/_2$	12	1,346	1,039
2,3	0,40	0,274	0,188	$^9/_{16}$	12	1,346	1,039
2,6	0,45	0,309	0,211	$^5/_8$	11	1,469	1,134
3,0	0,5	0,343	0,235	$^3/_4$	10	1,615	1,247
3,5	0,6	0,412	0,281	$^7/_8$	9	1,795	1,386
4,0	0,7	0,460	0,328	1	8	2,019	1,559
4,5	0,75	0,515	0,352	$1^1/_8$	7	2,308	1,782
5,0	0,8	0,549	0,375	$1^1/_4$	7	2,308	1,782
5,5	0,9	0,617	0,422	$1^3/_8$	6	2,693	2,079
6	1,0	0,686	0,469	$1^1/_2$	6	2,693	2,079
7	1,0	0,686	0,469	$1^5/_8$	5	3,231	2,494
8	1,25	0,858	0,586	$1^3/_4$	5	3,231	2,494
9	1,25	0,858	0,586	$1^7/_8$	$4^1/_2$	3,590	2,771
10	1,5	1,029	0,704	2	$4^1/_2$	3,590	2,771
11	1,5	1,029	0,704				
12	1,75	1,201	0,821				
14	2	1,372	0,938				
16	2	1,372	0,938				
18	2,5	1,715	1,173				
20	2,5	1,715	1,173				
22	2,5	1,715	1,173				
24	3	2,058	1,407				
27	3	2,058	1,407				
30	3,5	2,401	1,642				
33	3,5	2,401	1,642				
36	4	2,744	1,876				
39	4	2,744	1,876				
42	4,5	3,087	2,111				
45	4,5	3,087	2,111				
48	5	3,430	2,345				
52	5	3,430	2,345				

ist, so wird

$$d' = (\tfrac{1}{2} \cdot h / \sin \alpha/2 + \tfrac{1}{4} \cdot t_2 / \cos \alpha/2) \cdot \operatorname{tg} \alpha/2 \,,$$
$$d'' = (\tfrac{1}{2} \cdot h / \sin \alpha/2 - \tfrac{1}{4} \cdot t_2 / \cos \alpha/2) \cdot \operatorname{tg} \alpha/2 \,.$$

Damit ergeben sich folgende Werte für d_0, d' und d'':

	Metr.	Whitw.-Gew.
d_0	$0{,}577 \cdot h$	$0{,}564 \cdot h$
d'	$0{,}686 \cdot h$	$0{,}636 \cdot h$
d''	$0{,}469 \cdot h$	$0{,}491 \cdot h$.

Hiermit sind die in Tabelle 192a angegebenen Werte der zulässigen größten und kleinsten Drahtdurchmesser berechnet.

Scheidet man noch die Extremwerte aus, so kommt man auf die in Tabelle 192b mitgeteilten Verwendungsbereiche (diese tritt an Stelle von Tabelle 192).

Ersatz-Tabelle 192b. **Verwendungsbereich der verschiedenen Drähte bei der Dreidrahtmethode.**

Draht-ϕ mm	Metrisches Gewinde ϕ in mm	Whitworth-Gewinde ϕ in Zoll
0,16	1,0; 1,2; 1,4	
0,22	1,7; 2; 2,3; 2,6	
0,30	(2,6); 3; 3,5	
0,43	4; 4,5; 5; 5,5	
0,55	5,5; 6; 7	
0,78	8; 9; 10; 11	$^1/_4$; $^5/_{16}$
0,98	10; 11; 12; (14); (16)	$^3/_8$; $^7/_{16}$
1,30	14; 16; 18; 20; 22	$^1/_2$; $^5/_8$; $^3/_4$
1,70	18; 20; 22; 24; 27; 30; 33	$^7/_8$; 1
2,20	30; 33; 36; 39; 42; 45	$1^1/_8$; $1^1/_4$; $1^3/_8$; $1^1/_2$
2,90	42; 45; 48; 52	$1^5/_8$; $1^3/_4$; $1^7/_8$; 2

Zu S. 348. Lehre von Taylor. Bei kegelförmgen Meßstücken müssen auch die Winkelfehler im Flankendurchmesser kompensiert sein, wenn der Bolzen in die Lehre hineingehen soll. Trotzdem ist diese Kontrolle nicht ausreichend, da sie für die Steigung nur an drei Stellen erfolgt. Das Einschieben des Drahtes C soll nur feststellen, daß der Flankendurchmesser nicht übermäßig verkleinert ist, also gewissermaßen die Ausschlußseite prüfen.

Zu S. 349. Auch bei den festen Lehren kommt es im wesentlichen auf die Meßstücke an, die sich in den verschiedensten Formen ausbilden lassen. Abb. 177a zeigt Kugeln, Abb. 177b und c Bleche mit entsprechend abgerundeten Kanten, Abb. 177d und e Drähte, Abb. 177f und g Rollen mit entsprechend abgerundeten Kanten (39). Es empfiehlt sich, die Meßstücke

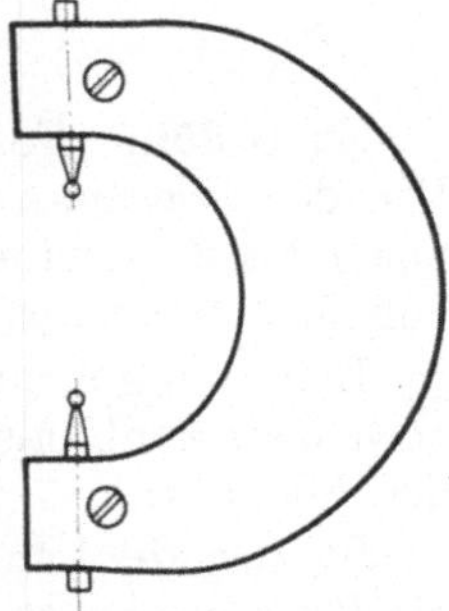

Abb. 177a. Rachenlehre mit Kugeln zur Bestimmung des Flankendurchmessers

nicht fest anzubringen, sondern mindestens einem eine gewisse axiale Beweglichkeit zu geben, damit sie sich selbsttätig auf die gerade vorhandene Steigung einstellen. Selbstverständlich können diese selben Meßstücke auch an anderen Geräten (z. B. Schraubenmikrometern) vorgesehen werden.

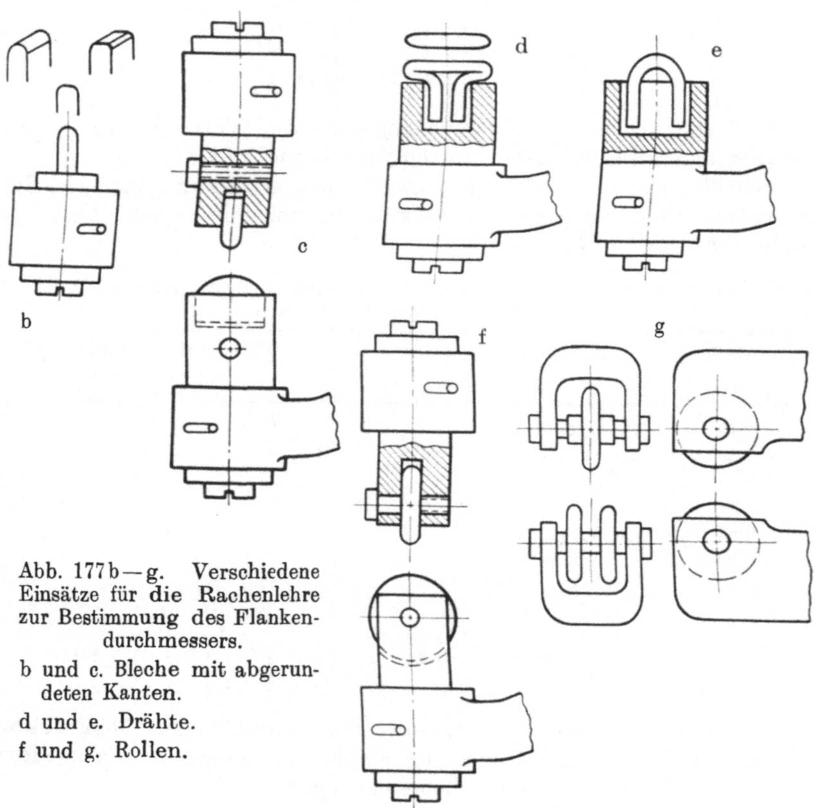

Abb. 177b—g. Verschiedene Einsätze für die Rachenlehre zur Bestimmung des Flankendurchmessers.

b und c. Bleche mit abgerundeten Kanten.

d und e. Drähte.

f und g. Rollen.

Zu S. 350. Feste Lehren mit Gewindebacken und -zylindern. Bei der Wickman-Lehre (Abb. 180) erhält jetzt die Ausschußseite nur 1 bis 2 Gewindezähne, um nach Möglichkeit frei von dem Einfluß der Steigungsfehler zu werden (44).

Eine weniger gute Konstruktion als Abb. 180 zeigt Abb. 181a, die noch dazu auch als Grenzgewindelehre gedacht und somit grundsätzlich falsch ist.

Im Grunde handelt es sich bei den zuletzt genannten Lehren nicht nur um eine ausschließliche Prüfung des Flankendurchmessers. Die Gutseite soll vielmehr zeigen, ob der Bolzen mit einer idealen Mutter zu paaren ist, wozu nötig, daß keiner seiner drei Durchmesser das theoretische Profil überschreitet, und daß ferner seine Steigungs-

und Winkelfehler durch eine entsprechende Verringerung des Flankendurchmessers ausgeglichen sind (Näheres s. S. 479 ff.). Um nun das zeit-
raubende Zusammenschrauben
bei der Prüfung zu vermeiden
(sowie zugleich eine Prüfung auf
Konizität und Rundheit zu ermöglichen), sind in Abb. 180
die gezahnten Backen, in
Abb. 181a die Gewinderollen
vorgesehen. Auf der Ausschußseite muß dagegen unter
allen Umständen nur der
Flankendurchmesser allein geprüft werden. Dazu sind die
eben genannten beiden Konstruktionen nicht geeignet.
Eine richtige Konstruktion
dafür zeigt Abb. 181b, bei
welcher auf der Ausschuß-
seite die eine Rolle einen,
die andere zwei im Außen-
und Kerndurchmesser frei
gearbeitete Gänge mit verkürzten Flanken aufweist (es
ist also das Prinzip von Kegel
und Kimme mit verkürzten
Flanken verwendet). Die
Rollen haben ein gewisses
axiales Spiel, um sich der jeweils vorhandenen Steigung
anpassen zu können. Die
Meßflächen der beiden vor-
deren Gutseite-Rollen sind
nicht als Schrauben-, sondern
als Kegelflächen ausgebildet.
Trotzdem ergibt sich eine einwandfreie Flankenanlage zwischen Rolle und Prüfling, da
der durch die Kegelform auf-
tretende Fehler des kleinen
Rollendurchmessers wegen zu
vernachlässigen ist. Die Meß-
rollen sind exzentrisch gelagert und nachstellbar, um
sie unter Benutzung eines
Einstell-Gewindelehrdorns mit

Abb. 181a. Grenzrachenlehre mit 3 Gewinderollen.

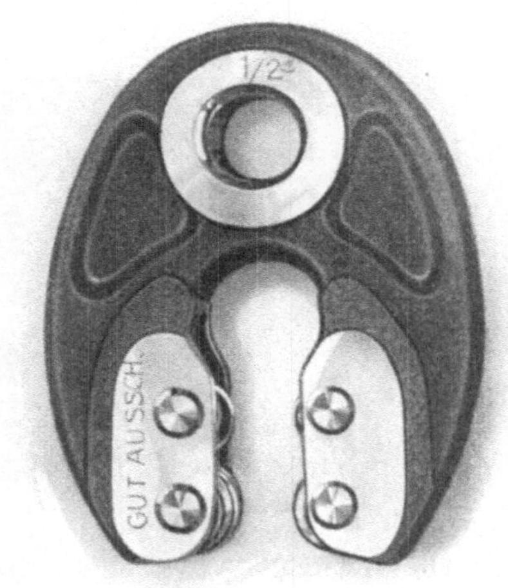

Abb. 181b. Grenzrachenlehre zur Kontrolle der Gewinde.

dem größten und dem kleinsten zulässigen Flankendurchmesser auf
die jeweils gewünschte Toleranz einstellen zu können. Da das

radiale Spiel nur $3\,\mu$ beträgt, so dürfte diese Konstruktion voraussichtlich zur Kontrolle von Bolzen auch für die Ausschußseite des
Flankendurchmessers geeignet sein.

D. Steigung.

1. Feste Lehren und Geräte für Vergleichsmessungen.

Zu S. 354. Messung mit zwei Endzähnen. Sehr zweckmäßig
kann man diese Geräte aus Parallelendmassen aufbauen, indem man entsprechend gestaltete Meßstücke daran ansprengt (Abb. 191a u. b). Die

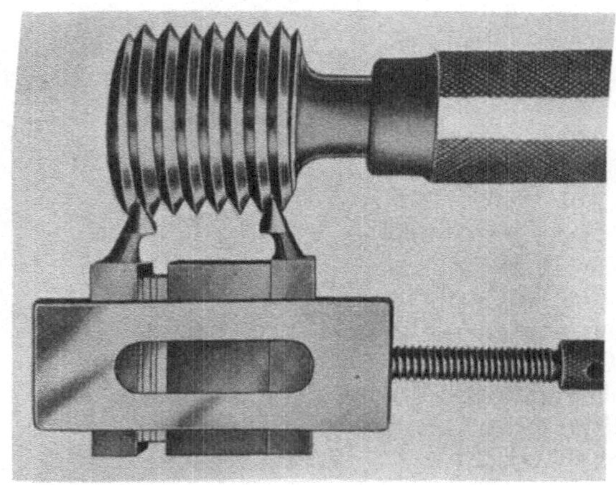

Abb. 191 a und b. Messung der Steigung durch Parallelendmaße
und angesprengte Kegel.

Meßschnäbel werden in der Meßebene durch gleichhohe Auflagestühle
unterstützt, die auf eine ebene Fläche gestellt werden. Das zu prüfende
Gewinde wird durch Unterlegen von Endmassen so eingestellt, daß
die Meßebene in den Axialschnitt fällt (Abb. 191b).

Zu S. 359/61. Zwei Ausführungsformen des in Abb. 202 schematisch wiedergegebenen Fühlhebelgerätes zur Messung der Steigung zeigen die Abb. 202a und b, von denen die eine zum Prüfen von Schrauben mit Körnern, die zweite für solche ohne Körner bestimmt ist; bei beiden steht der (einstellbare) linke Halter fest, während der rechte

a

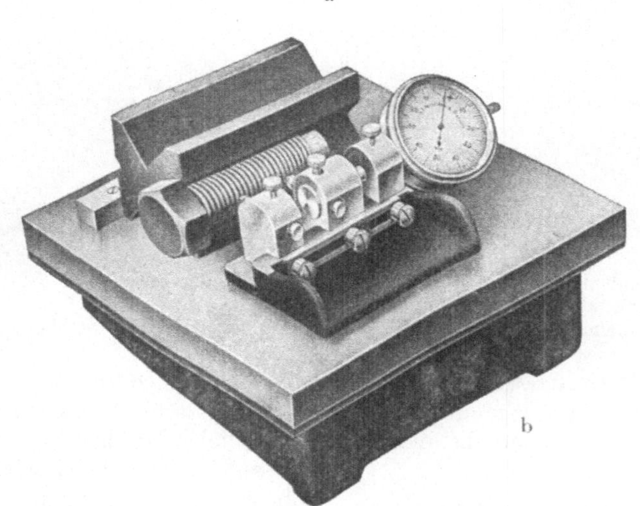

b

Abb. 202a und b.   Steigungsprüfapparat für Schrauben a) mit und b) ohne Körner.

verschoben wird, bis seine Spitze gleichfalls gut anliegt, wodurch die Meßuhr den Unterschied gegen das zur Einstellung benutzte Normalgewinde angibt.

Eine Kombination dieses Gerätes mit dem auf Nachtrag zu S. 341 (Abb. 166a) beschriebenen zur Prüfung des Flankendurchmessers ist in Abb. 202c wiedergegeben.

Für die Beschreibung des Meßuhr-Gewindetasters (Abb. 206 und 207) s. (28).

Zu S. 362. Bei dem Stehbolzenprüfgerät von Mahr (Abb. 209 a und b) werden die zu prüfenden Stücke auf einer geneigten Platte an zwei Meßspitzen angerollt, die für die verschiedenen Durchmesser

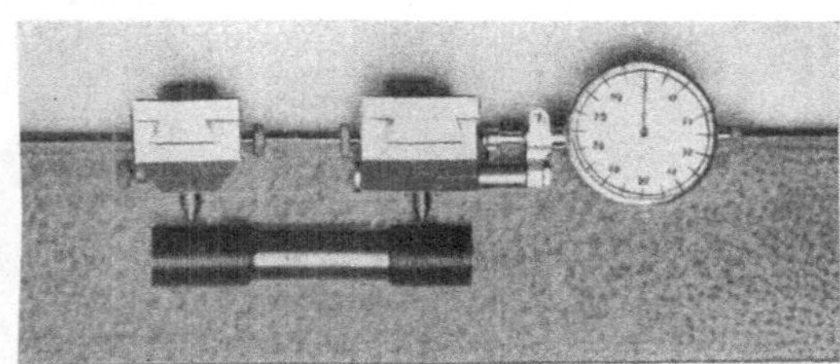

Abb. 202 c. Kombiniertes Gerät zur Prüfung des Flankendurchmessers und der Steigung.

Abb. 209 a und b. Stehbolzenprüfgerät.

in der Höhe verstellbar sind, wozu die in Abb. 209 b vorn sichtbare Teilung dient. Wie üblich ist die eine Spitze einstellbar, steht aber sonst fest, während die andere durch seitliche Verschiebung unmittelbar auf die Meßuhr einwirkt (ähnlich wie in Abb. 202 a und b). Die Einstellung erfolgt durch Parallelendmaße, an die zwei Meßstücke mit Bohrungen von bekanntem Durchmesser und Abstand von der Meßfläche angesprengt werden (Abb. 209 c).

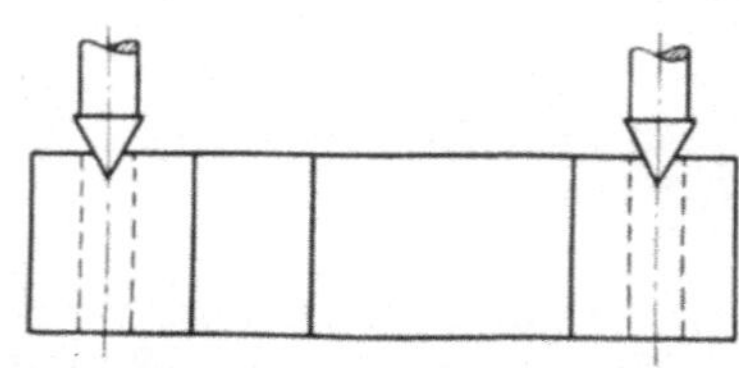

Abb. 209 c. Einstellehre zu dem Stehbolzenprüfgerät nach Abb. 209 a u. b.

Zu S. 365. Ein ähnliches Gerät wie Abb. 214, aber ohne Fühlhebel, bei dem die Steigungen mittels der Mikrometerschraube gemessen werden, ist (27) beschrieben. Ferner werden nicht die Meßzapfen, sondern das Werkstück verschoben, bis der eine Meßkegel wieder zur Anlage kommt, während der andere zurückgezogen ist; es bildet somit einen gewissen Übergang zu den Steigungsmeßmaschinen. Die Einstellung erfolgt durch Meßstücke mit zwei V-förmigen Einschnitten im Abstand von 1, 2, 3 und 4″.

2. Steigungsmeßmaschinen.

Zu S. 377. Die Wickman-Universal-Meßmaschine der Firma A. Herbert beruht auf demselben Prinzip wie die bisher betrachteten (23). Das Gewinde wird zwischen Spitzen aufgenommen (Abb. 227c).

Abb. 227c. Herbert-Universal-Meßmaschine.

Das V-förmige Ende des Meßbolzens (C) des Fühlhebels (Abb. 227d) wird unter Betätigung des Schraubenmikrometers (B) in eine Gewindelücke eingelegt, der ganze Schlitten mit den Spitzenträgern um den Sollwert unter Einfügung eines Endmaßes bei A verschoben und die etwaige Abweichung davon mit dem Mikrometer festgestellt.

Die Maschine dient auch zu gewöhnlichen Längenmessungen und somit auch zur Bestimmung des Außendurchmessers (mit ebenen Meßflächen), des Kerndurchmessers (mit dreiseitigen Prismen) und des

Flankendurchmessers (nach der Dreidrahtmethode), indem das Gewinde an die Stelle der Endmaße gebracht wird. In diesem Falle dient der Fühlhebel nur als Druckanzeiger; dazu wird an die Stelle

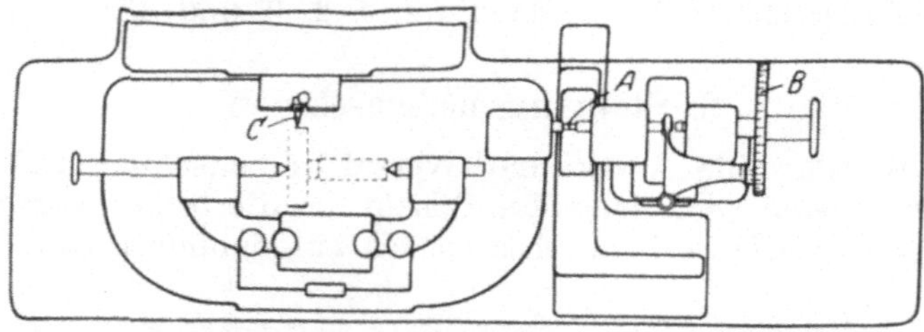

Abb. 227 d. Messung der Steigung mit der Herbert-Universal-Meßmaschine.

des Gewindes bei der Steigungsmessung ein Stab mit einem Bund gebracht (Abb. 227 e), in dessen V-Nut sich der Meßbolzen einlegt.

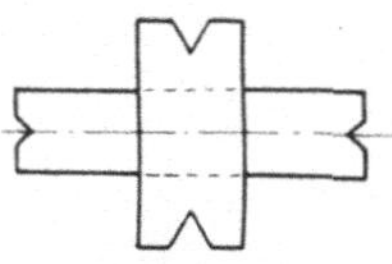

Abb. 227 e. Hilfsstück zur Messung von Durchmessern mit der Meßmaschine Abb. 227 c.

Bei der Steigungsmeßmaschine der Hanson-Whitney-Machine Comp. (Abb. 227 f) wird nicht der Schlitten mit dem Werkstück, sondern der (in der Mitte sichtbare, hoch herausragende) Fühlhebel verschoben, während der kleinere, am rechten Ende befindliche als Druckanzeiger dient, Im übrigen werden die Abweichungen gegen den durch das Endmaß gegebenen Sollwert wieder durch eine Mikrometerschraube ermittelt.

Zu S. 379. Bei einer neueren Ausführung der Steigungsmeßmaschine des National Physical Laboratory (24) ist das Abbesche Prinzip streng befolgt und wird die Steigung durch Vergleich mit Endmassen bestimmt; sie entspricht somit im Prinzip

Abb. 227 f. Steigungsmeßmaschine der Hanson-Whitney-Machine Comp.

der nach Abb. 228 beschriebenen. Um von den Fehlern, die von einer etwaigen Ungeradheit des Prüflings herrühren können, auf jeden Fall unabhängig zu werden, greifen gleichzeitig die Meßbolzen zweier um 180° gegeneinander versetzter Fühlhebel ein. Mit dem Mikrometerkopf lassen sich entsprechende Rastenscheiben kuppeln, um bei Prüflingen mit den meist vorkommenden Steigungen die beiden Fühlhebel schnell um genau einen Gang bzw. mehrere Gänge verschieben zu können, wobei dann die etwaigen Abweichungen unmittelbar an ihnen abgelesen werden.

3. Leitspindeln.

Zu S. 395. **Ein ähnliches Verfahren wie bei Pratt und Whitney** ist auch von anderer Seite angegeben (18); dabei wird die Mikrometerschraube am Bett festgeklemmt und damit die Verschiebung des Supports ermittelt.

Zu S. 397, 19. Zeile von oben, muß es statt: „nicht geändert wird" heißen: „nur um Fehler zweiter Ordnung geändert wird".

Zu S. 398. **Für die Genauigkeit von amerikanischen Leitspindeln** findet man die Angaben $+ 25$ bis $- 51 \mu/1'$ (rund $^1/_3$ m), was, wenn man dies auf 1 m proportional umrechnen dürfte, $+ 84$ bis $- 170 \mu$ ergäbe; ferner $+ 51$ bis $- 127 \mu/6'$ (also rund 2 m): der beste erhaltene Wert betrug $4 \cdot 10^{-4}$ Zoll$/3'$, also rund $11 \mu/1$ m (19).

Zu S. 399. **Eine sehr genaue Leitspindel** von 1,2 m Länge wurde von Gaertner ausgeführt (17). Dazu wurde vor allem die Leitspindel der zur Herstellung benutzten Drehbank (neben Führung, Zahnrädern und Lagern) untersucht und ein Gleitlineal zur automatischen Korrektion der fortschreitenden Fehler angebracht. Auf dieser Bank wurde dann das Gewinde von 45 mm Durchmesser, 2 mm Steigung und 50° Flankenwinkel in 8 Schnitten hergestellt, von denen jeder 60 Stunden (bei ununterbrochenem Lauf der Maschine) in Anspruch nahm. Um Störungen durch Temperaturschwankungen auszuschließen, war die ganze Maschine von einem mit Asbest ausgekleideten Holzkasten umgeben und wurde durch Dampfschlangen und Glühlampen, die durch einen Thermostaten ein- und ausgeschaltet wurden, auf der konstanten Temperatur von merkwürdigerweise 72° F ($23^1/_3$° C) gehalten. Die Leitspindel wurde dann auf periodische Fehler mittels einer Vorrichtung korrigiert, die sich mit einer um 180, 90 und 45° gegen den Drehstahl versetzten Spitze in dem Gewinde führte, die so als Mutter wirkte. Schließlich wurde das Gewinde geschliffen, während der Rest der Fehler nach dem Einbau der Leitspindel durch ein Gleitlineal korrigiert werden soll, wobei die Steigungen auf interferometrischem Wege ermittelt werden. Man hofft, daß der Steigungsfehler unter $1 \mu/1$ m bleiben wird (die Leitspindel war noch nicht ganz fertig); die Kosten werden auf 2600 Dollar, also über 10 000 Mk. angegeben.

E. Flankenwinkel.

3. Das Einstellen des Drehstahls beim Gewindeschneiden.

Zu S. 411. Profilbildlupe. Eine etwas andere Ausführungsform ist in (7) beschrieben (s. auch (8)).

F. Abflachung und Abrundung.

Zu S. 412. Eine Beschreibung des Werkstattmikroskopes findet sich auch bei (19).

Zu S. 414. Eine Schublehre zum Messen der Abflachung, ähnlich Abb. 273, ist auch neuerdings wieder beschrieben (17, 18).

G. Optische Meßgeräte.
1. Mit Mikroskop.

Zu S. 420. Werkstattmikroskop. Ein ähnliches Gerät wie Abb. 286 ist in (19 und 21) angegeben, das auch mit Bildumkehrung ausgeführt wird. Bei einer anderen Konstruktion (22) ist noch eine Einrichtung getroffen, um den Bolzen unter dem Steigungswinkel neigen zu können. Für die neuere Ausführung des Zeiss'schen Werkstattmikroskopes s. Nachtrag zu S. 427.

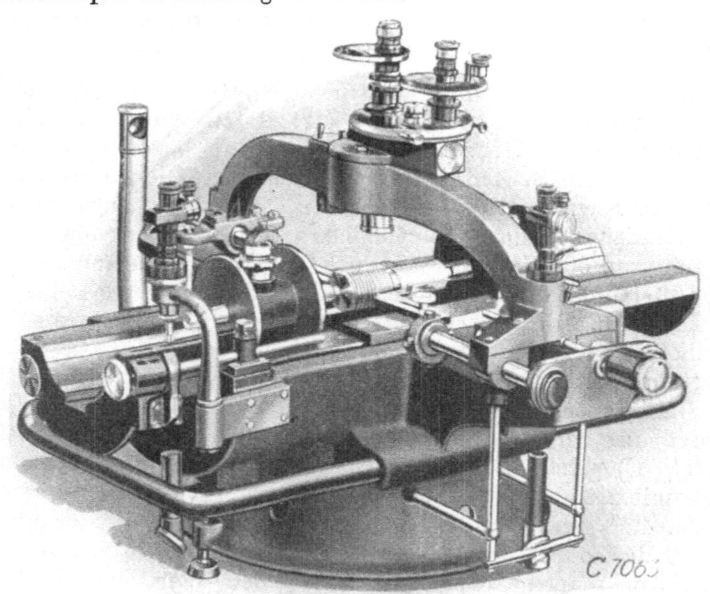

Abb. 295a. Gewindemeß-Komparator für Gewinde von 0 bis 150 mm Durchmesser.

Zu S. 422. Ein ähnliches Mikroskop wie Abb. 288 ist auch von der Société Genevoise d'Instruments de Physique gebaut (20). Es gestattet Messung der Verschiebung auf $1\,\mu$ und mit Hilfe eines

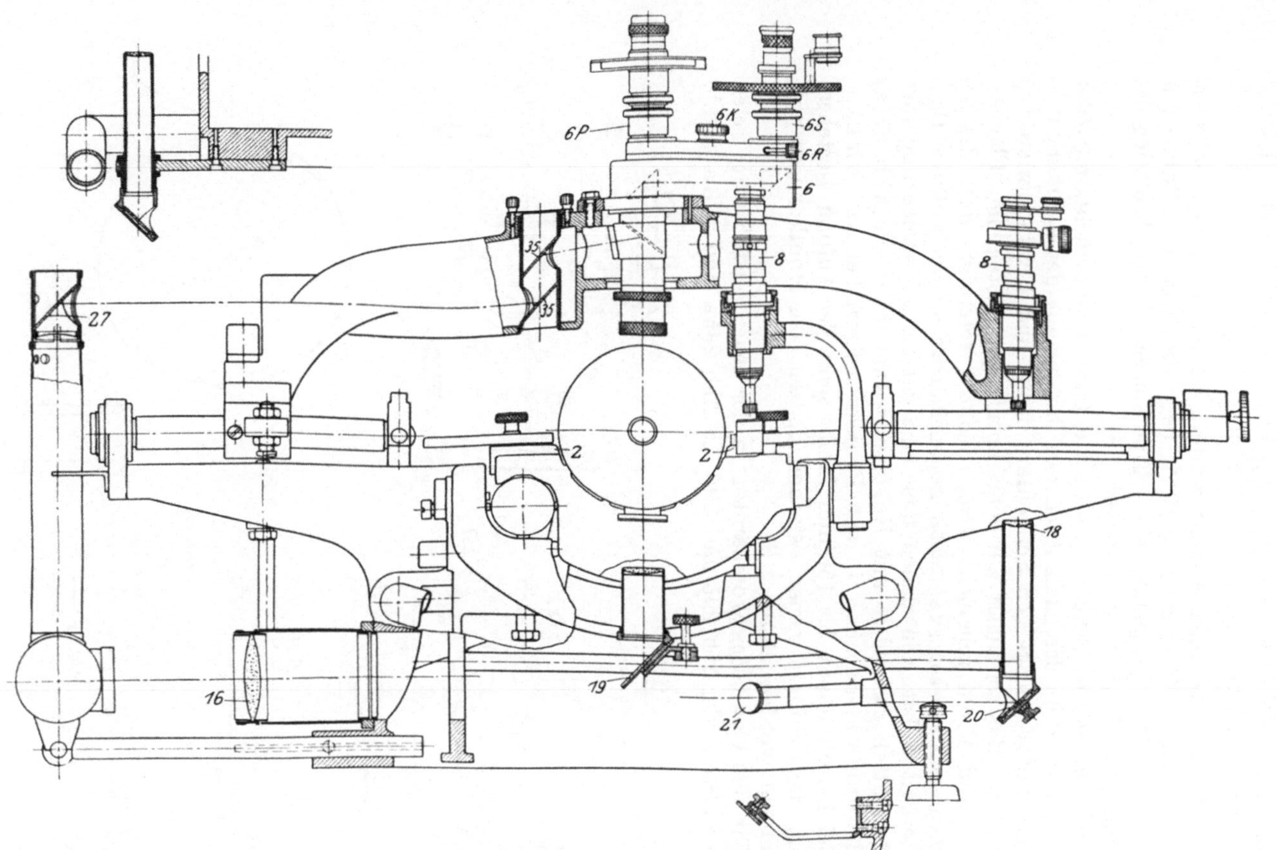

Abb. 296a. Gewindemeß-Komparator für Gewinde bis 150 mm Durchmesser.

Drehtisches auch Bestimmung des Winkels auf 10′. **Auf der Strich-**
platte ist ein Winkel von 60° angebracht zur Kontrolle des Ge-
windeprofils; die Vergrößerung ist 25 fach.

Zu S. 427. Gewindemeßkomparator. Der Ausdehnungskoeffizient
der Glasmaßstäbe beträgt $10,9 \cdot 10^{-6}$, liegt also dem des Stahles (im
Mittel $11,5 \cdot 10^{-6}$) genügend nahe. Eine eingehende Beschreibung des
Instrumentes findet man auch bei (18).

Im Interesse der Benutzer sind neuerdings Gewindemeßkomparator
(Abb. 295 u. 296), der namentlich zur Bestimmung des Flankendurchmessers unter Anlage von Schneiden dient, und Gewindemikroskop
(Abb. 286), das vorteilhaft zur Schnellprüfung von Steigung, Flankenwinkel und Profil gebraucht wird, dadurch vereinigt, daß das Be-
obachtungsmikroskop zwei rasch gegeneinander auswechselbare Okulare erhalten hat, von denen das eine zur Schneidenmessung (des
Axialschnitts), das andere mit Revolverstrichplatte (nach Abb. 272a)
für die Profiluntersuchung (in der Projektionsfigur) benutzt wird.

Bei Durchmessern bis 150 mm bleibt sonst der Aufbau bestehen,
so daß die Prüflinge immer zwischen Spitzen oder Hohlkörnern aufgenommen werden müssen.

Für den Gewindemeßkomparator in der neuen Ausführung treten
jetzt an Stelle der Abb. 295 und 296 die Abb. 295a und 296a und b.

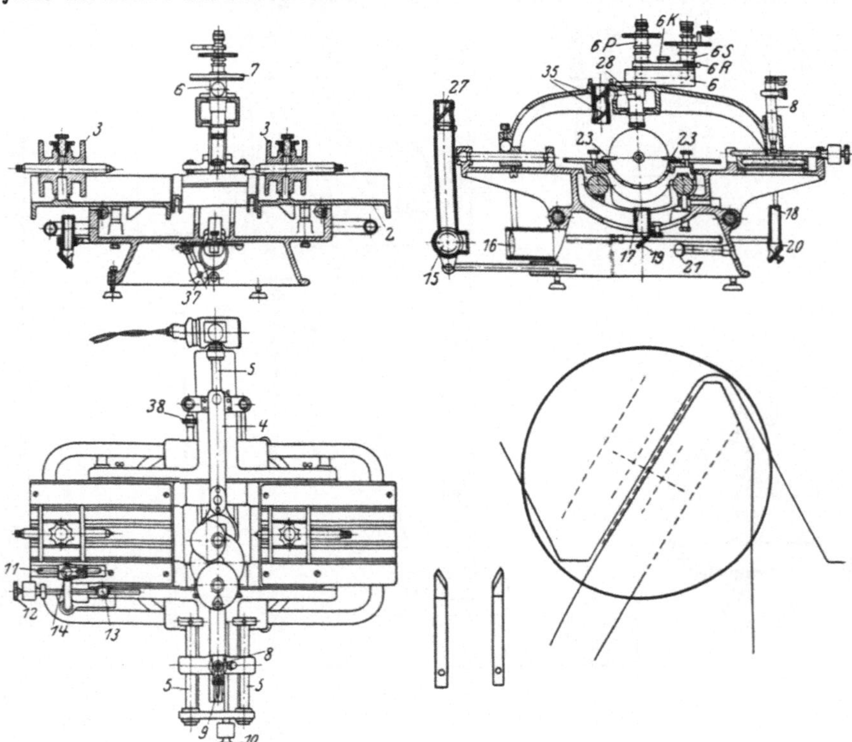

Abb. 296b. Gewindemeß-Komparator für Gewinde bis 150 mm Durchmesser.

Die früher gegebene Beschreibung wäre noch dahin zu ergänzen, daß das Mikroskop 6 zwei (nach Lösen der Kordelschrauben 6 K und 6 R) verstellbare Oberteile 6 S für die Schneidenmethode und 6 P für die Profilbeobachtung hat. Mit dem Teil 6 S, dessen Strichplatte in Abb. 296 b wiedergegeben ist, wird auch der Flankenwinkel bestimmt. Zur Beleuchtung der Marken auf den Schneiden dienen die Spiegel 27 und 35, sowie die Glasplatte 28. Zur Regulierung der Beleuchtung kann die Blende 37 mittels des Rändelknopfes 38 in den Strahlengang eingeschoben werden. Dies ist besonders bei Benutzung des Okulars 6 P (Beobachtung der Projektionsfigur) notwendig, da man infolge der Spiegelwirkung der Oberfläche des Ge-

Abb. 297 a.   Universal-Meßmikroskop.   Ansicht.

windes bei großer Helligkeit kein klares Bild erhält. Der Abstand der Marken beträgt bei aneinandergeschobenen Schneiden 0,9 oder 0,3 mm und wird auf 0,5 μ innegehalten. Die beiden Schneiden mit 0,9 mm Strichabstand werden bei normalen Gewinden von 6 bis 150 mm Durchmesser und überhaupt immer bei Steigungen über 1 mm, die anderen Schneiden mit 0,3 mm Strichabstand für alle normalen Gewinde von 1 bis 20 mm Durchmesser und überhaupt bei Steigungen unter 2 mm benutzt. Eine Kontrolle des Strichabstandes läßt sich in der Weise vornehmen, daß mit dem Komparator der genau bekannte Durchmesser eines Zylinders unter Anlage der Schneiden bestimmt wird.

Das eigentliche Universal-Meßmikroskop ist in Abb. 297 a und b in der Ansicht und in der Aufsicht wiedergegeben; es enthält außer der Schneidenauflage mit Schneiden auch einen Plantisch mit Glasplatte wie bei dem großen Werkstatt-Mikroskop (Abb. 286), sowie

5*

2 *V*-Lager (Abb. 297c), von denen eines in der Höhe, das andere seitlich verstellbar ist, und die für Auflage von Prüflingen ohne Körner oder Spitzen und für sehr lange Gewinde dienen. Sie werden wie die Spitzenlager in die Rundung des Längsschlittens eingesetzt, sollen aber nur in Ausnahmefällen benutzt werden, da allein durch die Aufnahme des Prüflings zwischen Spitzen gewährleistet ist, daß seine Achse wirklich in die Meßebene fällt. Die exakte Fokussierung des Mikroskopes auf die Schneiden (die genau in der Axialebene liegen) erfolgt durch einen an seinem unteren Ende befindlichen Rändelring (da das Wechseln der Okulare ohne Einfluß darauf ist, so wird man auch für die Betrachtung der Projektionsfigur mit dem Okular 6*P*

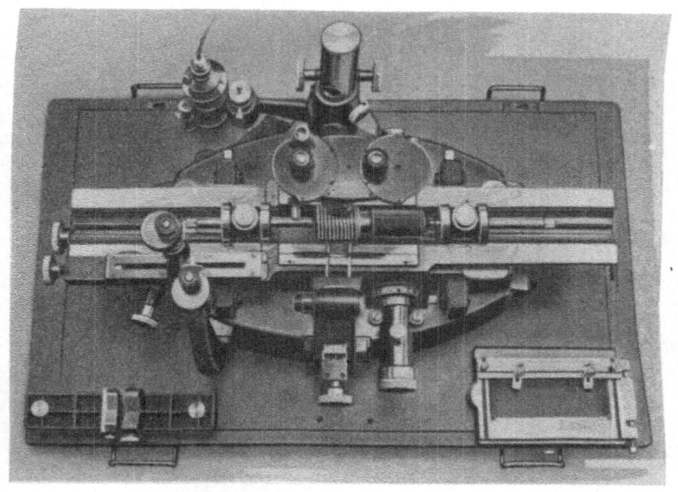

Abb. 297b. Universal-Meßmikroskop. Aufsicht.

die Fokussierung besser in der eben angegebenen Weise vornehmen, statt auf die Aufnahmespitzen einzustellen, wie dies im Nachtrag zu S. 321 vorgesehen war).

Die Maßstäbe lassen sich noch, um von bestimmten Ausgangswerten ausgehen zu können, durch Schrauben fein verstellen. Bei ihrer mikroskopischen Ablesung wird nicht mehr ein Okular-Schraubenmikrometer mit seinen unvermeidlichen Schraubenfehlern benutzt; es ist vielmehr durch eine Strichplatte mit einer archimedischen Spirale von außerordentlich hoher Genauigkeit in der Gesamtsteigung, sowie in den periodischen und den inneren Fehlern ihrer Steigung (Fehler unter 0,5 μ) ersetzt, die derart in Glas und gehärtetem Stahl gelagert ist, daß auch durch die Lagerung die Meßgenauigkeit nicht beeinträchtigt wird.

Das Gesichtsfeld der beiden Mikroskope für die Ablesung der Maßstäbe ist in Abb. 297d wiedergegeben. Man erblickt die langen, durch große Zahlen bezifferten Striche der Maßstäbe, deren $^1/_1$-mm-Teilung mit einer Genauigkeit von mindestens 1 μ ausgeführt ist. Durch einen Rändelkopf wird die Spiralstrichplatte soweit gedreht, bis einer ihrer

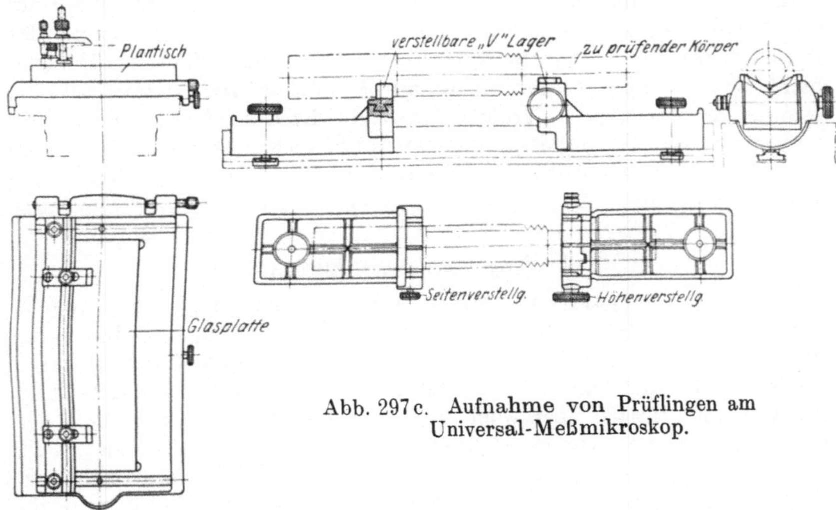

Abb. 297 c. Aufnahme von Prüflingen am Universal-Meßmikroskop.

Doppelstriche den nächstgelegenen Maßstabstrich symmetrisch einschließt. An der links befindlichen, mit ihrer drehbaren Glasteilung liest man mittels eines feststehenden Zeigers die Hundertstel und Tausendstel mm unter Schätzung der $^1/_{10}\,\mu$, an dem gleichfalls feststehenden Rechen die $^1/_{10}$ mm ab (in der Abbildung z. B. 3,3248 mm). Zur Erleichterung der genauen Einstellung der Spirale auf den Maßstabstrich ist nur die Glasteilung und der schmale Parallelstreifen mit dem davorliegenden Zeiger weiß gehalten, während die übrigen Felder rot gefärbt sind (23).

Zur Messung der periodischen Fehler oder der gegenseitigen Versetzung der einzelnen Stege eines Gewindebohrers läßt sich

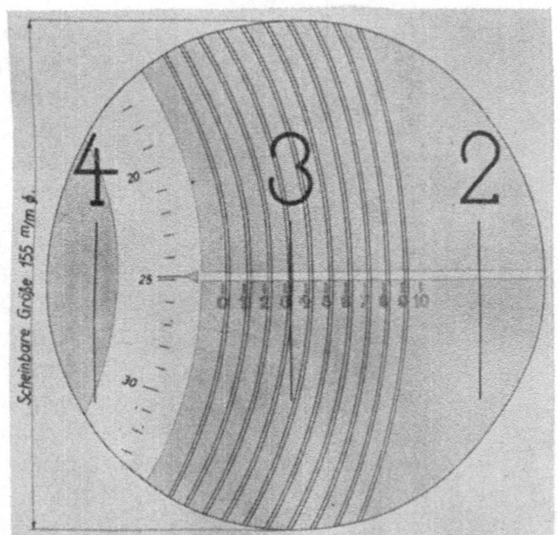

Abb. 297 d. Gesichtsfeld der Ablesemikroskope.

der Prüfling mit der einen Pinole kuppeln, die dann um den an einer Teilscheibe ablesbaren gewünschten Betrag gedreht wird. Dieses Universalgerät kann auch als Koordinaten-Meßapparat dienen und wie das

Werkstatt-Mikroskop mit einer Ankörnvorrichtung (Abb. 287) versehen werden, deren Spitze in der optischen Achse liegt. Es wird in 2 Größen, für Gewinde bis 50 und bis 100 mm Durchmesser gebaut und hat dementsprechend eine Querverschiebung von 50 oder 100 mm, während die Axialbewegung immer 200 mm beträgt. Die größte Länge der zwischen Spitzen aufzunehmenden Gegenstände darf 700 bzw. 750 mm nicht überschreiten, während sie bei Benutzung der *V*-Lager beliebig sein kann. So wie für größere Gewinde der Komparator in der vervollkommneten Form mit 2 Okularen für Schneiden- und Profilbeobachtung (Abb. 295 a) bleibt für Gewinde unter 25 mm das **Werkstatt-Mikroskop** (Abb. 252) mit je 25 mm Quer- und Längsverschiebung.

2. Projektionsverfahren.

Zu S. 431. Apparat des National Physical Laboratory. Erwünscht wäre eigentlich eine 100- bis 200 fache Vergrößerung. Selbst mit 50 facher treten aber bei der Messung der Gewindedurchmesser häufig Fehler auf, die auf Verzeichnung zurückgeführt werden (20). Die Ursache dürfte aber wohl auf dieselben Gründe wie bei der Lichtspaltmethode zurückzuführen sein (s. S. 231). Es beweist dies, daß das Projektionsverfahren zur Messung des Flankendurchmessers doch ungeeignet ist, da man damit immer nur die Projektionsfigur, nicht aber den Axialschnitt erhält.

Daß der Projektionsapparat im wesentlichen nur zur Prüfung des Profils, nicht aber der Durchmesser und damit auch nicht der Toleranzen geeignet ist, wird jetzt auch von anderer Seite betont (26).

Zu S. 433 Abb. 303. Projektionsapparat von Bausch und Lomb (Abb. 303 a). Das Reflexionsprisma *H* ist ausschlagbar, um auch mit senkrechtem Schirm beobachten können. Für die 20- bis 500 fache Vergrößerung reicht eine Glühlampe von 6 Volt und 108 Watt bzw. eine 5 Amp.-

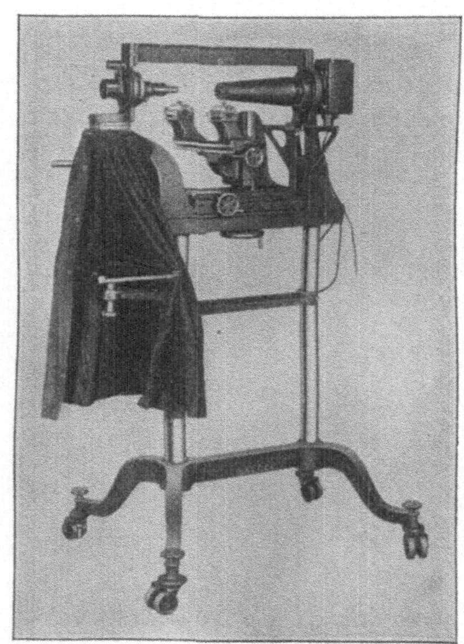

Abb. 303 a. Gewinde-Projektionsapparat.

Bogenlampe aus. Ähnliche Apparate werden in Frankreich von der Firma Massiot gebaut (23, 25).

Projektionsmikroskope werden verwendet, um schon bei kleinen Schirmabständen die nötige Vergrößerung zu erreichen. Das ist besonders wichtig, wenn man durch Spiegel oder Prismen das Bild auf einen Schirm werfen will, der sich am Apparat selbst befindet, wie z. B. auch bei dem Hartness - Komparator (Abb. 303 b und c) (19, 21, 22, 24).

Zu S. 434. Messung des Flankendurchmessers. Das Gewinde wird im allgemeinen zwischen Spitzen aufgenommen, die parallel zur optischen Achse (zwecks genauer Fokussierung) und senkrecht dazu verschiebbar sein müssen; längere Werkstücke werden in V-Nuten gelegt. Um auch den Flankendurchmesser auf bequeme Weise kontrollieren zu können, wird das zu prüfende Gewinde bei dem Hartness - Komparator auf zwei Stücke gelegt, die im Flankendurchmesser tragen, und

Abb. 303 b. Hartness - Projektionsapparat. Ansicht.

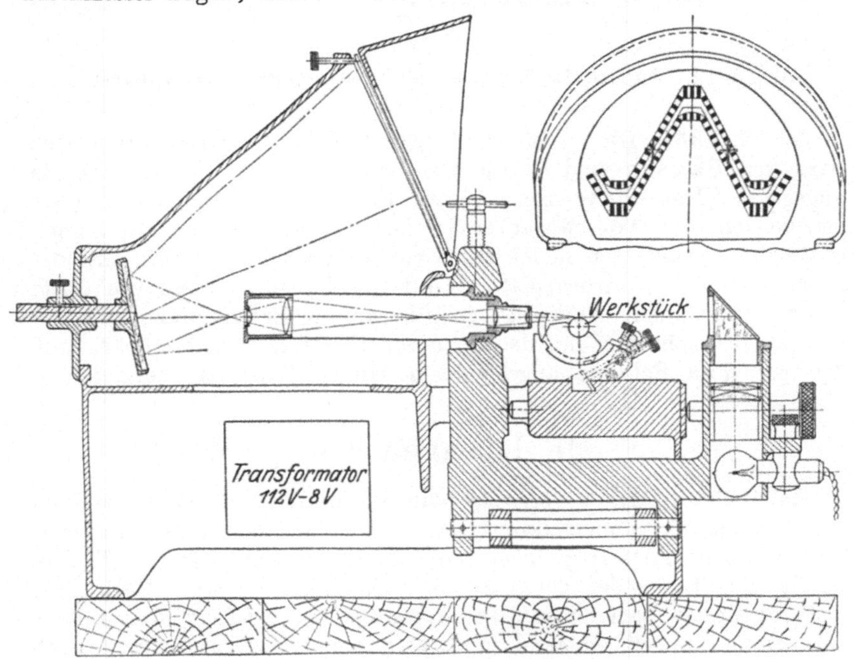

Abb. 303 c. Hartness-Projektionsapparat. Schnitt.

von denen das eine feststeht, das andere im Abstande der Gebrauchs-
länge (also meist des Durchmessers) eingestellt wird (Abb. 304a). Ist
nun der Flankendurchmesser falsch, z. B. zu klein, so sinkt der Prüfling tiefer; ist dagegen auch die Steigung falsch, z. B. gleichfalls zu
klein (Fehler δh), so muß die bewegliche Auflage der festen um δh
genähert werden und verschiebt sich das Projektionsbild in axialer
Richtung (18). Zu beachten bleibt aber, daß auf diese Weise nur
die rein fortschreitenden Steigungsfehler angezeigt werden. Der Einfluß der Fehler des halben Flankenwinkels auf die Lage des Prüflings
in Richtung senkrecht zur Achse ließe sich durch geeignete Wahl der
Auflagen (z. B. zwei Drähte vom günstigsten Durchmesser oder zwei
Schneiden mit verkürzter Flankenanlage) ausschalten, was hier aber
nicht geschehen zu sein scheint.

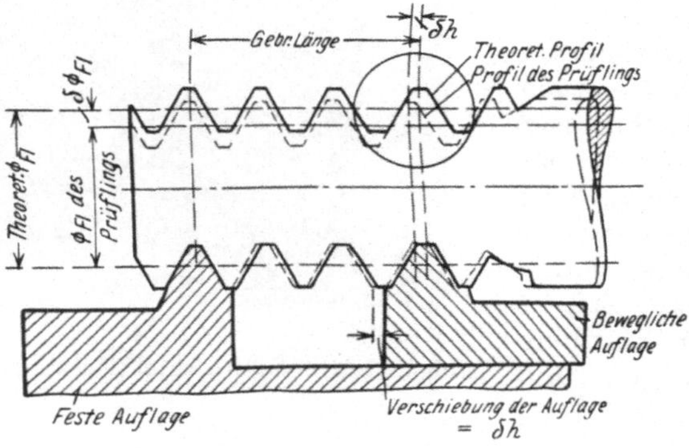

Abb. 304a. Auflage der Prüflinge beim Hartness-Projektionsapparat.

Zu S. 435. Die Leistungsfähigkeit des Projektionsapparates
wird von Bausch und Lomb auf 500 Prüfungen in der Stunde
angegeben. Das dürfte aber wohl nur für die verhältnismäßig weniger
genaue Kontrolle von Schrauben in der Werkstatt gelten. In amerikanischen Werkstätten findet man deshalb vielfach einen Projektionsapparat an jedem Arbeitsplatz, damit der Arbeiter schnell die Fortschritte an seinem Werkstück prüfen kann. Er hat dazu nur die
Lampe einzuschalten und den Schattenriß seines Arbeitsstückes mit
den auf dem Schirme angebrachten Toleranzlinien zu vergleichen.

H. Innengewinde.

Zu S. 437. Für die Messung von Kern- und Außendurchmesser
dürfte auch ein Innenmikrometer (Abb. 306a) oder Innenfühlhebel
(Abb. 312a und 312b) geeignet sein, dessen Meßbolzen in 2 zylinder-
förmige Ansätze endet, deren Achse parallel zur Gewindeachse liegt,
und von denen sich der eine zweckmäßig auf 2 Gänge, der andere
auf 1 Gang auflegt, während zur Bestimmung des Außendurchmessers
2 schlanke Kegel vorgesehen werden müßten.

Zu S. 439. Fühlhebelgeräte nach Abb. 311 und 312 (14). Da sich beim Hineinschrauben des Gerätes die Kugeln immer nur an die in der Druckrichtung liegenden Flanken anlegen, so erhält man beim Hinein- und Herausschrauben andere Werte, die in erster Linie durch die Winkelfehler, in geringerem Maße auch durch die Steigungsabweichungen verursacht sind, und die bis zu einigen μ voneinander abweichen. Es muß deshalb der Vergleich mit dem Normalring immer in derselben Drehrichtung und mit angenähert demselben Druck erfolgen. Ferner ist wichtig, daß namentlich die Lehrringe genügend hart sind, da sich sonst die harten Kugeln infolge des hohen spezifischen Druckes einschleifen. Mehrmaliges Einschrauben in die (weiche) Mutter ist demnach zu vermeiden, da sonst Fehler bis zu $4\,\mu$ (nach 7maligem Einschrauben) auftreten.

Eine sichere Anlage der Kugeln an beide Flanken (auf beiden Seiten) dürfte bei einem neuen Gerät von Zeiß dadurch erreicht sein, daß beide Anlagestücke beweglich sind. Dabei wirkt das eine (A), wie bei dem in Abb. 311 gezeigten Gerät, auf die Kugel B, das andere (C), um die halbe Steigung gegen das erste versetzte, dagegen auf die schiefe Ebene D ein, auf der die Kugel abrollt, so daß ihre Relativverschiebung auf den Meßbolzen E des Fühlhebels übertragen wird (Abbildung 312b). Vorgesehen ist noch, den eigentlichen Körper als Ge-

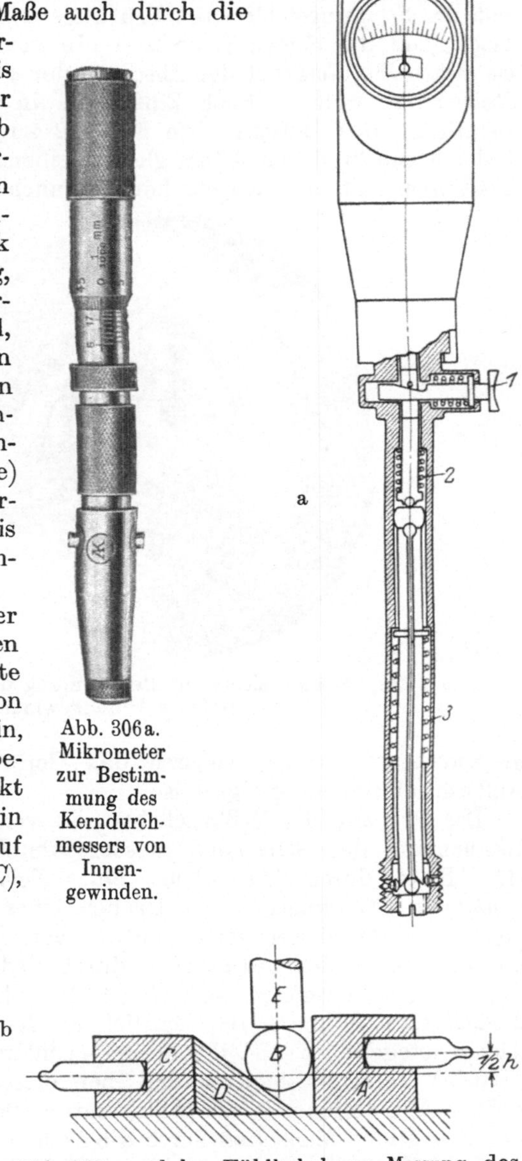

Abb. 306a. Mikrometer zur Bestimmung des Kerndurchmessers von Innengewinden.

Abb. 312a und b. Fühlhebel zur Messung des Flankendurchmessers von Innengewinden.

a) Schnitt.   b) Tastbolzen.

windelehre auszubilden (Abb. 312a) so daß man zugleich die Zusammenschraubbarkeit und das Größtmaß des Flankendurchmessers prüfen kann (s. dazu den Abschnitt: Toleranzen, Prüfung der Innehaltung der Toleranzen). Dieser Gewindelehrdorn wirkt zugleich als Haltevorrichtung für das Flankendurchmesser-Meßgerät. Der Einfluß der Steigungsfehlers des Prüflings ist dadurch unschädlich gemacht, daß die beiden Tastbolzen ein gewisses Spiel haben, so daß sie sich selbsttätig auf den Abstand der gerade vorhandenen halben Steigung einstellen. Nach Einführen in den Prüfling wird durch Betätigung des Bolzens 1 die Feder 2 ausgelöst (die stärker als die Feder 3 ist) und damit ein gleichbleibender Meßdruck erzielt. Die Tastbolzen mit den Kugeln können auch gegen solche mit Spitzen

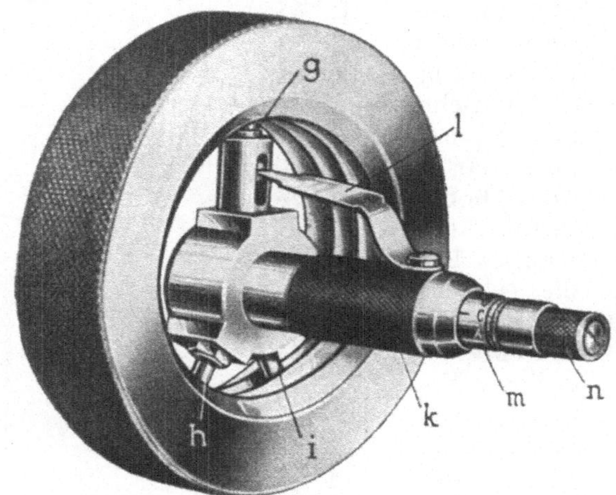

Abb. 312c. Meßkugellehre zur Bestimmung des Flankendurchmessers
größerer Innengewinde.

ausgewechselt werden, wodurch das Gerät auch zur Messung des Außendurchmessers geeignet ist.

Das Prinzip der Meßkugellehre ist von Bernlöhr auch für die Bestimmung des Flankendurchmessers von Innengewinden verwendet (15). Statt durch Verschiebung eines Keils werden hier aber die gehärteten Stahlkugeln durch Drehen eines Exzenters zwischen zwei gehärteten Meßflächen vorbeigeführt, von denen wieder die eine an der Innenseite des beweglichen durch Federkraft nach außen gedrückten Meßbolzens g sitzt (Abb. 312c). Ihr gegenüber stehen die 2 Meßbolzen h und i, die sämtlich als Kegel mit verkürzten Meßflächen ausgebildet und der Steigungsdifferenz entsprechend gegeneinander versetzt sind, so daß bei dieser Dreipunktmessung die richtige Einstellung in die Meßebene erfolgt. Zum Einsetzen wird der bewegliche Meßbolzen durch die Feder l heruntergedrückt. Dann wird die Ratsche n gedreht, bis ein Meßwiderstand auftritt. Die Ablesung erfolgt genau so wie bei dem Gerät zur Messung des Flankendurchmessers von Bolzen bei m (s. Nachtrag zu S. 341). Um

das Gerät wieder herausnehmen zu können, muß die Ratsche bis
zum Anschlag zurückgedreht werden, da sich der bewegliche Meßbolzen nur in dieser Stellung ganz zurückziehen läßt.

Bei dem kleineren Gerät (Abb. 312 d) für Gewinde unter $^1/_4''$
wird statt des beweglichen Tastbolzens ein Hebel o benutzt, dessen

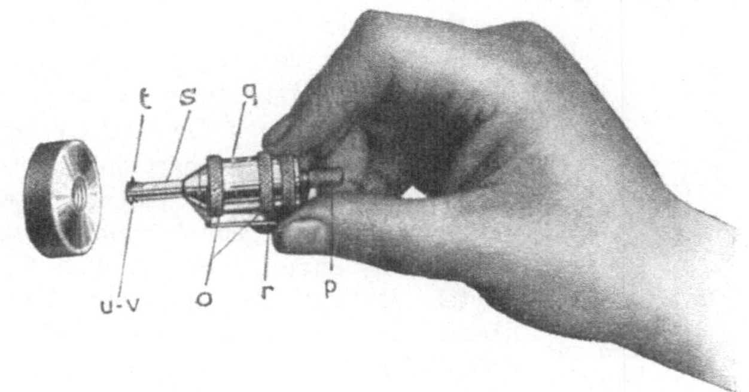

Abb. 312 d. Meßkugellehre zur Bestimmung des Flankendurchmessers
kleinerer Innengewinde.

Meßstück t (das gleichfalls als Kegel mit verkürzten Flächen ausgebildet ist) den Schaft s durchsetzt. An diesem sind die beiden
anderen Meßstücke u und v befestigt. Zur Einführung des Gerätes
ist der Hebel bei r heranzudrücken und dann das Bolzenende p zu
betätigen; die Ablesung erfolgt in der üblichen Weise bei q.

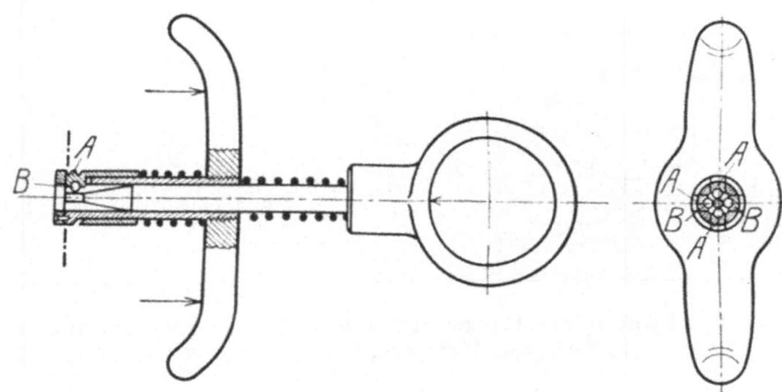

Abb. 312 e. Fühlhebel zur Prüfung des Flankendurchmessers
von Innengewinden.

Während das vorstehende Gerät im wesentlichen nur die Innehaltung der Toleranz erkennen läßt, gestattet die in Abb. 312 e wieder-
gegebene Konstruktion von Bauer und Schaurte auch die Bestimmung des Abmaßes vom Sollwert. Bei diesem drückt das kegel-
förmige Ende des Meßbolzens eines Fühlhebels durch Vermittlung
der Kugeln B die entsprechend der Steigung versetzten Meßbacken A,
die sich nur auf kurze Länge an die Flanken anlegen und im Außen-

und Kerndurchmesser frei gearbeitet sind, gegen das Gewinde. Die
Einstellung muß natürlich auch nach einem Einstellehrring erfolgen.
Das Gerät gestattet eine sehr rasche Kontrolle.

Zu S. 443. Das vom Nat. Physical Laboratory benutzte Verfahren zur Messung des Flankendurchmessers von Innengewinden
wird von der Firma A. Herbert (16) mit der
Abänderung verwendet, daß die beiden
Hälften des Meßbolzens, welche sich auf
beiden Seiten gegen die Flanken legen, um
die halbe Steigung versetzt sind (Abb. 315a).
Dies hat den Nachteil, daß die Steigungsfehler das Meßergebnis beeinflussen. Die
Anordnung dazu auf der in Abb. 227c gezeigten Meßmaschine geht aus Abb. 315b
hervor, für deren Erklärung auf die zu
Abb. 227d gegebene verwiesen sei.

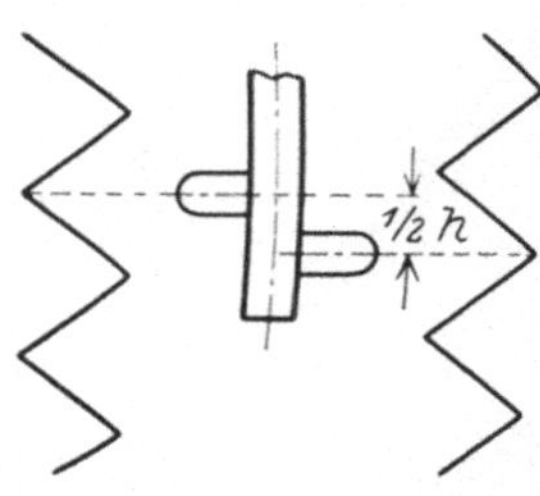

Abb. 315a. Meßbolzen zur
Bestimmung des Flankendurchmessers von Innengewinden.

Ersetzt man die kugelförmig abgerundeten Meßstücke durch zugespitzte oder
parallel zur Gewindeachse zylinderförmig
abgerundete, so kann man mit derselben Anordnung auch Außen-
und Kerndurchmesser von Innengewinden bestimmen.

Zu S. 447. Messungen, die nach der Methode von Tomlinson
und der vorher beschriebenen angestellt worden sind, haben Übereinstimmung auf $4\,\mu$, meist sogar auf $2\,\mu$ ergeben (17). Mißt man

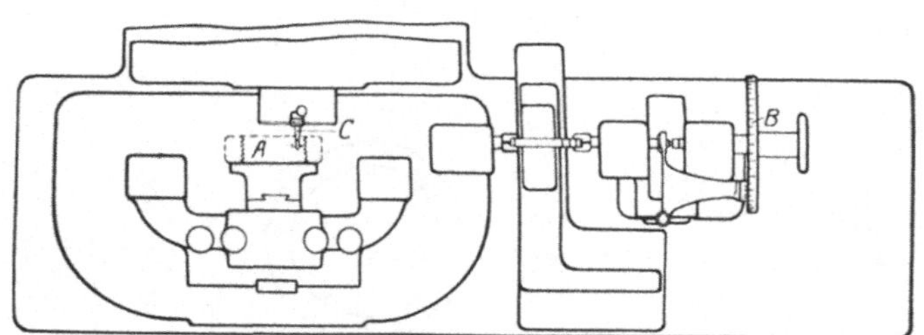

Abb. 315b. Prüfung des Flankendurchmessers von Innengewinden auf
der Universal-Meßmaschine von Herbert.

nicht senkrecht, sondern geneigt zur Gewindeachse (entsprechend der
Kugelschraube auf S. 305), so berechnet sich der Flankendurchmesser F aus

$$F = \frac{1}{\sin \alpha/2} \cdot (d - \tfrac{1}{2} h \cdot \cos \alpha/2) + \sqrt{M^2 - h^2/4} \,,$$

wobei M wieder den Abstand der Mittelpunkte der Kugeln bedeutet.
Stellt man das Gerät aber mittels einer aus Endmaßen (vom Maße M')
zusammengebauten Rachenlehre ein, so ist M in obiger Formel zu
ersetzen durch $M' - d$.

Die Fehlerberechnung gestaltet sich genau so, wie auf S. 307 für die Kugelschraube entwickelt, nur wird

$$\varphi_2 = \pm\,(0{,}87 + \tfrac{1}{4}\cdot h/D)\cdot f_2\,.$$

Da das Glied $\tfrac{1}{4}\cdot h/D$ aber nur 0,06 bis etwa 0,01 beträgt, so kann man im wesentlichen dieselben Fehler wie bei der Kugelschraube (Tabelle 178 und 179) annehmen (s. auch **Nachtrag** zu S. 305/7).

Zu S. 447. Die Steigung von Innengewinden läßt sich bei der Wickman-Universal-Meßmaschine der Firma A. Herbert in ähnlicher Weise wie bei Außengewinden bestimmen, nur greift hier das V-förmige Ende C des Fühlhebels nicht unmittelbar in das Gewinde ein, wie in Abb. 227d, sondern in einen Hebel mit Bund und V-Nut (ähnlich Abb. 227e), dessen anderes Ende sich mit einem Kegelzapfen von unten in das Gewinde der entsprechend aufgenommenen Mutter legt (Abb. 319a).

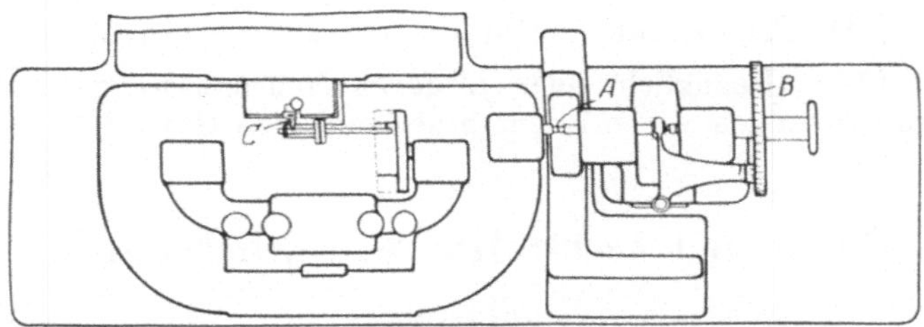

Abb. 319a. Messung der Steigung von Innengewinden auf der
Herbert-Universal-Meßmaschine.

Zu S. 452. Optische Methode der Messung von Innengewinden. Fraglich bleibt allerdings bei dieser Methode, ob es möglich sein wird, bei den namentlich bei groben Gewinden notwendigen großen Objektivabständen (und somit kleinen Vergrößerungen) die nötige Fokussierungsschärfe zu erlangen.

J. Konische Gewinde.

2. Außendurchmesser.

Zu S. 452. Der Außendurchmesser läßt sich noch bequemer messen, wenn die Meßfläche des Gerätes breit genug ist, um zugleich auf B und C (Abb. 329 und 330) aufruhen zu können, während die andere auf A (parallel zu BC) liegt. Man ermittelt damit den senkrechten Abstand M zwischen A und BC. Der Außendurchmesser d an der Stelle A ergibt sich dann sofort zu

$$d = M/\sin\beta/2.$$

Die auf S. 453/4 beschriebene Methode hat aber den Vorteil, daß ihr Ergebnis unabhängig von der Verjüngung des Kegels ist.

4. Flankendurchmesser.

b) Drahtmethode beim amerikanischen Gewinde.

Zu S. 456. Andere Meßmethode. Man kann auch ähnlich wie
bei der Bestimmung des Außendurchmessers (Nachtrag zu S. 453)
verfahren, indem die eine Meßfläche auf den beiden unteren Drähten,
also in Richtung JK (Abb. 332), die andere auf dem oberen Draht
in B parallel zur Richtung JK liegt. Bezeichnet man das Meßergebnis wieder mit M, so ist

$$BB' = M/\sin \beta/2.$$

In die Formeln für F auf S. 456 und 457 sind demgemäß die
Größen M bzw. $\frac{1}{2} \cdot (M_1 + M_2)$ durch $M/\sin \beta/2$ zu ersetzen. Auch
hier ist die auf S. 456/7 beschriebene Methode wegen ihrer Unab-
hängigkeit von der Verjüngung des Kegels vorzuziehen.

c) Drahtmethode beim englischen Gewinde.

Zu S. 457. Bezüglich einer anderen Meßmethode gelten dieselben Ausführungen wie bei dem amerikanischen Gewinde.

L. Feste und nachstellbare Gewindelehren.

1. Einleitung.

Zu S. 465. Gewindelehren mit Spitzenspiel können u. U. Vorteile bieten. Schneidet man z. B. auf eine 40-mm-Welle das metrische
Feingewinde 3, das einen Kerndurchmesser von 37,916 mm hat, und
besitzt die nächste Abstufung der Welle einen Durchmesser von
38 mm, so läßt sich zwar die Mutter mit dem Kerndurchmesser
38,053 mm überbringen, aber nicht der Lehrring. Dies ist aber sofort
möglich, wenn man seinem Kerndurchmesser den Wert der Mutter,
also Spitzenspiel gibt (1). Doch werden dies immer nur Ausnahme-
fälle sein, die als Fachnorm zu regeln wären.

2. Gewindelehrringe zum Prüfen von Schraubenbolzen.

Zu S. 467. Gewindelehrringe zum Prüfen des Durchmessers.
Die hierfür gemachten Ausführungen gelten streng für den Fall, daß
sich die Ausschußlehre gerade eben noch einführen läßt, ein Fall,
der dem anderen, daß die Paarung gerade eben nicht mehr möglich
ist, unendlich nahe liegt, so daß die Erörterungen doch vollinhaltlich
bestehen bleiben. Die Verhältnisse werden günstiger, wenn man nur
ein Anschnäbeln auf $^1/_4$ Gang zuläßt. Die in der Fußnote (in der
es übrigens Tabelle 291 heißen muß) angegebenen Fehler werden
dadurch aber nicht wesentlich geändert, da sie unter zu günstigen
Annahmen berechnet sind (s. Nachtrag zu S. 291). Unter jener Voraussetzung kann man der Lehre statt 1 Gang auch 2 Gänge geben,

um ihre Messung zu erleichtern. Darüber hinaus sollte man nicht gehen, da sonst die Versuchung zu groß wird, die Lehre auf ein längeres Stück über den Bolzen zu schrauben.

3. Gewindelehrdorne zur Prüfung von Innengewinden.

Zu S. 472. Um die Lebensdauer zu **vergrößern**, werden die eigentlichen Meßbolzen in Amerika nach Abb. 352a mit zwei Gewinden versehen und mit dem einen in den Griff eingeschraubt. Nach Abnutzung des herausragenden Teiles sollen sie umgedreht werden. Eine wesentliche Verbilligung gegenüber

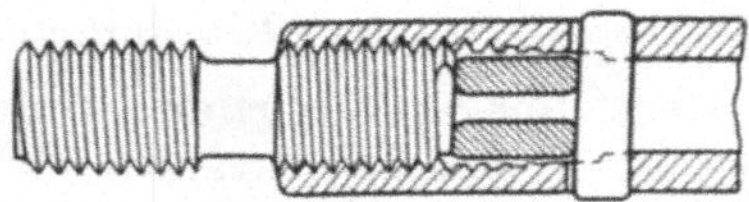

Abb. 352a. Umdrehbarer Gewindelehrdorn.

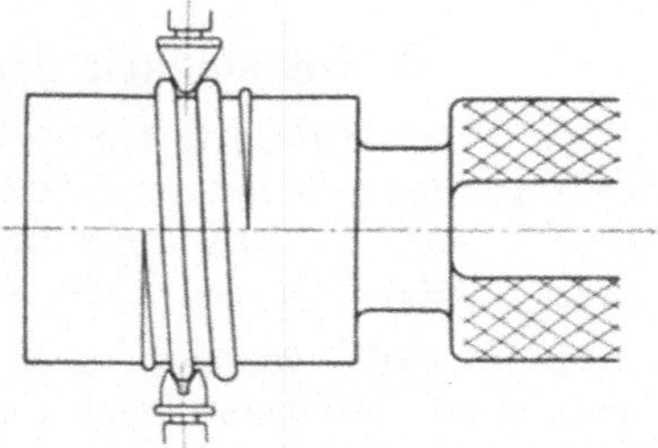

Abb. 353a. Gewindelehrdorn zur Prüfung des Flankendurchmessers.

der Beschaffung einer neuen Lehre dürfte dadurch aber schwerlich erzielt werden.

Zu S. 473. Lehrdorne zum Prüfen des Flankendurchmessers. Hierfür gelten dieselben Überlegungen wie bei den entsprechenden Gewindelehrringen im Nachtrag zu S. 467. Eine Ausführung derartiger Lehrdorne mit frei gearbeitetem Außen- und Kerndurchmesser und verkürzten Flanken zeigt Abb. 353a.

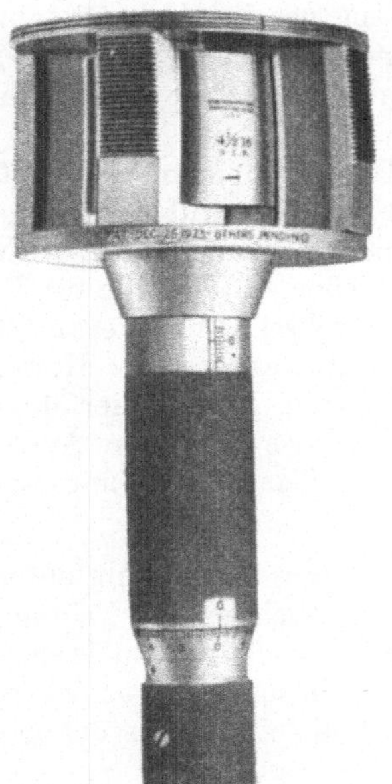

Abb. 359a. Verstellbarer Gewindelehrdorn.

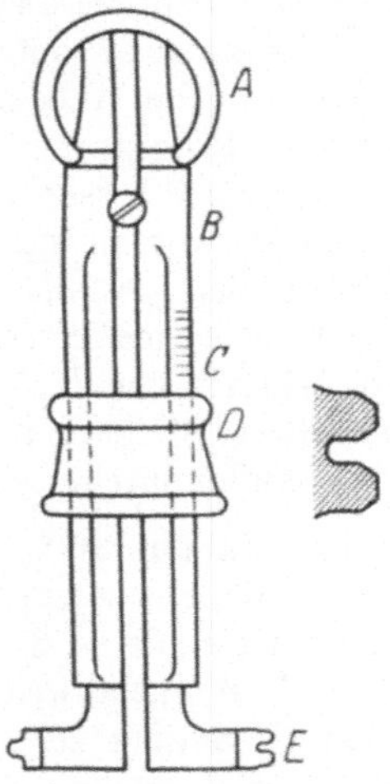

Abb. 359b. Gerät zur Kontrolle des Flankendurchmessers von Innengewinden nach Taylor.

Zu S. 474. **Die Gewindelehrdorne mit 4 segmentförmigen Backen** sind in (17) beschrieben, ihre Ansicht ist in Abb. 359a wiedergegeben. Ähnlich scheint eine Ausführung von Browett zu sein (18). Eine weniger geeignete Form eines nachstellbaren Gewindelehrdorns hat Taylor angegeben (18). An einer Art Federzirkel (Abb. 359b) befinden sich 2 Gewindesegmente E mit frei gearbeiteten Flanken. Die Messung erfolgt durch Verschieben des Ringes D und Ablesung an der Skala C.

4. Genauigkeit der Normalgewindelehren.

Zu 475. Entwürfe für eine Normung der äußeren Abmessungen der Normalgewindelehrringe und -dorne für metrisches und Whitworth-Gewinde sind in DIN, Entwurf 1 E 449, 450 und 445 bis 448 vom 20. März 1925 von seiten des DPV aufgestellt (Tabelle 199a, b u. c).

Zu S. 476. Angaben über die **Herstellungsgenauigkeit von Normalgewindelehren** findet man bei den Firmen Johansson (6) und Reishauer (7). Johansson sieht 2 Klassen vor (Tabelle 199d). In bezug auf den Flankendurchmesser sind die Toleranzen der Klasse I zum größten Teil wesentlich kleiner als die in Deutschland vorgesehenen in Tabelle 200 (und auch in der neuen Tabelle 200a)[1]. Sie liegen z. T. sogar unter der überhaupt zu erreichenden Meßgenauigkeit. Für die II. Klasse sind sie 3- bis 5mal größer als bei der ersten, und bei feinen Steigungen enger, bei gröberen dagegen wesentlich größer als die nach Tabelle 200 vorgeschlagenen. Die Toleranzen für den Außendurchmesser des Bolzens und den Kerndurchmesser der Mutter sind unnötig eng gehalten, da es auf deren Werte nicht wesentlich ankommt. Im übrigen liegen sie bei den Dornen nach Minus, bei den Ringen nach Plus. Toleranzen für die Steigung und den Flankenwinkel fehlen.

Die von Reishauer aufgestellten $\pm$-Toleranzen stimmen, mit Ausnahme der für den Außendurchmesser des Dornes und den Kerndurchmesser des Ringes, im wesentlichen mit den Vorschlägen nach Tabelle 200 (und noch besser nach Tabelle 200a) überein (Tabelle 199d). An das Material werden im allgemeinen dieselben Anforderungen wie bei Endmaßen gestellt (geeignete Ausdehnung, **große Härte**, **hoher Widerstand gegen Korrosion und Abnutzung, gute Polierfähigkeit**). Beim Härten von $1/_2''$-Gewindelehren wurden folgende Änderungen beobachtet: Steigung über $1''$: 46 bis 79 μ; Flankendurchmesser: 20 bis 30 μ; Außendurchmesser: 21 bis 35 μ.

Zu S. 476. Tabelle 200. Die Vorschläge waren aufgestellt unter Anlehnung an die Festsetzungen für die Gewindelehren zur Prüfung der tolerierten Gewinde (s. S. 600ff.). Es sind deshalb die zulässigen Steigungs- und Winkelabweichungen von ihnen unmittelbar übernommen. Im Gegensatz zu diesen (bei denen ein Ausgleich der ge-

---

[1] Beim Vergleich ist zu beachten, daß die deutschen Toleranzen $\pm$-, die von Johansson dagegen nur einseitig liegende Werte haben.

Tabelle 199a. Normalgewindelehrringe für Metrisches und Whitworth-Gewinde[1]). (DIN-Entwurf 1 E 450 und E 449.)

Die Gewindelehren für Whitworth-Gewinde haben die Gewindeabmessungen von DIN 11 und sind zum Prüfen des Whitworth-Gewindes sowohl nach DIN 11 wie nach DIN 12 zu verwenden.

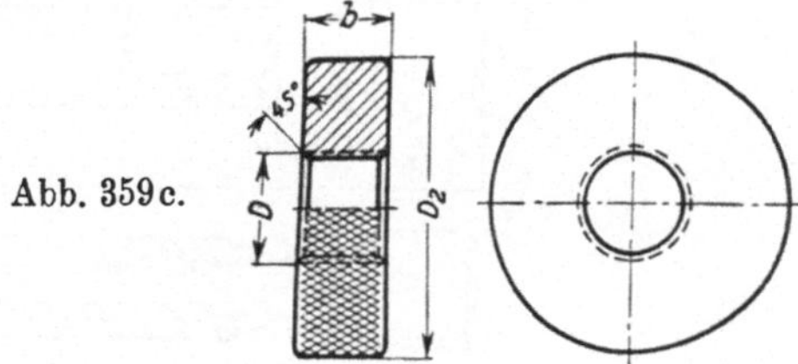

Abb. 359c.

Metrisches Gewinde.				Whitworth-Gewinde.			
Für Gewinde	D	D_2 Größtmaß	b	Für Gewinde	D	D_2 Größtmaß	b
mm	mm	mm	mm	Zoll	mm	mm	mm
M 1	1	20	2,5	$^1/_{16}$	1,59	20	2,5
M 1,2	1,2	20	2,5	$^3/_{32}$	2,38	20	3
M 1,4	1,4	20	2,5	$^1/_8$	3,18	24	4
M 1,7	1,7	20	3	$^5/_{32}$	3,97	24	5
M 2	2	20	3	$^3/_{16}$	4,76	24	6
M 2,3	2,3	20	3	$^7/_{32}$	5,56	24	6
M 2,6	2,6	20	3	$^1/_4$	6,35	30	6
M 3	3	24	4	$^5/_{16}$	7,94	30	8
M 3,5	3,5	24	4	$^3/_8$	9,53	36	9
M 4	4	24	5	$^7/_{16}$	11,11	36	11
M 4,5	4,5	24	5	$^1/_2$	12,70	42	13
M 5	5	26	6	$^9/_{16}$	14,29	42	14
M 5,5	5,5	26	6	$^5/_8$	15,88	50	16
M 6	6	30	7	$^{11}/_{16}$	17,46	50	17
M 7	7	30	7	$^3/_4$	19,05	50	19
M 8	8	30	8	$^{13}/_{16}$	20,64	50	20
M 9	9	30	9	$^7/_8$	22,23	60	22
M 10	10	36	10	$^{15}/_{16}$	23,81	60	24
M 11	11	36	11	1	25,40	60	25
M 12	12	36	12	$1^1/_8$	28,58	70	28
M 14	14	42	14	$1^1/_4$	31,75	70	32
M 16	16	50	16	$1^3/_8$	34,93	70	35
M 18	18	50	18	$1^1/_2$	38,10	80	38
M 20	20	50	20	$1^5/_8$	41,28	80	41
M 22	22	60	22	$1^3/_4$	44,45	90	45
M 24	24	60	24	$1^7/_8$	47,63	90	48
M 27	27	60	27	2	50,80	100	50
M 30	30	70	30				
M 33	33	70	33				
M 36	36	70	36				
M 39	39	80	39				
M 42	42	80	42				
M 45	45	90	45				
M 48	48	90	48				
M 52	52	100	52				

[1]) Gewindelehrring nach DIN 449 u. 450 und Gewindelehrdorn nach DIN 445 u. 446 gehen saugend ineinander, berücksichtigen also noch nicht die Gewindetoleranzen nach DIN 2244, zu deren Prüfung Toleranzgewindelehren später festgelegt werden.

Die durch Kursivschrift gekennzeichneten Gewinde sind in DIN 11 u. 12 nicht enthalten, daher nur für die Übergangszeit zu verwenden. Kordelteilung siehe DIN 82.

Berndt, Gewinde. 1. Nachtrag.   6

Tabelle 199b. Normalgewindelehrdorne für Metrisches

Die Gewindelehren für Whitworth-Gewinde haben die Gewindeabmessungen von DIN 11 und

Bezeichnung eines Normalgewindelehrdornes für

Normalgewindelehrdorn M 10

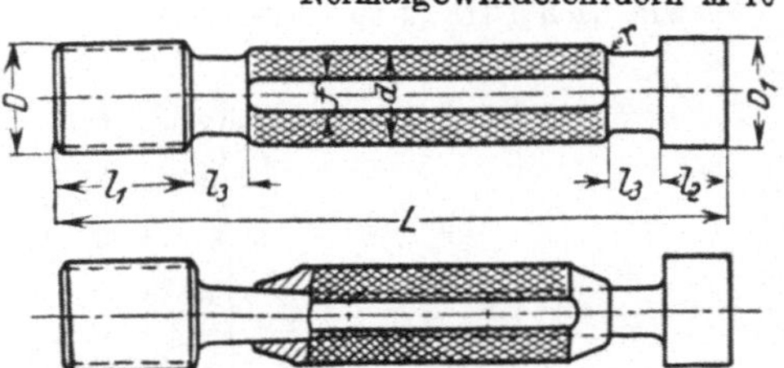

Metrisches Gewinde[1].

Für Gewinde mm	D mm	D_1 mm	d Größtmaß mm	l_1 mm	l_2 mm	l_3 Kleinstmaß mm	L mm	f mm	r mm
M 1	1	0,68	6	4,5	4,5	4	52	3	
M 1,2	1,2	0,88	6	4,5	4,5	4	52	3	
M 1,4	1,4	1,01	6	4,5	4,5	4	52	3	
M 1,7	1,7	1,25	6	5	5	4	53	3	
M 2	2	1,48	6	5	5	4	53	3	
M 2,3	2,3	1,78	6	5	5	4	53	3	
M 2,6	2,6	2,02	6	7	5	4	55	3	
M 3	3	2,35	6	7	5	4	55	3	
M 3,5	3,5	2,72	7	8	6	4	62	3	
M 4	4	3,09	7	8	6	4	62	3	
M 4,5	4,5	3,53	7	8	6	4	62	3	
M 5	5	3,96	7	9	7	4	64	3	
M 5,5	5,5	4,33	8	9	7	5,5	75	4	
M 6	6	4,70	8	10	8	5,5	77	4	
M 7	7	5,70	8	11	9	5,5	79	4	0,6
M 8	8	6,38	10	12	9	7	90	5	0,6
M 9	9	7,38	10	13	9	7	91	5	0,6
M 10	10	8,05	13	14	9	7	99	6	0,6
M 11	11	9,05	13	15	10	7	101	6	0,6
M 12	12	9,73	16	16	10	8	112	7	1
M 14	14	11,40	16	18	10	8	114	7	1
M 16	16	13,40	16	20	12	8	118	7	1
M 18	18	14,75	16	22	12	8	120	7	1
M 20	20	16,75	16	24	14	10	128	7	1
M 22	22	18,75	16	26	14	10	130	7	1
M 24	24	20,10	20	28	14	12	146	8	1
M 27	27	23,10	20	31	16	12	151	8	1
M 30	30	25,45	25	34	16	12	154	8	1
M 33	33	28,45	25	37	20	14	165	8	1,5
M 36	36	30,80	25	40	20	14	168	8	1,5
M 39	39	33,80	32	43	25	15	186	8	1,5
M 42	42	36,16	32	46	25	15	189	8	1,5
M 45	45	39,16	32	49	25	15	192	8	2
M 48	48	41,51	40	52	25	16	205	8	2
M 52	52	45,51	40	56	30	16	214	9	2

und Whitworth-Gewinde[2]).   (DIN-Entwurf 1 E 446 u. E 445).

sind zum Prüfen des Whitworth-Gewindes sowohl nach DIN 11 wie nach DIN 12 zu verwenden.
Metrisches Gewinde M 10 bzw. Whitworth-Gewinde $\frac{1}{2}''$.

DIN 446 bzw. $\frac{1}{2}''$ DIN 445.

Abb. 359 d. Für Metrisches Gewinde M 20 bis M 52
        und Whitworth-Gewinde $\frac{13}{16}''$ bis 2''.

Für Metrisches Gewinde M 1 bis M 52 und
        Whitworth-Gewinde $\frac{1}{16}''$ bis 2''

Whitworth-Gewinde[1]).

| Für Gewinde | D | D_1 | d Größt- maß | l_1 | l_2 | l_3 Kleinst- maß | L | f | r |
Zoll	mm	mm	mm	mm	mm	mm	mm	mm	mm
$\frac{1}{16}$	1,59	1,05	6	4,5	4,5	4	52,5	3	—
$\frac{3}{32}$	2,38	1,70	6	5	5	4	53	3	—
$\frac{1}{8}$	3,18	2,36	6	7	5	4	55	3	—
$\frac{5}{32}$	3,97	2,95	7	8	6	4	62	3	—
$\frac{3}{16}$	4,76	3,41	7	9	6	4	63	3	—
$\frac{7}{32}$	5,56	4,20	8	9	8	5,5	76	4	0,6
$\frac{1}{4}$	6,35	4,72	8	10	9	5,5	78	4	0,6
$\frac{5}{16}$	7,94	6,13	10	12	9	7	90	5	0,6
$\frac{3}{8}$	9,53	7,49	10	13	9	7	91	5	0,6
$\frac{7}{16}$	11,11	8,79	13	15	10	7	101	6	0,6
$\frac{1}{2}$	12,70	9,99	16	16	10	8	112	7	1
$\frac{9}{16}$	14,29	11,58	16	18	12	8	116	7	1
$\frac{5}{8}$	15,88	12,92	16	20	12	8	118	7	1
$\frac{11}{16}$	17,46	14,51	16	20	12	8	118	7	1
$\frac{3}{4}$	19,05	15,80	16	22	14	8	122	7	1
$\frac{13}{16}$	20,64	17,39	16	24	14	10	128	7	1
$\frac{7}{8}$	22,23	18,61	16	26	14	10	130	7	1
$\frac{15}{16}$	23,81	20,20	20	28	14	12	146	7	1
1	25,40	21,34	20	31	16	12	151	8	1
$1\frac{1}{8}$	28,58	23,93	25	34	16	12	154	8	1
$1\frac{1}{4}$	31,75	27,10	25	37	20	14	165	8	1,5
$1\frac{3}{8}$	34,93	29,51	25	40	20	14	168	8	1,5
$1\frac{1}{2}$	38,10	32,68	32	43	25	15	186	9	1,5
$1\frac{5}{8}$	41,28	34,77	32	46	25	15	189	9	1,5
$1\frac{3}{4}$	44,45	37,95	32	49	25	15	192	9	2,6
$1\frac{7}{8}$	47,63	40,40	40	52	25	16	205	9	2,6
2	50,80	43,57	40	56	30	16	214	9	2,6

[1]) Die Maße L und f sind Richtmaße.
Ausführung A: in einem Stück oder mit beliebig aufgesetzten Meßzylindern,
Ausführung B: zusammengesetzt aus Meßzapfen nach DIN 447 bzw. 448 und doppelseitigem Einsteckgriff nach DIN 253.
        Bis Metrisches Gewinde M 18 und Whitworth-Gewinde $\frac{3}{4}''$ werden die Normalgewindelehrdorne nach Ausführung B geliefert. Bei größeren Gewinden bleibt dem Hersteller überlassen, Ausführung A oder B zu liefern.
        [2]) Gewindelehrdorn nach DIN 445 und 446 und Gewindelehrring nach DIN 449 und 450 gehen saugend ineinander, berücksichtigen also noch nicht die Gewindetoleranzen nach DIN 2244, zu deren Prüfung Toleranzgewindelehren später festgelegt werden. Der Gewindezapfen muß sich einschrauben lassen, der glatte Zapfen (Kernzapfen) dient zum Prüfen des Kerndurchmessers des Gewindelehrringes.
        Die durch Kursivschrift gekennzeichneten Gewinde sind in DIN 11 und 12 nicht enthalten, daher nur für die Übergangszeit zu verwenden. Kordelteilung siehe DIN 82.

Tabelle 199 c. Meßzapfen für Normalgewindelehrdorne für Metrisches und Whitworth-Gewinde[2]).
(DIN Entwurf 1 E 448 und E 447.)

Die Gewindezapfen für Whitworth-Gewinde haben die Gewindeabmessungen von DIN 11 und sind zum Prüfen des Whitworth-Gewindes sowohl nach DIN 11 wie nach DIN 12 zu verwenden.

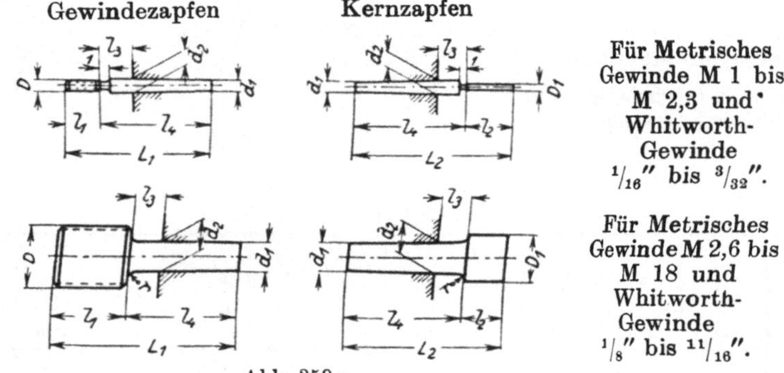

Für Metrisches Gewinde M 1 bis M 2,3 und Whitworth-Gewinde $^{1}/_{16}''$ bis $^{3}/_{32}''$.

Für Metrisches Gewinde M 2,6 bis M 18 und Whitworth-Gewinde $^{1}/_{8}''$ bis $^{11}/_{16}''$.

Bezeichnung eines Gewindezapfens für Metrisches Gewinde M 5 bzw. Whitworth-Gewinde $^{1}/_{2}''$:
Gewindezapfen M 5 DIN 448 bzw. $^{1}/_{2}''$ DIN 447
Bezeichnung eines Kernzapfens für Metrisches Gewinde M 5 bzw. Whitworth-Gewinde $^{3}/_{8}''$:
Kernzapfen M 5 DIN 448 bzw. $^{3}/_{8}''$ DIN 447

Metrisches Gewinde [1]).

Für Gewinde mm	D mm	D_1 mm	d_1 mm	d_2 mm	l_2 mm	l_1 mm	l_3 Kleinstmaß mm	l_4 mm	L_1 mm	L_2 mm	r mm	Zugehöriger Einsteckgriff
M 1	1	0,68	1,78	2	4,5	4,5	4	15	19,5	19,5	—	6 DIN 253
M 1,2	1,2	0,88	1,78	2	4,5	4,5	4	15	19,5	19.5	—	6 DIN 253
M 1,4	1,4	1,01	1,78	2	4,5	4,5	4	15	19,5	19,5	—	6 DIN 253
M 1,7	1,7	1,25	1,78	2	5	5	4	15	20	20	—	6 DIN 253
M 2	2	1,48	1,78	2	5	5	4	15	20	20	—	6 DIN 253
M 2,3	2,3	1,78	1,78	2	5	5	4	15	20	20	—	6 DIH 253
M 2,6	2,6	2,02	1,78	2	5	7	4	15	22	20	—	6 DIN 253
M 3	3	2,35	1,78	2	5	7	4	15	22	20	—	6 DIN 253
M 3,5	3,5	2,72	2,25	2,5	6	8	4	16,5	24,5	22,5	—	7 DIN 253
M 4	4	3,09	2,25	2,5	6	8	4	16,5	24,5	22,5	—	7 DIN 253
M 4,5	4,5	3,53	2,25	2,5	6	8	4	16,5	24,5	22,5	—	7 DIN 253
M 5	5	3,96	2,25	2,5	7	9	4	16,5	25,5	23,5	—	7 DIN 253
M 5,5	5,5	4,33	3,70	4	7	9	5,5	20,5	29,5	27,5	0,6	8 DIN 253
M 6	6	4,70	3,70	4	8	10	5,5	20,5	30,5	28,5	0,6	8 DIN 253
M 7	7	5,70	3,70	4	9	11	5,5	22	33	31	0,6	8 DIN 253
M 8	8	6,38	5,16	5,5	9	12	7	24	36	33	0,6	10 DIN 253
M 9	9	7,38	5,16	5,5	9	13	7	24	37	33	0,6	10 DIN 253
M 10	10	8,05	6,58	7	9	14	7	28	42	37	0,6	13 DIN 253
M 11	11	9,05	6,58	7	10	15	7	28	43	38	0,6	13 DIN 253
M 12	12	9,73	8,52	9	10	16	8	32	48	42	1	16 DIN 253
M 14	14	11,40	8,52	9	10	18	8	32	50	42	1	16 DIN 253
M 16	16	13,40	8,52	9	12	20	8	32	52	44	1	16 DIN 253
M 18	18	14,75	8,52	9	12	22	8	32	54	44	1	16 DIN 253

[1]) u. [2]) Fußnote siehe nächste Seite.

Fortsetzung der Tabelle 199 c.
Whitworth-Gewinde [1]).

Für Gewinde	D	D_1	d_1	d_2	l_1	l_2	l_3 Kleinst-maß	l_4	L_1	L_2	r	Zugehöriger Einsteckgriff
Zoll	mm	mm	mm	mm	mm	mm	mm	mm	mm	mm	mm	
$1/16$	1,59	1,05	1,78	2	4,5	4,5	4	15	19,5	19,5		6 DIN 253
$3/32$	2,38	1,70	1,78	2	5	5	4	15	20	20		6 DIN 253
$1/8$	3,18	2,36	1,78	2	7	5	4	15	22	20		6 DIN 253
$5/32$	3,97	2,95	2,25	2,5	8	6	4	16,5	24,5	22,5		7 DIN 253
$3/16$	4,76	3,41	2,25	2,5	9	6	4	16,5	25,5	22,5		7 DIN 253
$7/32$	5,56	4,20	3,70	4	9	8	5,5	20,5	29,5	28,5	0,6	8 DIN 253
$1/4$	6,35	4,72	3,70	4	10	9	5,5	20,5	30,5	29,5	0,6	8 DIN 253
$5/16$	7,94	6,13	5,16	5,5	12	9	7	24	36	33	0,6	10 DIN 253
$3/8$	9,53	7,49	5,16	5,5	13	9	7	24	37	33	0,6	10 DIN 253
$7/16$	11,11	8,79	6,58	7	15	10	7	28	43	38	0,6	13 DIN 253
$1/2$	12,70	9,99	8,52	9	16	10	8	32	48	42	1	16 DIN 253
$9/16$	14,29	11,58	8,52	9	18	12	8	32	50	44	1	16 DIN 253
$5/8$	15,88	12,92	8,52	9	20	12	8	32	52	44	1	16 DIN 253
$11/16$	17,46	14,51	8,52	9	20	12	8	32	52	44	1	16 DIN 253

nannten Fehler im Flankendurchmesser erfolgen muß) werden aber
bei den Normalgewindelehren die Durchmessertoleranzen symmetrisch
zum theoretischen Maß nach DIN 13/14 und DIN 11 verteilt (für
Whitworth-Gewinde mit Spitzenspiel nach DIN 12 werden dieselben
Gewindelehren wie für DIN 11, also ohne Spitzenspiel, benutzt). Die
gesamte Herstellungsgenauigkeit ist gleich der bei den Gewindelehren für tolerierte Gewinde vorgesehenen.

Infolge der durch das Schleifen der Gewindelehren erzielten Fortschritte war es möglich, die Herstellungsgenauigkeit der Steigung
auf etwa $3/8$ der früheren Werte herabzusetzen. Dagegen erklärten
die Lehrenhersteller, mit den Winkeltoleranzen nicht auskommen zu
können, so daß diese entsprechend erhöht werden mußten; die jetzt
geltenden Werte sind in Tabelle 200a wiedergegeben. Diese Herstellungsgenauigkeiten gelten bezüglich des Flankendurchmessers nur
für den Lehrdorn, während die des Ringes durch das gefühlsmäßige
Aufschrauben auf den Dorn bestimmt sind.

Nun erhält bei den Gewindelehren für das metrische Gewinde
der Dorn das Profil des Bolzens, der Lehrring das der Mutter;
zwischen den beiden (die ja aufeinander aufgepaßt werden) ist also
ein Spitzenspiel vorhanden, so daß nur auf ihre Flankenanlage geachtet zu werden braucht. Andererseits werden dadurch Außen- und

---

[1]) Die Maße d_1, l_4, L_1 und L_2 sind Richtmaße

[2]) Gewindezapfen nach DIN 447 und 448 und Gewindelehrring nach DIN 449
und 450 gehen saugend ineinander, berücksichtigen also noch nicht die Gewindetoleranzen nach DIN 2244, zu deren Prüfung Toleranzgewindelehren
später festgelegt werden. Der Gewindezapfen muß sich einschrauben lassen,
der Kernzapfen dient zum Prüfen des Kerndurchmessers des Gewindelehrringes.

Die durch Kursivschrift gekennzeichneten Gewinde sind in DIN 11 und 12
nicht enthalten, daher nur für die Übergangszeit zu verwenden.

Tabelle 199d. Herstellungsgenauigkeit (HG) für Normalgewindelehren nach Johansson.

Für ϕ_A und ϕ_{Fl} Bolzen (—) und für ϕ_K und ϕ_{Fl} Mutter (+).

| Metrisches Gewinde | | | Whitworth-Gewinde | | | Whitworth-Rohrgewinde | | |
| | HG in μ | | | HG in μ | | | HG in μ | |
h mm	Klasse I	Klasse II	z	Klasse I	Klasse II	ϕ Zoll	Klasse I	Klasse II
0,25	2		60	2		$\frac{1}{8}$	2,0	10,0
0,3	2		48	2		$\frac{1}{4}$	2,4	12,4
0,35	2		40	2		$\frac{3}{8}$	2,7	13,5
0,4	2		32	2		$\frac{1}{2}$	3,2	15,9
0,5	2		24	2		$\frac{5}{8}$	3,3	16,5
0,6	2		20	2	6,3	$\frac{3}{4}$	3,4	17,3
0,7	2		18	2	7,0	$\frac{7}{8}$	3,6	18,2
0,75	2		16	2	7,9	1	4,0	20,1
0,8	2		14	2	9,0	$1\frac{1}{8}$	4,2	21,1
0,9	2		12	3	10,5	$1\frac{1}{4}$	4,3	21,9
1,0	2	5	11	3	11,5	$1\frac{3}{8}$	4,4	22,4
1,25	2	6,2	10	3	12,7	$1\frac{1}{2}$	4,6	23,0
1,5	2	7,5	9	3	14,1	$1\frac{5}{8}$	4,7	23,6
1,75	2	8,7	8	4	15,8	$1\frac{3}{4}$	4,8	24,1
2,0	3	10,0	7	4	18,1	2	5,0	25,0
2,5	3	12,5	6	5	21,1	$2\frac{1}{4}$	5,2	26,0
3,0	4	15,0	5	5	25,4	$2\frac{1}{2}$	5,5	27,6
3,5	4	17,5	$4\frac{1}{2}$	6	28,2	$2\frac{3}{4}$	5,7	28,4
4,0	5	20,0	4	7	31,7	3	5,8	29,2
4,5	5	22,5	$3\frac{1}{2}$	8	36,2	$3\frac{1}{4}$	6,0	30,0
5,0	6	25,0	$3\frac{1}{4}$	8	39,0	$3\frac{1}{2}$	6,1	30,6
5,5	6	27,5	3	8	42,3	$3\frac{3}{4}$	6,2	31,3
6,0	7	30,0				4	6,4	32,0
6,5	7	32,5						
7,0	8	35,0						

Kerndurchesser nicht mitgelehrt. Sie müssen deshalb zum mindesten
an je einem der Werkstücke geprüft werden. Deshalb findet man
den Gewindelehrdorn fast stets mit einem glatten Lehrdorn zur
Kontrolle des Kerndurchmessers der Mutter kombiniert. Den Außendurchmesser prüft man dagegen bequemer am Bolzen, und zwar
durch eine Rachenlehre (gelegentlich auch durch einen Lehrring).
Damit wird zwar das Spitzenspiel nicht mitgelehrt, doch ist Gewähr dafür gegeben, daß nicht ein Klemmen an den Spitzen erfolgt.
Dazu ist indessen noch notwendig, daß auf keinen Fall der Außendurchmesser der Mutter unter den des Bolzens und dessen Kerndurchmesser nicht über den der Mutter. hinausgeht. Somit sind
Herstellungsgenauigkeiten für den Außendurchmesser des Lehrdorns
und den Kerndurchmesser des Lehrringes anzugeben. Andererseits
sind ihre entsprechenden anderen Durchmesser ganz ohne Bedeutung,
sie können deshalb (um die Herstellung zu erleichtern) beliebig frei
gearbeitet werden, wobei nur festzusetzen ist, daß der Außendurch-

Tabelle 199e. Herstellungsgenauigkeit für Normalgewindelehren nach Reishauer.

	Metrisches Gewinde					Whitworth-Gewinde					
h	ϕ_{Fl}	ϕ_A Ring ϕ_K Dorn	ϕ_K Ring ϕ_A Dorn	$h^1)$	$\alpha/2$	z	ϕ_{Fl}	ϕ_A Ring ϕ_K Dorn	ϕ_K Ring ϕ_A Dorn	$h^1)$	$\alpha/2$
mm	μ	μ	μ	μ	Min.		μ	μ	μ	μ	Min.
0,25	3	4	2	4	22	20	4	5	3	6	12
0,30	3	4	2	4	20	18	4	5	3	6	11
0,35	3	4	2	4	20	16	4	5	3	6	11
0,40	3	4	2	5	17	14	5	6	4	6	11
0,45	3	4	2	5	17	12	5	6	4	6	9
0,50	4	5	2	5	15	11	5	6	4	8	9
0,6	4	5	2	5	14	10	5	6	4	8	9
0,7	4	5	2	5	12	9	5	6	4	10	9
0,75	4	5	2	5	12	8	5	6	4	10	9
0,8	4	6	2	5	12	7	5	6	4	10	7
0,9	4	6	2	5	10	6	5	6	4	10	7
1,0	5	6	2	6	10	5	6	8	5	12	7
1,25	5	7	2	8	8	$4^1/_2$	6	8	5	12	7
1,5	5	7	2	8	8	4	6	8	5	14	5
1,75	5	7	2	8	8	$3^1/_2$	6	8	5	14	5
2	5	7	2	8	8	$3^1/_4$	6	8	5	15	5
2,5	5	7	3	8	7	3	8	10	6	15	5
3	5	7	3	10	7	$2^7/_8$	8	10	6	16	5
3,5	5	8	3	12	7	$2^3/_4$	8	10	6	17	5
4	5	8	3	12	5	$2^5/_8$	10	12	8	18	5
4,5	6	9	3	13	5	$2^1/_2$	10	12	8	18	5
5	6	9	3	13	5						
5,5	7	10	3	15	5						
6	7	10	3	15	5						

messer des Lehrringes nicht unter, der Kerndurchmesser des Lehrdornes nicht über das theoretische Profil hinausgeht, daß dieses also als innere Grenze für beide gilt, während über die Größe des Freiarbeitens, als gänzlich nebensächlich, keine Zahlenwerte angegeben zu werden brauchen (und sich somit auch die Aufstellung von Toleranzen hierfür erübrigt).

Bei den Lehren für das Whitworth-Gewinde nach DIN 11 müßte eigentlich ein Tragen in allen drei Durchmessern erfolgen. Da dies unmöglich, arbeitet man, um hier ein Klemmen zu vermeiden, den Lehrdorn im Kern- und den Lehrring im Außendurchmesser gleichfalls frei[2]). Auch hier muß naturgemäß der Gewindelehrdorn durch einen glatten Lehrdorn zur Kontrolle des Kerndurchmessers der Mutter ergänzt werden, während die Prüfung des Außendurchmessers am Bolzen wieder durch eine Rachenlehre erfolgt. Da dieselben Lehren

---

[1]) Auf Einschraublänge bezogen.

[2]) Wird aber (z. B. bei weichen Lehren) verlangt, daß der Kerndurchmesser des Lehrdorns den theoretischen Wert erhalten soll, so gelten dafür die in der Spalte für den Außendurchmesser angegebenen Toleranzen.

88   Zu Seite 476.

für das Whitworth-Gewinde nach DIN 12 gebraucht werden, so ist damit selbstverständlich eine Gewähr für die Innehaltung des bei diesem vorgeschriebenen Spitzenspiels auch nicht gegeben. Im übrigen gelten dieselben Überlegungen wie beim metrischen Gewinde, es müssen also Herstellungsgenauigkeiten für den Außendurchmesser des Lehrdorns und den Kerndurchmesser des Lehrringes aufgestellt werden, während bezüglich des Freiarbeitens ihrer beiden entsprechenden anderen Durchmesser auch nur gilt, daß das theo-

Tabelle 200a. Ersatz zu Herstellungsgenauigkeit für Normal- und Vergleichslehren.

(DIN 2151 und 2152, Vorschlag.)

Metrisches Gewinde					Whitworth-Gewinde				
h mm	ϕ_{Fl} ±μ	$\phi_K R$ / $\phi_A D$u. ±μ	$h^1)$ ±μ	$\alpha/2$ ±Min.	z	ϕ_{Fl} ±μ	$\phi_K R$ / $\phi_A D$u. ±μ	$h^1)$ ±μ	$\alpha/2$ ±Min.
0,25	3	4	3	40	20	3	4	4	10
0,30	3	4	3	35	18	3	4	4	10
0,35	3	4	3	35	16	3	4	4	10
0,40	3	4	3	30	14	4	5	4	10
0,45	3	4	3	28	12	4	5	5	8
0,5	3	4	3	25	11	4	5	5	8
0,6	3	4	3	23	10	4	5	5	8
0,7	3	4	3	20	9	4	5	5	8
0,75	3	4	3	18	8·	4	5	5	8
0,8	3	4	3	15	7	4	6	6	8
0,9	3	4	4	13	6	4	6	6	8
1,0	3	4	4	13	5	4	6	6	8
1,25	3	4	4	10	$4^1/_2$	5	8	6	8
1,5	3	4	4	10	4	5	8	6	8
1,75	3	4	4	10	$3^1/_2$	5	8	6	8
2,0	4	5	5	10	$3^1/_4$	7	9	7	8
2,5	4	5	5	8	3	8	9	7	8
3,0	4	6	5	8	$2^7/_8$	8	9	7	8
3,5	4	6	5	8	$2^3/_4$	8	9	7	8
4,0	5	8	5	8	$2^5/_8$	8	9	7	8
4,5	5	8	5	8	$2^1/_2$	8	10	8	8
5,0	5	8	6	8					
5,5	5	8	6	8					
6,0	6	8	6	8					

¹) Auf die Einschraublänge bezogen.

Bei Normalgewindelehren sind Dorn und Ring aufeinander schraubbar. Die Herstellungsgenauigkeit des Flankendurchmessers gilt nur für den Lehrdorn, während die des Ringes durch das gefühlsmäßige Aufschrauben auf den Dorn bestimmt ist. Da der Lehrring auf den Dorn aufgepaßt ist, kann auch die Forderung einer Auswechselbarkeit zwischen verschiedenen Ringen und Dornen nicht gestellt werden.

Um beim Zusammenschrauben ein Klemmen zu vermeiden, werden Kerndurchmesser des Lehrdornes und Außendurchmesser des Lehrringes frei gearbeitet, wobei die Grenzen durch das theoretische Profil gegeben sind.

retische Profil die nicht zu überschreitende innere Grenze darstellt, während die äußere nicht zahlenmäßig festgelegt (und deshalb auch nicht toleriert) zu werden braucht. Diese könnte naturgemäß nur erreicht werden, wenn der Außendurchmesser des Lehrdornes unter, der Kerndurchmesser des Lehrringes über dem theoretischen Maß liegt (was der $\pm$-Toleranz beider wegen möglich), da ja noch die Forderung der Zusammenschraubbarkeit von Lehrdorn und -ring besteht.

Ganz allgemein **muß aber** noch bemerkt werden, daß, der $\pm$-Toleranzen der Durchmesser und des fehlenden Ausgleichs der Steigungs- und Winkelfehler wegen, Normalgewindelehren grundsätzlich nicht untereinander austauschbar sein können.. Ein Ausweg läßt sich bei **einer** Bestellung immer nur dadurch treffen, daß man zunächst alle Ringe einem Dorn und dann die übrigen Dorne sämtlichen Ringen anpaßt, d. h. aber praktisch, alle Durchmessertoleranzen nur nach einer Seite verlegt und auch jenen Ausgleich (wenn auch unbewußt) vornimmt. Selbstverständlich können dann aber nicht mehr alle Lehren saugend aufeinander gehen (wie man es eigentlich von den Normalgewindelehren verlangt), sondern klappern mehr oder minder, je nach Größe und Lage der jeweils zusammentreffenden Steigungs- und Winkelfehler von Dorn und Ring.

Noch weniger ist natürlich eine Austauschbarkeit von Bolzen und Muttern zu erwarten, die mit Normalgewindelehren an verschiedenen Stellen gefertigt sind.

Die Angaben in Tabelle 200a gelten zwar nur für Gewindelehren für die normalen Befestigungsgewinde nach DIN 11, 12 und 13/14, doch sind sie im großen und ganzen auch bei Lehren für Fein-, Rohr- und anormale Gewinde zu verwenden.

Hingewiesen sei noch darauf, daß nach den vorliegenden Erfahrungen (8) mit Karborundumscheiben nur Flanke und Grund bequem zu schleifen sind, und daß man, wenn auch die Spitzen dadurch bearbeitet werden sollen, besser entsprechend profilierte Metallscheiben nehmen muß.

III. Gewindetoleranzen und ihre Prüfung.

A. Einleitung

1. Die Aufstellung der Toleranzen.

Zu S. 480, Abb. 362. Die Unterschrift muß heißen: b) zu klein bei richtigem **Außen- und Kerndurchmesser.**

Die Größe der Steigungsfehler ist dadurch beschränkt, daß beim Anziehen der Schraubenverbindung noch ein sattes Anliegen der Flanken erfolgen muß, ohne daß die Elastizitätsgrenze überschritten wird.

Zu S. 484/5. Kompensation des Winkelfehlers. Statt der dort abgeleiteten Formel findet man in Amerika die beiden folgenden (9):

$$f_2 = \frac{2 \cdot t_1 \cdot \sin \delta\,\alpha/2}{\sin\,(\alpha + \delta\,\alpha/2)}$$

und

$$f_2 = \frac{2 \cdot t_1 \cdot \operatorname{tg} \delta\,\alpha/2}{\sin\,\alpha}\,.$$

Sie unterscheiden sich von den in Deutschland und in England gebräuchlichen einmal durch geringe zu vernachlässigende Größen, da bei kleinen Werten von $\delta\,\alpha/2$ genügend genau $\delta\,\alpha/2 = \sin \delta\,\alpha/2 = \operatorname{tg} \delta\,\alpha/2$ und auch $\sin\alpha = \sin(\alpha + \delta\,\alpha/2)$ ist; ferner rechnet man aber in Amerika mit der Tragtiefe t_1 des Bolzens oder der Mutter allein (statt der gemeinsamen Tragtiefe t_2 beider), nutzt also die durch das Spitzenspiel gegebene Möglichkeit der Zulassung eines größeren Winkelfehlers $\delta\,\alpha/2$ (bei gleichem f_2) nicht aus.

Infolgedessen sind in Tabelle 201 in der 5. Zeile die Worte „und USSt" zu streichen und die beiden folgenden Zeilen anzufügen:

Gewinde	t_2	$\delta\,\alpha/2$ in Bogenmaß	$\alpha/2$ in Min.
USSt (mit t_2)	$0{,}541 \cdot h$	$1{,}250 \cdot h \cdot \delta\,\alpha/2$	$0{,}36 \cdot h \cdot \delta\,\alpha/2$
USSt (mit t_1)		$1{,}500 \cdot h \cdot \delta\,\alpha/2$	$0{,}44 \cdot h \cdot \delta\,\alpha/2$

Zu S. 485, 4. Zeile von oben ist anzufügen: bei den Gewinden mit Spitzenspiel ist t_2 die gemeinsame Tragtiefe von Bolzen und Mutter.

Zu S. 485. Bedeutung von δh. Der Steigungsfehler δh bedeutet den größten zwischen irgend zwei innerhalb der Einschraublänge liegenden Gängen auftretenden Fehler. Handelt es sich um einen rein fortschreitenden Fehler, der von Gang zu Gang in gleicher Größe wiederkehrt, wie in Abb. 364 angenommen, so ist δh die Steigungsabweichung zwischen dem 0. und dem letzten Gange. Stets treten aber auch dazu unregelmäßige, von Gang zu Gang schwankende (innere)

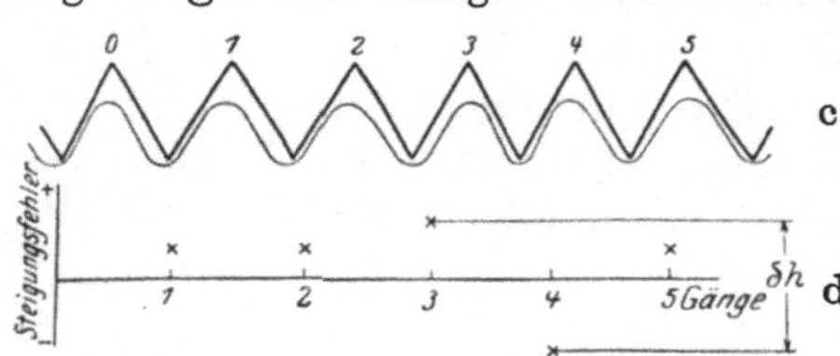

Abb. 364c und d. Gewinde mit inneren Steigungsfehlern.

Fehler auf (wie in Abb. 364 c), die in der Regel sogar größer als die fortschreitenden sind. Bestimmt man die Steigungsabweichung für jeden Gang einzeln und trägt sie in Abb. 364 d als Ordinaten über den einzelnen Gängen als Abszissen auf, so wird das maßgebende δh durch den Unterschied des höchsten und des tiefsten Punktes dargestellt.

Zu S. 486. Toleranz des Kerndurchmessers der Mutter. Bei ihrer Festsetzung ist auch Rücksicht auf die beim Gewindeschneiden auftretenden Verhältnisse zu nehmen. Es hat sich nämlich gezeigt, daß man bei größeren Kernlöchern bessere Gewinde erhält (8). Da aber über die dabei auftretenden Maße des Kerndurchmessers noch kaum Erfahrungen vorliegen (Versuche darüber sind im Gange), so kann man vorläufig nur sagen, daß es sich empfehlen dürfte, das obere Abmaß des Kerndurchmessers der Mutter möglichst groß anzusetzen. Zu berücksichtigen sind diese Ergebnisse auf jeden Fall aber bei der Wahl der Kernlochbohrer.

Zu S. 488. Austauschbarkeit von BSW- und USSt-Gewinde. Berechnet man die zum Ausgleich der Winkelfehler im Flankendurchmesser nötige Größe f_2 mit dem Faktor t_2, so ergibt sie sich

Tabelle 202a. **Ergänzung zu Austauschbarkeit von BSW- und USSt-Gewinde.**

d Zoll	$52{,}6/z$ 10^{-3} Zoll	d Zoll	$52{,}6/z$ 10^{-3} Zoll
$^1/_4$	2,6	1	6,6
$^5/_{16}$	2,9	$1^1/_8$	6,6
$^3/_8$	3,2	$1^1/_4$	7,5
$^7/_{16}$	3,8	$1^1/_2$	8,8
$^9/_{16}$	4,4	$1^3/_4$	10,6
$^5/_8$	4,8	2	11,8
$^3/_4$	5,3	$2^1/_2$	13,2
$^7/_8$	5,8		

für das USSt-Gewinde zu $52{,}6/z$, also praktisch genau so groß wie beim BSW-Gewinde. Damit ist die letzte Spalte in Tabelle 202 entsprechend zu ändern (s. Tabelle 202a). Die früher gezogenen Folgerungen sind aber auch mit diesen neuen Werten völlig aufrechtzuerhalten. Damit stehen auch die Erfahrungen in Einklang (10), daß eine Austauschbarkeit von USSt- und BSW-Bolzen nur möglich ist, falls diese lose oder mittelmäßig fest gehen, da dann die BSW-Mutter eben ein entsprechendes Übermaß hat.

Tabelle 203a. **Ergänzung zu Austauschbarkeit von Löwenherz- und metrischem Gewinde.**

d mm	$102 \cdot h$ μ	d mm	$102 \cdot h$ μ
1,0	26	3,0	51
1,2	26	3,5	61
1,4	31	4,0	71
1,7	36	4,5	76
2,0	41	5,0	82
2,3	41	5,5	92
2,6	46	6,0	102

Zu S. 489. Austauschbarkeit von Löwenherz- und metrischem Gewinde. Daß sich für den notwendigen Unterschied der Flankendurchmesser, je nachdem ob man vom Löwenherz- oder vom metrischen Gewinde ausgeht, $112 \cdot h$ oder $91 \cdot h$ ergibt, liegt an den bei der Ableitung der Formel für f_2 vorgenommenen Vernachlässigungen.

Rechnet man mit dem Mittel aus beiden, $102 \cdot h$, was den wirklichen Verhältnissen am nächsten kommen wird, so sieht man (Tabelle 203a), daß die Unterschiede zwischen den berechneten und den theoretischen Differenzen so gering sind (1 bis $2\,\mu$), daß die Austauschbarkeit praktisch gewährleistet ist, zumal die Muttern doch stets etwas größer ausgeführt werden.

Zu S. 490. Ausführlichere Veröffentlichungen, welche die grundlegenden Gesichtspunkte für die Aufstellung der Gewindetoleranzen (und z. T. auch für ihre im nächsten Abschnitt behandelte Prüfung) in knapper Form oder in größerer Breite darstellen, sind in der Zwischenzeit mehrfach erschienen (4, 5, 6, 7, 9).

2. Die Prüfung der Innehaltung der Toleranzen.

Zu S. 491. Gewindelehren zur Prüfung der Ausschußseite. Die Ausführungen auf S. 407 (und Nachtrag dazu) hatten zu dem Ergebnis geführt, daß diese Gewindelehren vor allem im Außen- und Kerndurchmesser frei zu arbeiten wären. Ist nun der Steigungs- und Winkelfehler wegen eine Veränderung des Flankendurchmessers d_2, bei der Mutter z. B. eine Vergrößerung um f_1 und f_2 nötig gewesen, so würde ihr Flankendurchmesser den Wert haben $d_2 + (f_1 + f_2)$. Ein idealer Gewindelehrdorn mit diesem Flankendurchmesser würde sich aber nicht mit der Mutter paaren lassen; dies wäre vielmehr erst möglich, wenn, der Steigungs- und Winkelfehler wegen, ihr Flankendurchmesser nochmals um den Betrag $f_1 + f_2$ vergrößert würde, also den Wert $d_2 + 2 \cdot (f_1 + f_2)$ erhielte. Wenn die Ausschußgewindelehre hineinginge, so würde dies also beweisen, daß der Flankendurchmesser seinen zulässigen Größtwert $d_2 + (f_1 + f_2)$ um $(f_1 + f_2)$ überschritten hätte. Dies ist nun, wie auf S. 407 bereits ausgeführt wurde, zu vermeiden, wenn man die Flankenlage möglichst klein hält (so daß die Winkelfehler praktisch keinen weiteren Ausgleich im Flankendurchmesser mehr benötigen), und wenn ferner die Lehre auf höchstens $^1/_4$ bis $^1/_2$ Gang anschnäbeln darf, da sich dadurch die Steigungsfehler und somit der zu ihrem Ausgleich nötige Betrag stark verringert.

Nun läßt sich auch begründen, warum keine eigentliche Flankendurchmessertoleranz f_3 (s. S. 484) vorgesehen ist, sondern die Gesamttoleranz $f = f_1 + f_2$ gewählt wurde. Würde man nämlich verlangen, daß die Steigungs- und Winkelfehler δh und $\delta \alpha/2$ einzeln ihre zulässigen Grenzen nicht überschreiten, so hätte man sie nach der auf S. 490 gegebenen Aufstellung durch Steigungsmeßmaschine und Mikroskop (bei der Mutter an einem Abguß) zu kontrollieren, was aus wirtschaftlichen Gründen unmöglich ist. Man könnte nun zwar daran denken, diese Prüfung im Flankendurchmesser vorzunehmen, der ja dazu beim Bolzen z. B. um $f_1 + f_2$ verringert werden muß. Dabei wäre aber die Trennung in die beiden Summanden f_1 und f_2 nicht mehr möglich, so daß man sich darauf beschränken müßte zu untersuchen, ob die Summe der Steigungs- und Winkelfehler im Flankendurchmesser ausgeglichen wäre. Dann ist es aber möglich, daß durch die Steigungsfehler nicht nur der ihnen zustehende Betrag f_1, sondern u. U. der ganze Betrag $f_1 + f_2$ aufgebraucht sein kann, wenn nämlich $\delta\,\alpha/2 = 0$ ist. Ebenso könnten auch bei geringen $\delta\,h$ die $\delta\,\alpha/2$ größere Werte annehmen, wobei sie natürlich aber immer innerhalb der Grenzen bleiben müssen, die durch den zur Kompensation zur Verfügung stehenden Betrag $f_1 + f_2$ gegeben sind. Wenn auch dieser Zustand nicht erwünscht ist, so läßt er sich doch durch die Art der Kontrolle nicht ausschließen. Hätten nun in einem gerade vorliegenden Falle die Steigungs- und Winkelfehler im Flankendurchmesser die Kompensation f' erfordert und wäre außerdem noch für diesen eine besondere Toleranz f_3 vorgesehen, so hätte man zu prüfen gehabt, ob der Flankendurchmesser zwischen $d_2 - f'$ und $d_2 - (f' + f_3)$ läge, wobei noch f' von Fall zu Fall andere Werte hätte. Aber selbst wenn man für f' den Größtwert $f_1 + f_2$ ein für allemal zulassen würde, so wären doch auf der Ausschußseite immer zwei Prüfungen notwendig gewesen, da man zu kontrollieren gehabt hätte, ob der Flankendurchmesser zwischen

$d_2 - (f_1 + f_2)$ und $d_2 - (f_1 + f_2 + f_3)$ läge. Diese doppelte Prüfung erweist sich aber als unnötig, wenn man $f_3 = 0$ setzt. Gleichzeitig wird dadurch auch der Betrag des radialen Klapperns um den Betrag f_3 verringert. Somit ist jetzt auf der Ausschußseite nur noch festzustellen, daß der Flankendurchmesser den Wert $d_2 - (f_1 + f_2) = d_2 - f$ nicht unterschreitet. Diese Art der

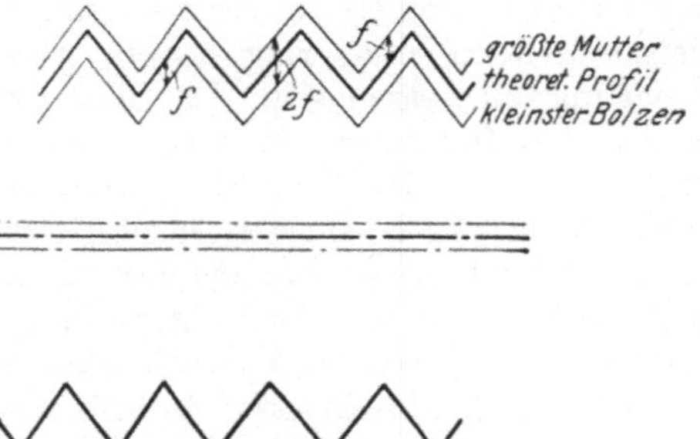

Abb. 368a. Kleinster Bolzen in größter Mutter, beide mit größtem $\delta\,\phi_{\mathrm{Fl}} = f$ (bei $\delta\,h = 0$ und $\delta\,\alpha/2 = 0$).

Kontrolle bedeutet nun aber, daß bei $\delta\,h = 0$ und zugleich $\delta\,\alpha/2 = 0$ die ganze Toleranz f eine reine Flankendurchmessertoleranz ist. Ein derartiger Bolzen würde in einer idealen Mutter um den Betrag f in radialer Richtung klappern (Abb. 368a). Lägen die Verhältnisse bei der Mutter nun zufällig genau so wie beim Bolzen, so würde das Klappern sogar auf $2 \cdot f$ ansteigen. Bei axialer Beanspruchung legen sich aber alle Flanken satt aneinander, nur fällt die Größe der Tragfläche an jeder Flanke in diesem Extremfalle um $2 \cdot f$ kleiner aus, was aber nach den Ausführungen auf S. 483 ohne Bedenken ist.

Ist dagegen die ganze Toleranz durch einen Steigungs- oder durch einen Winkelfehler aufgebraucht, so tragen nach Abb. 364 und 365 nur noch 2 Flanken oder gar nur die Gewindespitzen. Im ersteren Falle würde sich der Bolzen zu Anfang leicht, allmählich immer schwerer einschrauben lassen, im zweiten würde dagegen der Bolzen von Anfang an „zügig" gehen. Dieser Zustand verschwindet aber, wie schon früher erwähnt, nach mehrmaligem Lösen und Wiederherstellen der Schraubenverbindung. Außerdem besitzen gerade die „zügig" gehenden Schrauben den geringsten Widerstand gegen axiale Belastung. Er kommt überhaupt nur dadurch zustande, daß sich die Spitzen umbiegen und dadurch kleine Teile der Flanken zur Anlage gelangen. In ähnlicher Weise tritt auch beim Vorliegen reiner Steigungsfehler (Abb. 364) durch die elastische und plastische Deformation bei der axialen Beanspruchung ein Tragen an einigen Flanken auf. Niemals aber können die Verhältnisse so gut werden wie bei reinen Flankendurchmesserabweichungen (Abb. 368a), da sich nur in diesem Falle alle Flanken aneinander anlegen können. In Wirklichkeit werden natürlich nur Zustände auftreten, die sich den geschilderten drei Extremfällen bis zu einem gewissen Grade nähern. Trotzdem bleibt bestehen, daß gerade die „zügig" gehenden Schrauben die schechtesten und die am meisten (aber selbstverständlich innerhalb der zulässigen Toleranz) wackelnden die besten in bezug auf die Aufnahme der Beanspruchung sind.

Zu S. 493. Prüfgeräte. Werden einstellbare Geräte benutzt, was im allgemeinen vorzuziehen ist, so muß man noch einen Vergleichslehrdorn und -ring haben, deren Korrektionen jedesmal in Rechnung zu setzen sind. Da diese evtl. etwas schwanken, empfiehlt es sich, sie für einen genau zu bezeichnenden Gang und Durchmesser zu bestimmen. Ist dann diese Meßstelle abgenutzt, so kann man zunächst zu einem anderen Durchmesser, weiterhin zu einem anderen Gang übergehen, so daß die Lebensdauer einer solchen Vergleichslehre sehr groß ist. Im allgemeinen wird man von ihr nur den Flankendurchmesser, u. U. auch den Kerndurchmesser des Bolzens und den Außendurchmesser der Mutter abnehmen. Durch Vergleich der Arbeits- mit dieser Vergleichslehre kann man auch die Abnutzung jener bestimmen, wenn man es, wenigstens bei den Lehrdornen, nicht vorzieht, sie unmittelbar zu messen.

Zu S. 495. Daß die Herstellungsgenauigkeit gegen die Abnutzung verlegt werden muß, ist jetzt auch in Amerika festgesetzt.

Zu S. 496. Die Prüfung auf Abnutzung erfolgt in der auf S. 493 (Nachtrag) geschilderten Weise. Infolge der Verbesserung der Herstellungsmethoden (Schleifen) ist es jetzt auch möglich, eine bestimmte Abnutzung festzusetzen. Man geht dabei zweckmäßig — im Gegensatz zu den Werkstücken — so vor, daß man besondere Herstellungsgenauigkeiten für Steigung, halben Flankenwinkel und Flankendurchmesser aufstellt. Dies ist hier zulässig, da bei den Gewindelehren doch diese drei Stücke einzeln gemessen werden müssen und eine Kontrolle durch Abnahme- oder Revisions-Gegengewindelehren nicht möglich ist. Erfordern die δh und $\delta \alpha/2$ die Kompensationen f_1 und f_2 im Flankendurchmesser (beim Lehrdorn also eine Vergrößerung desselben), so hätte man streng genommen das untere Abmaß des Flankendurchmessers gleich $f_1 + f_2$ zu setzen.

Da nun aber die Steigungs- und Winkelabweichungen bei den Lehren (im Gegensatz zu dem Verfahren bei Bolzen und Muttern) doch einzeln bestimmt werden, so kann man auch ohne Schwierigkeit verlangen, daß keiner der beiden Fehler seinen Höchstwert überschreitet und nicht ein gegenseitiger Austausch stattfinden darf. Dann wird es aber ein außerordentlich seltener Zufall sein, daß gerade der größte Steigungs- mit dem größten Winkelfehler zusammentrifft. Deshalb wird es für die weit überwiegende Mehrzahl der Fälle ausreichen, wenn man das untere Abmaß nicht zu $f_1 + f_2$, sondern nur zu einem gewissen Bruchteil davon, also etwa zu $\varphi_2 = \frac{3}{4} \cdot (f_1 + f_2)$ ansetzt. Bezeichnet man noch die eigentliche Flankendurchmessertoleranz mit ψ, so wird das obere Abmaß $\varphi_3 = \varphi_2 + \psi$. Dieses Heruntergehen mit den Abmaßen (besonders dem unteren) unter den theoretisch nötigen Wert ist deshalb erforderlich, weil bei den zulässigen Steigungs- und Winkelfehlern die daraus folgenden Abmaße unzulässig groß und damit ein zu starkes Wackeln der Bolzen in den Muttern hervorgerufen werden würde.

Mit der Abnutzung der Lehren dürfte man streng genommen nur bis zu dem unteren Abmaß $f_1 + f_2$ und unter Berücksichtigung der vorher angestellten Erwägungen bis φ_2 gehen, damit die δh und $\delta \alpha/2$ ausgeglichen bleiben. Ist nun aber die eigentliche Flankendurchmessertoleranz ψ bei einer Lehre zufällig gleich Null oder sehr klein, was ja gerade zu wünschen, so würde kein oder nur noch ein sehr geringer Betrag für die Abnutzung zur Verfügung stehen. Da aber andererseits die Steigungs- und Winkelfehler nicht immer den ganzen Betrag φ_2 beanspruchen, da ferner auch nur höchst selten gerade die nach einem völlig abgenutzten Lehrdorn abgenommene (kleinste) Mutter mit einem nach einem völlig abgenutzten Lehrring abgenommenen (größten) Bolzen zusammentreffen wird, so kann man hier noch weiter über die theoretischen Forderungen hinausgehen und die Abnutzung bis in das Kompensationsgebiet hinein verlegen. Die Verhältnisse liegen dann ähnlich wie bei den Rundpassungen. Bei einem nach neuen Lehren (mit der Herstellungsgenauigkeit 0) ausgeführten Gleitsitz ist das Kleinstspiel oder Größtübermaß gleich Null (Abb. 368b). Bei dem Arbeiten nach völlig abgenutzten Lehren (Abnutzung bei jeder gleich a) kann im ungünstigsten Falle ein Übermaß vom Betrage $2 \cdot a$ und somit eine Art Schiebesitz auftreten. Trotz dieser theoretischen Möglichkeit sind aber derartige Fälle bisher in der Praxis nicht vorgekommen, weil sie eben außerordentlich selten sind (vielleicht 1 auf 1 Million). Deshalb kann man

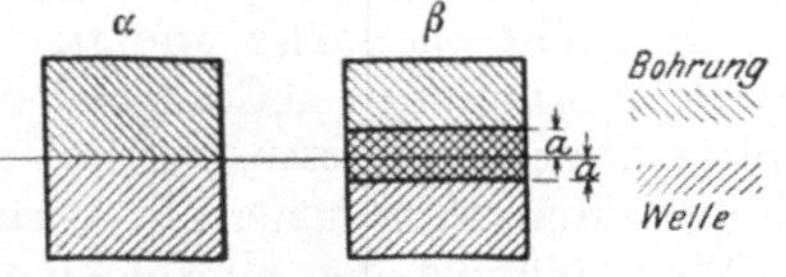

Abb. 368b. Gleitsitz bei α) neuen, β) abgenutzten Lehren

auch bei den Gewindelehren ruhig diesen Weg einschlagen und eine Abnutzung bis zum Abmaß $\varphi_1 = \frac{1}{2} \cdot \varphi_2$ zulassen. Wählt man schließlich noch, was am zweckmäßigsten ist, $\psi \sim \varphi_1 (= \frac{1}{2} \cdot \varphi_2)$, so würden als Richtlinien etwa folgende Beziehungen gelten:

	oberes Abmaß	unteres Abmaß, neu	unteres Abmaß, abgenutzt
Gewindelehrdorn	$\varphi_3 = +3 \cdot \varphi_1$	$\varphi_2 = +2 \cdot \varphi_1$	$+\varphi_1$

	unteres Abmaß	oberes Abmaß, neu	oberes Abmaß, abgenutzt
Gewindslehrring	$\varphi_3 = -3 \cdot \varphi_1$	$\varphi_2 = -2 \cdot \varphi_1$	$-\varphi_1$.

Für den Außen- und Kerndurchmesser dürfte es sich empfehlen, die einzelnen Abmaße etwa 1,5 fach größer anzusetzen.

B. BSW-, BSF- und BA-Gewinde.

1. BSW- und BSF-Gewinde.

Zu S. 502. Für die Abrundungen führen die englischen Vorschriften (5) noch ausdrücklich an: Für die Form des Außen- und Kerndurchmessers sind keine Toleranzen aufgestellt; dabei soll nicht etwa verlangt werden, daß die genaue Rundung eingehalten wird, wie sie für die Aufstellung des Whitworth-Gewindes notwendig gegeben werden muß. Ein Paßsitz am Außen- und Kerndurchmesser ist bei gewöhnlichen Bolzen und Muttern nicht notwendig. Solange die Durchmesser die theoretischen Werte nicht überschreiten, ist die genaue Form der Kurve, welche Außen- und Kerndurchmesser mit der Flanke verbinden, unwesentlich. Bei den Lehren muß dagegen auf die genaue Krümmung geachtet werden.

Auch bei den Lehren dürfte dies indessen nicht unbedingt notwendig sein, wenn nur dafür gesorgt wird, daß das theoretische Profil an keiner Stelle überschritten wird und im übrigen Außen- und Kerndurchmesser innerhalb ihrer Herstellungsgenauigkeit liegen. Das hier Gesagte gilt auch für alle anderen Gewindesysteme.

Zu S. 515. Für das Gewinde für Luftreifenventile sind von der Society of Motor Manufacturers and Traders auch Toleranzen aufgestellt, und zwar betragen sie in allen drei Durchmessern für das Gewinde von $0,4820''$ Durchmesser $^6/_{1000}{}''$ ($152\,\mu$), für die übrigen drei $^5/_{1000}{}''$ ($127\,\mu$); sie sind von den in Tabelle 11a angegebenen Werten aus beim Bolzen nach Minus, bei der Mutter nach Plus verlegt. Die Berechnung auf 4 Dezimale ist nur für die Schneidzeug- und die Lehrenhersteller erfolgt. Im übrigen ist bemerkt, daß die genaue Abrundung im Grunde der Bolzen und Muttern unwesentlich, daß es aber angemessen ist, daß sich die vorhandene Abrundung der theoretischen Form innerhalb vernünftiger Grenzen anschließt.

Die Toleranz der Abnahmelehren soll $^1/_{10}$ der der Werkstücke betragen. Nähere Angaben darüber, namentlich auch über die Verlegung dieser Toleranzen, sind nicht gemacht; immerhin darf man wohl, zum wenigsten auf der Gutseite, auf Gewindelehren zur Prüfung schließen, so daß damit die Gewähr zum Ausgleich der Steigungs- und Winkelfehler im Flankendurchmesser gegeben ist.

Die **englischen Toleranzen** werden zur Zeit einer Revision unterzogen, wobei vor allem das (für alle drei Durchmesser vorgeschriebene)

Mindestspiel von $^2/_{1000}{}''$ auf $^{0,5}/_{1000}{}''$ (also von 51 auf 13 μ) verringert werden soll (6). Das National Physical Laboratory ist zur Zeit damit beschäftigt, eine größere Zahl handelsüblicher Schrauben nachzumessen und damit Unterlagen für die Größe der vorkommenden Abweichungen von den Sollwerten zu sammeln (8).

Zu S. 515. Aufnahme der englischen Toleranzen. Auch von anderer Seite (7, 10) werden verschiedentlich höhere Toleranzen verlangt. Dabei wird auch behauptet, daß die in anderen Ländern aufgestellten engeren Toleranzen häufig nicht innegehalten, sondern nur als erstrebenswertes Ziel betrachtet werden[1]. Ferner wird darauf hingewiesen, daß es vor allem auch auf eine sachgemäße Prüfung ankommt. Im übrigen sollten die Toleranzen — mit Rücksicht auf die Wirtschaftlichkeit — immer so groß wie irgend möglich sein. Geht man für die Größe der Steigungsfehler davon aus, daß beim Anziehen die Elastizitätsgrenze nicht überschritten werden darf, so dürften die BESA-Toleranzen ruhig verdoppelt werden, und das selbst dann, wenn die ganze Flankendurchmesser-Toleranz durch einen Steigungsfehler aufgebraucht ist. Dies ist ein weiterer Grund, der Herbert zur Aufstellung gröberer Toleranzen veranlaßt hatte (9). Für Gewindebohrer soll man die Toleranzen um eine Klasse feiner ansetzen als nachher bei der Mutter verlangt wird.

Tabelle 216 a.

Toleranzen für Gewinde für Luftreifenventile (Grenzmaße).

z	d		d_1		d_2		D		D_1		D_2		Toleranz	
	Max Zoll	Min Zoll	Max Zoll	Min Zoll	Max Zoll	Min Zoll	Min Zoll	Max Zoll	Min Zoll	Max Zoll	Min Zoll	Max Zoll	$^1/_{1000}{}''$	μ
26	0,4820	0,4760	0,4279	0,4219	0,4570	0,4510	0,4901	0,4961	0,4360	0,4420	0,4610	0,4670	6	152
28	0,4070	0,4020	0,3568	0,3518	0,3838	0,3788	0,4149	0,4199	0,3646	0.3696	0,3878	0,3928	5	127
32	0,3820	0.3770	0,3380	0,3330	0,3617	0,3567	0,3894	0.3944	0,3454	0,3504	0,3657	0,3707	5	127
32	0,3050	0,3000	0,2610	0,2560	0,2847	0,2797	0,3124	0,3174	0,2684	0,2734	0,2887	0,2937	5	127

Sehr große Genauigkeit läßt sich demnach mit geschliffenen Gewindebohrern erzielen, für die Herbert eine Garantie von $^{0,2}/_{1000}{}''$, also rund 5 μ auf $1''$ gibt. Auch die in England gebrauchten selbstöffnenden Schneidköpfe sollen durchaus Schrauben innerhalb der BESA-Toleranzen liefern (Steigungsfehler im allgemeinen unter $^2/_{1000}{}''$, also rund 50 μ auf $1''$).

C. USSt-Gewinde — Vereinigte Staaten.

1. Die Arbeiten der ASME bis 1918.

Zu S. 520, 2. Tabelle. Gewindebohrer, oberes Abmaß, 2. Zeile muß heißen: $+ 0{,}10825/z + 4/3$ GPE.

Zu S. 522. 10. Zeile von unten muß heißen: 2/1000 bis 3/1000$''$.

---

[1] Das trifft für Deutschland aber entschieden nicht zu.

2. Die Arbeiten der National Screw Thread Commission.

Zu S. 529, Tabelle 226. Überschrift muß heißen 1918.

Zu S. 530. Für den Zwangssitz sind zwei Passungen A und B mit mäßigem und stärkerem Übermaß vorgesehen (25).

Zu S. 532. Die Toleranz des Außendurchmessers des Bolzens ist auch bei mit Gewinde versehenen Teilen aus unbearbeitetem warm gewalzten Material für den leichten Sitz gleich $2 \cdot \delta \, \phi_{Fl}$ des weiten Sitzes und somit gleich $\delta \phi_A$ des weiten Sitzes.

Zu S. 533. Maßgebend für die Kerndurchmessertoleranz der Mutter als Funktion der Steigung selbst war noch der Umstand, daß sie bestimmend für die Tragtiefe ist.

Zu S. 533. 11. Zeile von unten muß es heißen: $^1/_9 \cdot t_1$.

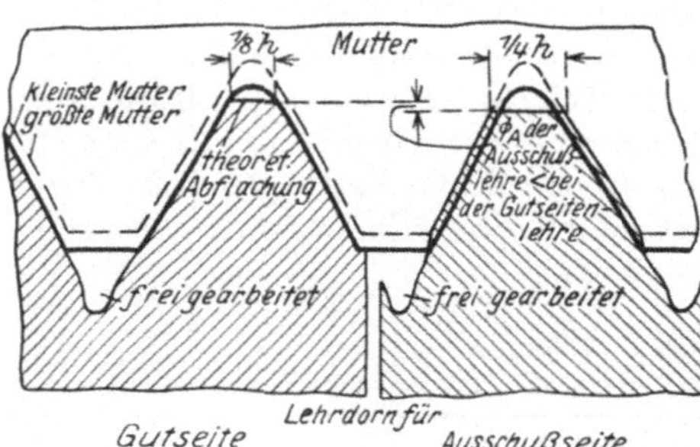

Abb. 375 e. Gewindelehren zur Kontrolle der Gewindetoleranzen in Amerika.

Zu S. 533/4. Toleranz des Kerndurchmessers des Bolzens und des Außendurchmessers der Mutter. Der größt zulässige Kerndurchmesser des Bolzens und der kleinst zulässige Außendurchmesser der Mutter sind durch die auf S. 59 wiedergegebenen Festsetzungen bestimmt.

Zu S. 534. Fußnote 4. Zeile muß heißen: $^1/_9 \cdot t_1$.

Zu S. 535. Messungen an $^1/_2''$-Schrauben (mit $z = 13$) ergaben folgende Abweichungen (23):

d: bis $\pm\, 0,6 \cdot 10^{-3}$ Zoll $(\pm\, 15 \, \mu)$;

d_2: $+\, 0,5$ bis $-\, 8,0 \cdot 10^{-3}$ Zoll $(+\, 18$ bis $-\, 200 \, \mu)$;

$\alpha/2$: bis 130 Min.;

α: bis 73 Min.

Mit Ausnahme des Außendurchmessers d gehen die gefundenen Abweichungen weit über die selbst beim weiten Sitz zulässigen hinaus.

In Tabelle 228 muß es heißen in
Spalte D_1: 10,8; 27,1;
Spalte $\delta \alpha/2$ die letzten 15 Zeilen: 117; 118; 115; 112; 110; 109; 107; 105; 103; 102; 99; 100; 97; 95; 93.

Zu S. 536. In Tabelle 229 muß es heißen in
Spalte D_1: 10,8; 27,1;
Spalte δh, 11. Zeile von oben: 1,0; 5. Zeile von unten: 2,5.

Zu S. 537. In Tabelle 230 muß es heißen in Spalte $\delta \alpha / 2$,
6. Zeile von oben: 81.

Zu S. 538. In Tabelle 231 muß es heißen in
Spalte d_2, D_2, 6. Zeile von oben: 0,8;
Spalte δh, 4. Zeile von oben: 0,2.

Zu S. 540. In Tabelle 233 muß es heißen in Spalte D_1 Größtmaß: 0,1494.

Zu S. 541. In Tabelle 234 muß es heißen in Spalte d Kleinstmaß: 1,1080.

Zu S. 542. In Tabelle 235 muß es heißen in
Spalte d Kleinstmaß: 1,1080;   Spalte d_2 Kleinstmaß 1,0300;
Spalte D_2 Kleinstmaß: 0,2764.

Zu S. 543. In Tabelle 236 muß es heißen in Spalte d_2 Kleinstmaß: 0,0838.

Zu S. 544/5. Prüfung der Innehaltung der Toleranzen. Auch
die neuen Veröffentlichungen (18, 25) beschränken sich auf eine gewisse kritische Besprechung der verschiedenen Methoden, ohne bestimmte Festsetzungen zu treffen, und zwar mit der Begründung
daß die Gewindemessungen noch zu sehr in der Entwicklung be-
griffen seien. Die jetzt gemachten Vorschläge, die sich nur in Kleinig-
keiten von den früheren unterscheiden, lauten (s. Abb. 375e):

	Bolzen	Mutter	
Gutseite	Gewindelehrring mit dem größt zulässigen Flankendurchmesser, während der Kerndurchmesser gleich dem kleinsten Kerndurchmesser der Mutter und der Außendurchmesser aus herstellungstechnischen Gründen frei gearbeitet ist	Gewindelehrdorn mit dem kleinst zulässigen Flankendurchmesser und Außendurchmesser (Abflachung $^1/_8 \cdot h$), während der Kerndurchmesser aus herstellungstechnischen Gründen frei gearbeitet ist	Gutseite
ϕ_{Fl} Ausschuß-seite	Gewindelehrring mit dem kleinst zulässigen Flankendurchmesser, Kerndurchmesser größer als bei der Gutseitenlehre, Außendurchmesser frei gearbeitet, so daß die beiden letzteren nicht tragen	Gewindelehrdorn mit dem größt zulässigen Flankendurchmesser, Außendurchmesser kleiner als bei der Gutseitenlehre, Kerndurchmesser frei gearbeitet, so daß die beiden letzteren nicht tragen	ϕ_{Fl} Ausschuß-seite
ϕ_{A} Gutseite	Glatter Ring mit größt zulässigem Durchmesser	Lehrdorn mit kleinst zulässigem Durchmesser	ϕ_{K} Gutseite
ϕ_{A} Ausschuß-seite	Rachenlehre mit kleinst zulässigem Durchmesser	Lehrdorn mit größt zulässigem Durchmesser	ϕ_{K} Ausschuß-seite
ϕ_{K}	Nicht vorgesehen		ϕ_{A}

Durch die Gutseite-Gewindelehren ist Gewähr dafür gegeben, daß der Kerndurchmesser des Bolzens und der Außendurchmesser der Mutter die Zusammenschraubbarkeit nicht behindern, so daß eine besondere Prüfung auf ihrer Gutseite nicht mehr erforderlich ist; auf der Ausschußseite kann sie wegfallen, da ja hier das Profil nicht über das scharf ausgeschnittene hinausgehen kann. Die Festsetzungen sind im übrigen deshalb verschieden, weil bei dem USSt-Gewinde der größte Außendurchmesser des Bolzens gleich dem kleinsten der Mutter ist, während der größte Kerndurchmesser des Bolzens kleiner als der kleinste der Mutter ist, so daß hier das Spitzenspiel mit ausgenutzt werden darf (und zwar zugunsten des Bolzens). Dabei kann die Form des Grundes im Bolzen beliebig, also auch abgerundet sein.

Da nun aber der Außendurchmesser des Bolzens und der Kerndurchmesser der Mutter von den Gewindelehren nicht mitgeprüft werden, so müssen bei ihnen Gut- und Ausschußseite besonders kontrolliert werden. Warum dafür beim Außendurchmesser nicht Grenzrachenlehren genommen sind, ist nicht begründet.

Zu S. 547. In Tabelle 239 muß es heißen in Spalte D Kleinstmaß: 0,5625.

Zu S. 548/52. Gewindelehren. In den früheren Vorschlägen waren die Herstellungsgenauigkeiten der Gewindelehren so verlegt, daß die Prüflehren zur Kontrolle der Abnahme- und Arbeitslehren sollten gebraucht werden können. Wie mehrfach auseinandergesetzt, ist dies aber der Steigungs- und Winkelfehler wegen nicht möglich. Deshalb ist jetzt von dieser gegenseitigen Kontrolle Abstand genommen.

Entsprechend den älteren Vorschlägen werden in den neuen (25) auch drei Arten von Lehren unterschieden: Arbeits- (working), Abnahme- (inspection) und Kontrollehren (master gauges), welch letztere in Ur- und Prüflehren (die letzten als setting oder check gauges bezeichnet) zerfallen. Vorgesehen sind für die sämtlichen Lehren 3 Gütegrade X, Y und Z mit verschiedenen Herstellungsgenauigkeiten, welche die Verwendung bestimmen. Sie sind so verlegt, daß die Werkstücke ihre zulässigen Grenzwerte niemals überschreiten können, und müssen demnach auf der Gutseite gegen die Abnutzung, auf der Ausschußseite entgegengesetzt liegen, also hier bei Dornen nach Minus, bei Ringen nach Plus. Während die Festsetzungen für die Gutseite mit den Forderungen der allgemeinen Ausführungen (S. 494) übereinstimmen und somit — was allerdings nicht ausdrücklich betont wird — Dorn und Ring nicht aufeinanderzuschrauben sind, hat man für die Ausschußseite der Lehren nicht $\pm$-Toleranzen zugelassen, sondern einseitige Toleranzen gewählt, was auch notwendig, da die zur Prüfung der Ausschußseite des Flankendurchmessers bestimmten Lehren der Steigungs- und Winkelfehler wegen keine einwandfreie Kontrolle gewährleisten.

Vorgesehen ist folgende Verwendung der drei Gütegrade:

Art des Sitzes	Prüflehren	Abnahmelehren	Arbeitslehren
Weiter Sitz . . .	X	Y	Z
Leichter Sitz . .	X	Y	Y
Mittlerer Sitz . .	X	X	Y
Enger Sitz . . .	X	X	X

Für die **Urlehren** sind keine bestimmten Herstellungsgenauigkeiten festgelegt, doch **sollen** sie innerhalb des besten Gütegrades X liegen; ihre Fehler sind aber zu bestimmen; sie sollen nur zur Abnahme der Maße dienen.

Die Abnutzung darf bei allen Lehren auf der Gutseite bis zu den Grenzwerten der betreffenden Werkstücke erfolgen; auf der Ausschußseite ist ja keine Abnutzung zu befürchten. Bei den Arbeitslehren darf die Abnutzung allerdings nicht zu weit getrieben werden, so daß die damit geprüften Werkstücke von den Abnahmelehren noch anstandslos abgenommen werden. Die in Tabelle 240a (die an Stelle von Tabelle 240/2 tritt) angegebenen zulässigen Steigungsfehler gelten für irgend zwei Gänge innerhalb der normalen Einschraublänge (die im allgemeinen gleich dem Außendurchmesser des Bolzens ist). Die etwaigen Abweichungen im Profil sollen nicht die für die Winkelfehler angegebenen Zahlen überschreiten.

Bei dem besten Gütegrad X ist das untere Abmaß des Flankendurchmessers 0; die Toleranz ist etwa gleich der in den früheren Vorschlägen für Ur- und Prüflehren (Tabelle 240) vorgesehenen. Die beiden anderen Gütegrade Y und Z haben ein von 0 abweichendes unteres Abmaß und von X über Y nach Z hin bis etwa zum Doppelten wachsende Toleranz; die von Z ist etwa gleich der früher für Abnahme- und Arbeitslehren (Tabelle 241/2) vorgesehenen. Die zulässigen Steigungsfehler entsprechen für X und Y, die Winkelfehler für X etwa den vorher bei den Ur- und Prüflehren für leichten und mittleren Sitz (Tabelle 240) zugelassenen Werten, während sie bei Z (bzw. Y und Z) größer angesetzt sind und etwa den ursprünglich bei den Abnahme- und Arbeitslehren (Tabelle 241/2) vorgesehenen Werten entsprechen. Der Außendurchmesser hat bei allen drei Klassen das untere Abmaß 0 und eine durchweg gleiche Toleranz, die der Größe nach gleich der des Flankendurchmessers des Gütegrades Z gewählt ist. Vorstehende Ausführungen gelten für die Gutseiten; für die Ausschußseiten aller drei Gütegrade sollen dagegen durchweg die bei X vermerkten Werte genommen werden.

Demnach kann man das früher gefällte Urteil auch für die neuen Angaben aufrechterhalten, dahin lautend, daß die Toleranzen für die Steigung und den halben Flankenwinkel ausreichend gewählt, daß sie dagegen für den Flankendurchmesser, mit Ausnahme der Werte für den Gütegrad Z, aus dem Grunde zu eng sind, weil die Steigungs- und Winkelfehler nicht im Flankendurchmesser kompensiert werden; dies ist unbedingt notwendig, da sonst unter Umständen Bolzen und

Tabelle 240a. Herstellungsgenauigkeit der Gewindelehren für USSt-Gewinde.

Gang-zahl auf 1"	Flankendurchmesser¹)											± Steigungsfehler				± δα/2		Außen- und Kerndurchmesser¹)		
z	X			Y				Z				X und Y		Z		X	Y u Z	X, Y, Z		
	Abmaße $10^{-3}''$		Tol. μ	Abmaße $10^{-3}''$		Tol. $10^{-3}''$	μ	Abmaße $10^{-3}''$		Tol. $10^{-3}''$	μ	$10^{-3}''$	μ	$10^{-3}''$	μ	Min.	Min.	Abmaße $10^{-3}''$		Tol. μ
80	0,0	0,2	5,1	0,1	0,3	0,2	5,1	0,2	0,6	0,4	10,2	0,2	5,1	0,2	5,1	30	45	0,0	0,3	7,6
72	0,0	0,2	5,1	0,1	0,3	0,2	5,1	0,2	0,6	0,4	10,2	0,2	5,1	0,2	5,1	30	45	0,0	0,3	7,6
64	0,0	0,2	5,1	0,1	0,4	0,3	7,6	0,2	0,6	0,4	10,2	0,2	5,1	0,2	5,1	30	45	0,0	0,4	10,2
56	0,0	0,2	5,1	0,1	0,4	0,3	7,6	0,2	0,7	0,5	12,7	0,2	5,1	0,2	5,1	30	45	0,0	0,4	10,2
48	0,0	0,2	5,1	0,1	0,4	0,3	7,6	0,2	0,7	0,5	12,7	0,2	5,1	0,2	5,1	30	45	0,0	0,4	10,2
44	0,0	0,2	5,1	0,1	0,4	0,3	7,6	0,2	0,7	0,5	12,7	0,2	5,1	0,2	5,1	20	30	0,0	0,4	10,2
40	0,0	0,2	5,1	0,1	0,4	0,3	7,6	0,2	0,7	0,5	12,7	0,2	5,1	0,2	5,1	20	30	0,0	0,4	10,2
36	0,0	0,2	5,1	0,1	0,4	0,3	7,6	0,3	0,8	0,5	12,7	0,2	5,1	0,2	5,1	20	30	0,0	0,4	10,2
32	0,0	0,3	7,6	0,1	0,4	0,3	7,6	0,3	0,8	0,5	12,7	0,3	7,6	0,3	7,6	15	20	0,0	0,4	10,2
28	0,0	0,3	7,6	0,2	0,5	0,3	7,6	0,3	0,8	0,5	12,7	0,3	7,6	0,3	7,6	15	20	0,0	0,5	12,7
24	0,0	0,3	7,6	0,2	0,5	0,3	7,6	0,3	0,9	0,6	15,2	0,3	7,6	0,3	7,6	15	20	0,0	0,5	12,7
20	0,0	0,3	7,6	0,2	0,5	0,3	7,6	0,3	0,9	0,6	15,2	0,3	7,6	0,3	7,6	15	20	0,0	0,5	12,7
18	0,0	0,3	7,6	0,2	0,5	0,3	7,6	0,4	1,0	0,6	15,2	0,3	7,6	0,4	10,2	10	15	0,0	0,5	12,7
16	0,0	0,3	7,6	0,2	0,6	0,4	10,2	0,4	1,0	0,6	15,2	0,3	7,6	0,4	10,2	10	15	0,0	0,6	15,2
14	0,0	0,3	7,6	0,2	0,6	0,4	10,2	0,4	1,0	0,6	15,2	0,3	7,6	0,4	10,2	10	15	0,0	0,6	15,2
13	0,0	0,3	7,6	0,2	0,6	0,4	10,2	0,4	1,1	0,7	17,8	0,3	7,6	0,4	10,2	10	15	0,0	0,6	15,2
12	0,0	0,3	7,6	0,2	0,6	0,4	10,2	0,4	1,1	0,7	17,8	0,3	7,6	0,4	10,2	10	10	0,0	0,6	15,2
11	0,0	0,3	7,6	0,2	0,6	0,4	10,2	0,4	1,1	0,7	17,8	0,3	7,6	0,4	10,2	10	10	0,0	0,6	15,2
10	0,0	0,3	7,6	0,2	0,6	0,4	10,2	0,5	1,2	0,7	17,8	0,3	7,6	0,4	10,2	10	10	0,0	0,6	15,2
9	0,0	0,3	7,6	0,2	0,7	0,5	12,7	0,5	1,2	0,7	17,8	0,3	7,6	0,4	10,2	10	10	0,0	0,7	17,8
8	0,0	0,4	10,2	0,2	0,7	0,5	12,7	0,6	1,3	0,7	17,8	0,4	10,2	0,5	12,7	5	5	0,0	0,7	17,8
7	0,0	0,4	10,2	0,2	0,7	0,5	12,7	0,6	1,3	0,7	17,8	0,4	10,2	0,5	12,7	5	5	0,0	0,7	17,8
6	0,0	0,4	10,2	0,3	0,8	0,5	12,7	0,6	1,4	0,8	20,3	0,4	10,2	0,5	12,7	5	5	0,0	0,8	20,3
5	0,0	0,4	10,2	0,3	0,8	0,5	12,7	0,7	1,5	0,8	20,3	0,4	10,2	0,5	12,7	5	5	0,0	0,8	20,3
4¹/₂	0,0	0,4	10,2	0,3	0,8	0,5	12,7	0,7	1,5	0,8	20,3	0,4	10,2	0,5	12,7	5	5	0,0	0,8	20,3
4	0,0	0,4	10,2	0,3	0,9	0,6	15,2	0,7	1,6	0,9	22,9	0,4	10,2	0,5	12,7	5	5	0,0	0,9	22,9

¹) Für Gutseite: Lehrdorn |, Lehrring —. Für Ausschußseite: Lehrdorn —, Lehrring |.

Muttern abgenommen werden können, die nachher trotzdem nicht zusammenzuschrauben sind. Die enge Festsetzung für die Toleranzen des Außendurchmessers ist nur eine unnötige Erschwerung der Herstellung.

Die Toleranzen für glatte Lehren (Tabelle 240b) entsprechen für Durchmesser unter 1″ etwa der Herstellungsgenauigkeit der Bohrungslehren der Edelpassung nach DIN 168, für Durchmesser über 1″ etwa denen der Bohrungslehren der Feinpassung; sie sind demgemäß bei den kleinen Lehrringen sehr eng.

Tabelle 240b.   Herstellungsgenauigkeit der glatten Lehren für USSt-Gewinde [1].

ϕ Zoll	Abmaße in 10^{-3} Zoll						Toleranz	
	X		Y		Z		$10^{-3}''$	μ
bis 1	0,0	0,1	0,1	0,2	0,2	0,3	0,1	2,5
> 1 bis 3	0,0	0,2	0,1	0,3	0,3	0,5	0,2	5,1

Zu S. 552. Toleranzen für anormale Gewinde. Die Toleranzen des Flankendurchmessers sind ausschließlich durch die der Steigung und des halben Flankenwinkels bestimmt. Da nun aber δh von der Einschraublänge abhängt, so müssen sie für größere Gebrauchslängen höher angesetzt werden und somit muß sich auch $\delta \phi_{Fl}$ damit ändern. Es können also die Gewindetoleranzen ohne weiteres nur für normale Gewinde gelten, bei denen die Eischraublänge gleich dem Durchmesser (bzw. auch $0,8 \cdot d$) ist.

Als anormal gelten in den amerikanischen Vorschriften (19, 25) nicht nur Gewinde mit anderen Einschraublängen, sondern auch solche, bei denen normale Steigungen auf anormale Durchmesser geschnitten sind.

Für diese anormalen Gewinde sind 5 Sitze vorgesehen, die zur Unterscheidung des bei den normalen Gewinden gebrauchten weiten, leichten, mittleren und engen Sitzes mit den Buchstaben A bis E bezeichnet werden. Der Definition nach entspricht die Klasse A dem weiten Sitz der normalen Gewinde (und hat wie dieser ein Mindestspiel in allen drei Durchmessern, das gewöhnlich in den Bolzen, bei sehr schwachwandigen Rohren indessen in die Mutter zu verlegen ist). Die Klasse B hat dieselben Toleranzen wie A, unterscheidet sich aber von ihr durch das Fehlen des Mindestspieles, das also den Wert 0 erhält; dieser Sitz, für den ein entsprechender bei den normalen Gewinden fehlt, soll dort verwendet werden, wo ein übermäßiges Wackeln störend wirkt. Die Klasse C und D entsprechen vollständig dem leichten und mittleren Sitz der Grob- und Feinreihe des USSt-Gewindes, haben also gleichfalls kein Mindestspiel, aber engere Toleranzen als Klasse A und B. Die Klasse E hat wie der normale enge Sitz ein Übermaß im Flankendurchmesser des Bolzens. Auch zahlenmäßig stimmt dieses Übermaß (ebenso wie das

---

[1] Alle Ausschußseitelehren erhalten die Herstellungsgenauigkeit des Gütegrades X.

Mindestspiel bei Klasse A) mit den entsprechenden Angaben bei den normalen Gewinden derselben Steigung überein.

Das gleiche findet man bezüglich der Toleranz des Außendurchmessers des Bolzens und des Kerndurchmessers der Mutter. Für erstere gelten also bei Klasse A und B dieselben Werte wie beim weiten, bei Klasse C, D und E dieselben Werte wie beim leichten, mittleren und engen Sitz, die ja untereinander gleich sind (Tabelle 228 bis 231). Die Toleranz des Kerndurchmessers der Mutter ist wie bei den normalen Gewinden konstant $\frac{1}{6} \cdot t_1$ (t_1 die Tragtiefe des Bolzengewindes).

Auch die Grenzwerte des Kerndurchmessers des Bolzens und des Außendurchmessers der Mutter sind genau wie beim normalen USSt-Gewinde festgesetzt, so daß sie nur unter bestimmten Verhältnissen zu berechnen sind; sie stimmen dann natürlich auch zahlenmäßig mit jenen überein.

Finden wir so bei den beiden minder wichtigen Bestimmungsstücken, dem Außen- und dem Kerndurchmesser, eine einfache Übernahme der Zahlen aus den Toleranzen der beiden Reihen des USSt-Gewindes, so sind beim Flankendurchmesser grundsätzlich andere Wege eingeschlagen worden. Sinngemäß wäre es gewesen, $\delta \alpha 2$ beizubehalten, δh in Beziehung zur Einschraublänge zu ändern und dann aus beiden $\delta \phi_{\mathrm{Fl}}$, $\delta \phi_A$ und $\delta \phi_K$ zu berechnen. Statt dessen wird $\delta \phi_{\mathrm{Fl}}$ additiv aus 3 Gliedern zusammengesetzt:

a) berücksichtigt den Anteil des Durchmessers d, der proportional $\sqrt{d}$ angesetzt wird. Während sonst bei allen Toleranzen, auch bei den amerikanischen, die Toleranzen immer proportional einer Potenz der Steigung h (mit gebrochenem Exponenten) gewählt wurden, wird also auch hier der Durchmesser berücksichtigt. Es ist wohl zuzugeben, daß dieser einen kleinen Einfluß ausüben kann, den man aber in erster Annäherung ruhig vernachlässigen kann, so daß man dadurch einfachere Verhältnisse erhalten würde.

b) berücksichtigt den Einfluß der Einschraublänge L und ist proportional dieser selbst gesetzt. Daraus darf man aber nicht schließen, daß die Steigungsfehler etwa als proportional L wachsend angesehen sind, die Größe b stellt vielmehr nur einen kleinen Zuschlag zu dem Hauptgliede c dar.

c) berücksichtigt nun den Einfluß der Steigungsfehler selbst und ist proportional $\sqrt{h}$ genommen. Auch dies steht im Widerspruch zu dem Ansatz bei den normalen Gewinden, bei denen die Flankendurchmesser-Toleranz bei Gangzahlen $z \geq 20$ proportional $h^{0,6}$ und bei $z < 20$ proportional $h^{0,9}$ gewählt wurde. Vielleicht ist diese andere Festsetzung getroffen, weil der kleine Einfluß des Durchmessers jetzt in dem Anteil a besonders berücksichtigt ist. Im übrigen stimmt die bei den anormalen Gewinden getroffene Proportionalität zu $h^{0,5}$ mit der in Deutschland und England allgemein gewählten überein. Auffallend ist, daß der Einfluß der Winkelfehler gar nicht in Rechnung genommen wird. Aus der Art der Kontrolle ergibt sich aber, daß sie im Flankendurchmesser kompensiert sein müssen.

Tabelle 240 c. Toleranzen für amerikanische anormale Gewinde.

Gang-Zahl auf 1″	Mindestspiel 10^{-3} Zoll		$\delta\phi_A$ Bolzen[3] -10^{-3} Zoll		$\delta\phi_K$ Mutter[3] $+10^{-3}''$	Anteil c) an $\delta\phi_{Fl}$ Bolzen —, Mutter + 10^{-3} Zoll			
z	A[1]	$B, C, D,\ E$[2]	A, B	C, D, E	A, B, C, D, E	A, B	C	D	E
64	0,7	0,0 — 0,1	5,2	3,8	1,7	2,50	1,25	0,62	0,31
56	0,8	0,0 0,2	5,6	4,0	1,9	2,67	1,34	0,67	0,33
48	0,9	0,0 0,2	6,2	4,4	2,3	2,89	1,44	0,72	0,36
40	1,0	0,0 0,2	6,8	4,8	2,7	3,16	1,58	0,79	0,40
36	1,1	0,0 0,2	7,2	5,0	3,0	3,33	1,67	0,83	0,42
32	1,1	0,0 0,2	7,6	5,4	3,4	3,54	1,77	0,88	0,44
28	1,2	0,0 0,2	8,6	6,2	3,9	3,78	1,89	0,94	0,47
24	1,3	0,0 0,3	9,2	6,6	4,5	4,08	2,04	1,02	0,51
20	1,5	0,0 0,3	10,2	7,2	5,4	4,47	2,24	1,12	0,56
18	1,6	0,0 0,3	11,4	8,2	6,0	4,71	2,36	1,18	0,59
16	1,8	0,0 0,4	12,6	9,0	6,8	5,00	2,50	1,25	0,62
14	2,1	0,0 0,4	14,0	9,8	7,7	5,35	2,67	1,33	0,67
12	2,4	0,0 0,5	15,8	11,2	9,0	5,77	2,89	1,44	0,72
10	2,8	0,0 0,6	18,4	12,8	10,8	6,32	3,16	1,58	0,79
8	3,4	0,0 0,7	22,2	15,2	13,5	7,07	3,54	1,77	0,88
6	4,4	0,0 0,9	29,0	20,2	18,0	8,16	4,08	2,04	1,02
4	6,4	0,0 1,3	40,8	28,0	27,1	10,00	5,00	2,50	1,25

In der Tabelle 240 c sind die für die anormalen Gewinde vorgesehenen Mindestspiele (bzw. Größtübermaße), die Toleranzen für Außendurchmesser Bolzen und Kerndurchmesser Mutter und die Anteile c an der Toleranz des Flankendurchmessers für die möglichst zu benutzenden Gangzahlen $z = 4$, 6, 8, 10, 12, 14, 16, 18, 20, 24, 28, 32, 36, 40, 48, 56, 64 wiedergegeben. Die Originaltabellen enthalten noch Angaben zur Berechnung des größten Kern- und Flankendurchmessers des Bolzens sowie der entsprechenden Kleinstwerte der Mutter. Sie lassen sich wie folgt interpretieren:

Größter Kerndurchmesser Bolzen = größter Außendurchmesser Bolzen — Differenz (theoretischer Außendurchmesser — größter Kerndurchmesser Bolzen bei den normalen Gewinden), also $-(d - d_1')$ nach Tabelle 29 und 30[4].

---

[1] Liegt gewöhnlich im Bolzen (in allen 3 Durchm.), nur bei schwachwandigen Rohren in der Mutter. Es ist gleich dem Mindestspiel des weiten Sitzes der normalen Gewinde.

[2] Übermaß im Flankendurchm. des Bolzens. Es ist gleich dem Übermaß des engen Sitzes der normalen Gewinde.

[3] $\delta\phi_K$-Bolzen und $\delta\phi_A$-Muttern lassen sich nur unter gewissen Voraussetzungen berechnen. Sie sind für A und B gleich denen des weiten, für C gleich denen des leichten, für D gleich denen des mittleren und für E gleich denen des engen Sitzes der normalen Gewinde.

$\delta\phi_K$ Mutter hat dieselbe Größe wie bei den normalen Gewinden.

[4] Die angegebenen Beziehungen gelten nur, falls kein Übermaß oder Mindestspiel vorgeschrieben ist.

Größter Flankendurchmesser Bolzen = größter Außendurchmesser Bolzen — Differenz (theoretischer Außendurchmesser — größter Flankendurchmesser Bolzen bei den normalen Gewinden), also $-(d - d_2)$ nach Tabelle 29 und 30[1]).

Kleinster Kerndurchmesser Mutter = theoretischer Außendurchmesser Mutter — Differenz (theoretischer Außendurchmesser — kleinster Kerndurchmesser Mutter bei den normalen Gewinden), also $-(d - D_1)$ nach Tabelle 29 und 30[1]).

Kleinster Flankendurchmesser Mutter = kleinster Außendurchmesser Mutter — Differenz (theoretischer Außendurchmesser — kleinster Flankendurchmesser Mutter bei den normalen Gewinden), also $-(d - D_2)$ nach Tabelle 29 und 30[1]).

Die Verschiedenheiten für das erste Glied (größter, theoretischer, kleinster Außendurchmesser) sind wegen des Mindestspieles in Klasse A notwendig. Dieses ist nämlich von dem theoretischen Wert abzuziehen, um den größten Außendurchmesser Bolzen bzw. zu ihm hinzuzurechnen, um den kleinsten Außendurchmesser Mutter zu erhalten. wenn nämlich das Mindestspiel in die Mutter verlegt ist (erst von den so erhaltenen Werten aus sind dann die Toleranzen zu rechnen). Dagegen ist der kleinste Kerndurchmesser der Mutter stets vom theoretischen Außendurchmesser aus zu berechnen, da jener sowie seine Toleranz bei allen Klassen denselben konstanten Wert hat. Bei den Klassen B, C, D und E fallen größter Außendurchmesser Bolzen, der theoretische Wert und kleinster Außendurchmesser Mutter dagegen zusammen. Das Übermaß im Flankendurchmesser der Klasse E ist zu dem vorstehend berechneten größten Flankendurchmesser Bolzen hinzuzufügen und von hier aus sind erst die Toleranzen des Flankendurchmessers zu rechnen.

Die Anteile a, b und c an der Toleranz des Flankendurchmessers sind nachfolgend zusammengestellt:

Anteil	Klasse A u. B	Klasse C	Klasse D	Klasse E
a	$0{,}002 \cdot \sqrt[3]{d}$	$0{,}002 \cdot \sqrt[3]{d}$	$0{,}002 \cdot \sqrt[3]{d}$	$0{,}001 \cdot \sqrt[3]{d}$
b	$0{,}002 \cdot L$	$0{,}002 \cdot L$	$0{,}002 \cdot L$	$0{,}001 \cdot L$
c	$0{,}020 \cdot \sqrt[3]{h}$	$0{,}010 \cdot \sqrt[3]{h}$	$0{,}005 \cdot \sqrt[3]{h}$	$0{,}0025 \cdot \sqrt[3]{h}$

Der Anteil b der Einschraublänge ist sehr klein, so daß es fraglich ist, ob er den praktischen Verhältnissen genügt. Die Anteile a und b sind für einige Durchmesser d und Einschraublängen L in Tabelle 240d und e wiedergegeben. Die Toleranz des Flankendurchmessers muß hieraus, evtl. durch Interpolation und aus c in Tabelle 240c auf 5 Dezimalen berechnet werden; das Ergebnis ist dann auf 3 oder höchstens 4 Dezimalen abzurunden. Statt durch Rechnung kann man die Flankendurchmesser auch mit Hilfe eines

---

[1]) Die angegebenen Beziehungen gelten nur, falls kein Übermaß oder Mindestspiel vorgeschrieben ist.

Nomogrammes für die vorkommenden Steigungen, Durchmesser und Einschraublängen ermitteln.

Berechnet man hiermit die Toleranzen für die normalen Gewinde der Grob- und der Feinreihe (19), indem man $L = d$ setzt, so stimmen die Ergebnisse mit den für die Grobreihe aufgestellten Toleranzen praktisch überein, während sich die für die Feinreihe früher angegebenen als mehr als doppelt so groß erweisen.

Tabelle 240d. Anteil a) an der Toleranz des Flankendurchmessers.

| $\varnothing d$ | a $(10^{-3}$ Zoll) | |
Zoll	A, B, C, D	E
0,0625	0,50	0,25
0,1250	0,71	0,35
0,1875	0,87	0,43
0,250	1,00	0,50
0,375	1,22	0,61
0,500	1,41	0,71
0,750	1,73	0,87
1,000	2,00	1,00
1,5	2,45	1,22
2,0	2,83	1,41
3,0	3,46	1,73
4,0	4,00	2,00
6,0	4,90	2,45
8,0	5,66	2,83
12,0	6,93	3,46

Tabelle 240e. Anteil b) an der Toleranz des Flankendurchmessers.

| Einschraublänge L | b $(10^{-3}$ Zoll) | |
Zoll	A, B, C, D	E
0,25	0,50	0,25
0,50	1,00	0,50
1,0	2,00	1,00
2,0	4,00	2,00
3,0	6,00	3,00
4,0	8,00	4,00

Da die letzteren nun doch zweckentsprechend sind, so dürften die neuen Toleranzen für anormale Gewinde für große Einschraublängen zu klein, für $L < d$ dagegen wohl zu grob sein. Hier müßten unbedingt noch Erfahrungen darüber gesammelt werden, wie sich die Steigungsfehler mit L ändern; da die inneren Steigungsfehler (die unregelmäßigen von Gang zu Gang schwanken) in der Regel die rein fortschreitenden (die von einem ungenauen Wert der mittleren Steigung herrühren und proportional der Gangzahl wachsen) erfahrungsgemäß in der Regel stark überwiegen, so sind die Steigungsfehler sicher nicht proportional L anzusetzen, sondern wachsen langsamer.

Bezüglich der Kontrolle und der Herstellungsgenauigkeit der dazu benutzten Lehren gelten bei den anormalen Gewinden dieselben

Festsetzungen wie bei den normalen. Die drei Gütegrade X, Y und Z der Gewindelehren sollen für die fünf Sitze der anormalen Gewinde wie folgt gebraucht werden:

Klasse	Prüflehren	Abnehmelehren	Arbeitslehren
A	X	Y	Z
B	X	Y	Z
C	X	Y	Y
D	X	X	Y
E	X	X	X

Dies entspricht also völlig dem bei den normalen Gewinden Vorgesehenen, wenn man berücksichtigt, daß A und B dem weiten, C dem leichten, D dem mittleren und E dem engen Sitze gleichwertig sind.

Zu S. 555/7. Toleranzen für Schneidzeuge. Für geschliffene Gewindebohrer gibt die Firma Jones and Lamson folgende Herstellungsgenauigkeiten an (22):

Grobreihe, $\frac{1}{4}''\,\phi$ $(z = 20)$ bis $1''\,\phi$ $(z = 8)$
$\delta h = \pm\,0{,}5\cdot 10^{-3}{}''\,1''$ (wie in Tabelle 247)
$\delta\,\phi_{\mathrm{Fl}}$ unteres Abmaß: $+\,0{,}5\cdot 10^{-3}{}''$,
       oberes Abmaß: $+\,2{,}0\cdot 10^{-3}{}''$ (Tol. 38 μ)
$\delta\,\phi_{\mathrm{A}}$ unteres Abmaß: $+\,5{,}0\cdot 10^{-3}{}''$,
       oberes Abmaß: $+\,6{,}5\cdot 10^{-3}{}''$ (Tol. 38 μ).

Feinreihe, $\frac{1}{4}''\,\phi$ $(z = 28)$ bis $1''\,\phi$ $(z = 14)$:
δh und $\delta\,\phi_{\mathrm{Fl}}$ wie bei der Grobreihe.
$\delta\,\phi_{\mathrm{A}}$ bis $\frac{3}{8}''\,\phi$ $(z = 24)$: unteres Abmaß $+\,4{,}0\cdot 10^{-3}{}''$,
       oberes Abmaß $+\,5{,}0\cdot 10^{-3}{}''$ (Tol. 25 μ)
über $\frac{3}{8}''\,\phi$ wie bei der Grobreihe.

Auch das Tap and Die Institute hat seine früheren Toleranzen für handelsübliche Gewindebohrer (Tabelle 244 bis 246) durch solche für geschliffene Gewindebohrer ergänzt (21, 24, 26), wobei im wesentlichen die Vorschläge der Firma Pratt and Whitney übernommen sind (Tabelle 247a und 248a) (in Tabelle 248, Überschrift, muß es heißen: SAE-Gewinde). In bezug auf δh und für die Grobreihe auch in bezug auf $\delta\,\phi_{\mathrm{A}}$ stimmen sie mit den Vorschlägen der Nat. Screw Thread Commission (Tabelle 247 und 248) überein, dagegen weisen sie für den Flankendurchmesser und beim SAE-Gewinde auch für den Außendurchmesser andere Toleranzen auf.

Weiterhin sind auch Toleranzen für Stehbolzen-Gewindebohrer aufgestellt (24), die wesentlich größer als beim USSt- und beim SAE-Gewinde gehalten sind (Tabelle 248b).

Alle diese Bestimmungen sind aber überholt durch die Festsetzungen der National Screw Thread Commission (18, 19, 20, 25), die selbstverständlich auch in Übereinstimmung mit der sonstigen Normung der Gewinde (USSt-Gewinde, Grob- und Feinreihe) stehen.

Tabelle 247a. Toleranzen des Tap and Die Inst. für geschliffene
Gewindebohreer mit USSt-Gewinde.

d Zoll	z	Außendurchmesser $u\,(-)$ $\frac{1}{1000}''$	$o\,(+)$ $\frac{1}{1000}''$	Tol. $\frac{1}{1000}''$	μ	Flankendurchmesser $u\,(+)$ $\frac{1}{1000}''$	$o\,(-)$ $\frac{1}{1000}''$	Tol. $\frac{1}{1000}''$	μ
$\frac{1}{4}$	20	2,0	3,5	1,5	38	0,5	1,5	1,0	25
$\frac{5}{16}$	18	2,0	3,5	1,5	38	0,5	1,5	1,0	25
$\frac{3}{8}$	16	2,0	3,5	1,5	38	0,5	1,5	1,0	25
$\frac{7}{16}$	14	2,5	4,0	1,5	38	0,5	1,5	1,0	25
$\frac{1}{2}$	13	2,5	4,0	1,5	38	0,5	1,5	1,0	25
$\frac{9}{16}$	12	2,5	4,0	1,5	38	0,5	1,5	1,0	25
$\frac{5}{8}$	11	2,5	4,0	1,5	38	0,5	1,5	1,0	25
$\frac{3}{4}$	10	3,0	5,0	2,0	51	0,5	1,5	1,0	25
$\frac{7}{8}$	9	3,0	5,0	2,0	51	0,5	1,5	1,0	25
1	8	3,0	5,0	2,0	51	0,5	1,5	1,0	25
$1\frac{1}{8}$	7	4,0	6,0	2,0	51	0,5	2,0	1,5	38
$1\frac{1}{4}$	7	4,0	6,0	2,0	51	0,5	2,0	1,5	38
$1\frac{3}{8}$	6	4,0	6,0	2,0	51	0,5	2,0	1,5	38
$1\frac{1}{2}$	6	4,0	6,0	2,0	51	0,5	2,0	1,5	38
$1\frac{3}{4}$	5	5,0	7,0	2,0	51	0,5	2,0	1,5	38
2	$4\frac{1}{2}$	5,0	7,0	2,0	51	0,5	2,0	1,5	38
$2\frac{1}{4}$	$4\frac{1}{2}$	6,0	8,0	2,0	51	0,5	2,5	2,0	51
$2\frac{1}{2}$	4	6,0	8,0	2,0	51	0,5	2,5	2,0	51
$2\frac{3}{4}$	4	7,0	9,0	2,0	51	0,5	2,5	2,0	51
3	$3\frac{1}{2}$	7,0	9,0	2,0	51	0,5	2,5	2,0	51

$$\delta h = \pm\, 0{,}5 \cdot 10^{-3}{}'' \;(13\,\mu/1'').$$

Tabelle 248a. Toleranzen des Tap and Die Inst. für geschliffene
Gewindebohrer mit SAE-Gewinde.

d Zoll	z	Außendurchmesser $u\,(-)$ $\frac{1}{1000}''$	$o\,(+)$ $\frac{1}{1000}''$	Tol. $\frac{1}{1000}''$	μ	Flankendurchmesser $u\,(-)$ $\frac{1}{1000}''$	$o\,(-)$ $\frac{1}{1000}''$	Tol. $\frac{1}{1000}''$	μ
$\frac{1}{4}$	28	2,0	3,5	1,5	38	0,5	1,5	1,0	25
$\frac{5}{16}$	24	2,0	3,5	1,5	38	0,5	1,5	1,0	25
$\frac{3}{8}$	24	2,0	3,5	1,5	38	0,5	1,5	1,0	25
$\frac{7}{16}$	20	2,0	3,5	1,5	38	0,5	1,5	1,0	25
$\frac{1}{2}$	20	2,0	3,5	1,5	38	0,5	1,5	1,0	25
$\frac{9}{16}$	18	2,0	3,5	1,5	38	0,5	1,5	1,0	25
$\frac{5}{8}$	18	2,0	3,5	1,5	38	0,5	1,5	1,0	25
$\frac{11}{16}$	16	2,0	3,5	1,5	38	0,5	1,5	1,0	25
$\frac{3}{4}$	16	2,0	3,5	1,5	38	0,5	1,5	1,0	25
$\frac{7}{8}$	14	2,5	4,0	1,5	38	0,5	1,5	1,0	25
$\frac{7}{8}$	18	2,0	3,5	1,5	38	0,5	1,5	1,0	25
1	14	2,5	4,0	1,5	38	0,5	1,5	1,0	25
$1\frac{1}{8}$	12	2,5	4,0	1,5	38	0,5	2,0	1,5	38
$1\frac{1}{4}$	12	2,5	4,0	1,5	38	0,5	2,0	1,5	38
$1\frac{3}{8}$	12	2,5	4,0	1,5	38	0,5	2,0	1,5	38
$1\frac{1}{2}$	12	2,5	4,0	1,5	38	0,5	2,0	1,5	38

$$\delta h = \pm\, 0{,}5 \cdot 10^{-3}{}'' \;(13\,\mu)/1''.$$

Tabelle 248b. Toleranzen des Tap and Die Inst. für Stehbolzen-Gewindebohrer.

ϕ	z	Nennmaß		Außendurchmesser				Flankendurchmesser			
		d	d_2	$u\,(\div)$	$o\,(\div)$	Tol.		$u\,(\div)$	$o\,(+)$	Tol.	
Zoll		Zoll	Zoll	$^1/_{1000}{}''$	$^1/_{1000}{}''$	$^1/_{1000}{}''$	μ	$^1/_{100}{}''$	$^1/_{1000}{}''$	$^1/_{1000}{}''$	μ
$^3/_4$	12	0,7500	0,6959	1,0	5,0	4,0	102	0,5	3,5	3,0	76
$^7/_8$	12	0,8750	0,8209	1,0	5,0	4,0	102	0,5	3,5	3,0	76
1	12	1,0000	0,9459	1,0	5,0	4,0	102	0,5	3,5	3,0	76
$1^1/_8$	12	1,1250	1,0709	1 5	6,0	4,5	114	0,5	4,0	3,5	89
$1^1/_4$	12	1,2500	1,1959	1,5	6,0	4,5	114	0,5	4,0	3,5	89
$1^3/_8$	12	1,3750	1,3209	1,5	6,0	4,5	114	0,5	4,0	3,5	89
$1^1/_2$	12	1,5000	1,4459	1,5	6,0	4,5	114	0,5	4,0	3,5	89
$1^5/_8$	12	1,6250	1,5709	1,5	7,0	5,5	140	1.0	5,0	4,0	102
$1^3/_4$	12	1,7500	1,6959	1.5	7,0	5,5	140	1,0	5,0	4,0	102
$1^7/_8$	12	1,8750	1,8209	1,5	7,0	5,5	140	1,0	5,0	4,0	102
2	12	2,0000	1,9459	1,5	7,0	5,5	140	1,0	5,0	4 0	102

$$\delta h = \pm\, 3\cdot 10^{-3}{}''\ (76\,\mu)\ 1''.$$

Zu diesen hat auch das Tap and Die Institute sein Einverständnis erklärt.

Ausdrücklich wird darauf hingewiesen, daß die getroffenen Festsetzungen die Größe der damit hergestellten Werkstücke nicht gewährleisten, da diese auch von der Ausführung der Arbeit abhängt; die gemachten Angaben können somit nur für durchschnittliche Verhältnisse gelten.

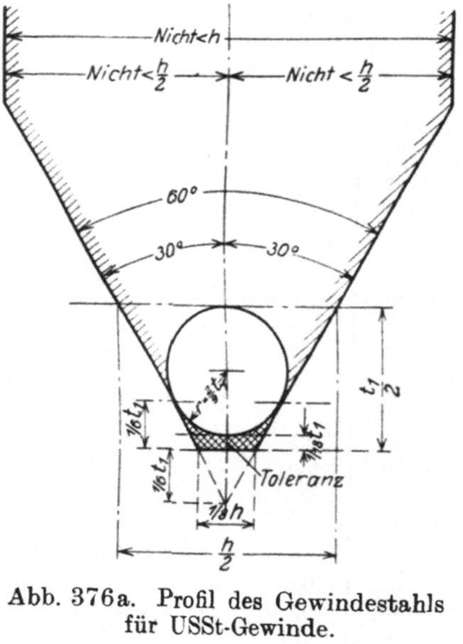

Die Form gewöhnlicher Einzahn-Drehstähle geht aus Abbildung 376a hervor; die für die Spitze zulässige Toleranz entspricht dem Unterschiede zwischen den Kerndurchmessern der beiden Profile in Abb. 20c und b (die das theoretische und das praktisch zulässige Profil darstellen). Die Stähle mit Abflachung sind leichter anzufertigen, während die mit Abrundung einer geringeren Abnutzung unterliegen.

Schulterstähle sind in ihrem Grunde (bis zum scharf ausgeschnittenen Profil) frei zu arbeiten, falls sie den Außendurchmesser nicht mitschneiden sollen; andernfalls werden sie mit der theoretischen Abflachung von $\frac{1}{8}\cdot h$ ausgeführt und können dann hier eine Minus-Toleranz bekommen, wodurch die Gewindetiefe des Stahls kleiner werden würde.

Abb. 376a. Profil des Gewindestahls für USSt-Gewinde.

Bei den Gewindebohrern ist die Toleranz an der Spitze naturgemäß entgegengesetzt zu verlegen (Abb. 376b), damit sie mit den Toleranzvorschriften für die Muttern in Einklang kommen. Die Zulässigkeit der Abrundung, wie sie sich durch die Abnutzung der Gewindebohrer ergibt, ist nicht besonders gekennzeichnet. Unbedingt notwendig war dies auch nicht, da sinngemäß jede Form zu-

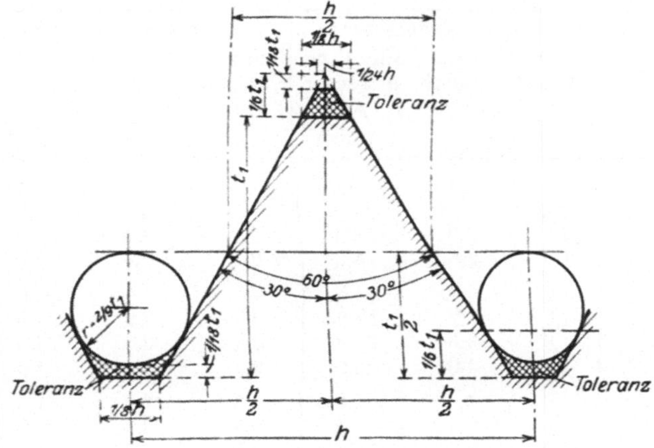

Abb. 376b.   Profil des Gewindebohrers für USSt-Gewinde.

lässig sein muß, die völlig innerhalb des schraffierten Teils an der Spitze bleibt. Für den Grund sind dieselben Abmessungen und Formen wie beim Einzahnstahl gewählt, woraus sich ergibt, daß der Gewindebohrer den von vornherein größer gebohrten Kern der Muttern nicht unmittelbar bearbeitet.

Es werden drei Gütegrade unterschieden, und zwar:

1. handelsübliche Gewindebohrer,

2. geschliffene Gewindebohrer X,

3. geschliffene Gewindebohrer Y.

Die handelsüblichen Gewindebohrer (Klasse 1) sollen im allgemeinen zur Anfertigung von Werkstücken benutzt werden, deren Toleranzen den weiten Sitz geben, ferner auch für die in Zoll angegebenen Durchmesser des leichten Sitzes (die kleineren Größen werden nicht hierdurch, sondern durch Nummern bezeichnet); ausgesuchte Gewindebohrer können auch für diese kleineren Größen und für die nach Zoll bezeichneten Durchmesser des mittleren Sitzes verwendet werden. Die geschliffenen Gewindebohrer X (Klasse 2) werden für den mittleren und engen Sitz empfohlen. Die geschliffenen Gewindebohrer Y (Klasse 3) unterscheiden sich dadurch von ihnen, daß sie ein positives unteres Abmaß und dadurch eine höhere Lebensdauer haben; sie sind deshalb für den mittleren Sitz vorzuziehen, während man für den engen Sitz unbedingt zu den geschliffenen Gewindebohrern X greifen muß.

112 Zu Seite 555—557.

Bevor in eine Besprechung der Toleranzen der Gewindebohrer (Tabelle 248c und d) eingetreten wird, sei erwähnt, daß die Tabellen der Nat. Screw Thread Comm. auch die sonstigen Abmessungen: Gesamtlänge, Gewindelänge, Schaftdurchmesser und Vierkant, und zwar

Tabelle 248c. Toleranzen für handelsübliche Gewindebohrer, USSt-Gewinde (Klasse 1).

Gangzahl/1"	ϕ	Außendurchmesser			Flankendurchmesser			
		unteres Abmaß $10^{-3}''$	oberes[1]) Abmaß $10^{-3}''$	Max. gemessener ϕ_{Fl}	unteres Abmaß $10^{-3}''$	oberes Abmaß $10^{-3}''$	Tol.	
z	Zoll	−	+	plus	−	+	$10^{-3}''$	μ
80		1,0	1,8	9,9	0,5	1,5	1,0	25
72		1,0	2,0	11,0	0,5	1,5	1,0	25
64		1,0	2,3	12,4	0,5	1,5	1,0	25
56		1,0	2,6	14,2	0,5	1,5	1,0	25
48		1,0	3,0	16,5	0,5	1,5	1,0	25
44		1,0	3,2	18,0	0,5	2,0	1,5	38
40		1,0	3,6	19 8	0,5	2,0	1,5	38
36		1,0	4,0	22,0	0,5	2,0	1,5	38
32		1,0	4,5	24,8	0,5	2,0	1,5	38
28		1,0	5,1	28,3	0,5	2,0	1,5	38
24		1,0	6,0	33,1	0,5	2,0	1,5	38
20		1,0	7,2	39,7	0,5	2,5	2,0	51
18		1,0	8,0	44,1	0,5	2,5	2,0	51
16		1,0	9,0	49,6	0,5	2,5	2,0	51
14		1,0	10,3	56,7	0,5	3,0	2,5	64
13		1,0	11,1	61,1	0,5	3,0	2,5	64
12		1,0[2])	12,1	66,2	0,5	3,0	2,5	64
11		1,0	13,2	72,2	0,5	3,0	2,5	64
10		1,0	14,4	79,4	0,5	3,5	3,0	76
9		1,0	16,0	88,2	0,5	3,5	3,0	76
8		1,0	18,0	99,2	0,5	3,5	3,0	76
7		1,5	20 6	113,4	0,5	4,0	3,5	89
6		1,5	24,0	132,3	0,5	4,0	3,5	89
5		1,5	28,9	158,8	1,0	5,0	4,0	102
$4^1/_2$	2	1,5	32,1	176,4	1,0	5,0	4,0	102
$4^1/_2$	$2^1/_4$	2,0	32,1	176,4	1,0	5,5	4,5	114
4	$2^1/_2$	2,0	36,1	198,5	1,0	5,5	4,5	114
4	$2^3/_4$	2,0	36,1	198,5	1,0	6,0	5,0	127
4	3	2,0	36,1	198,5	1,0	6,0	5,0	127

$$\delta h = \pm\, 3 \cdot 10^{-3}''\, 1''\ (76\,\mu\, 1'')$$

mit Toleranzen, festlegen; für die Längen sind sie beiderseitig ($\pm$) für die beiden anderen Größen einseitig als Minustoleranzen vorgesehen.

Auffallend ist, daß bei allen Gewindebohrern die zulässigen Steigungsabweichungen wie früher auf 1" bezogen sind; ihre Größe ist bei den handelsüblichen Gewindebohrern dieselbe wie früher, nämlich

---

[1]) Mit den im Text gegebenen Einschränkungen.
[2]) Bei der nur bis $1^1/_2''\ \phi$ ($z = 12$) genormten Feinreihe 1,5.

$\pm\, 3 \cdot 10^{-3}$ Zoll '1'', was bei starken Steigungen und den ihnen entsprechenden Einschraublängen viel zu große Fehler ergibt. Grundsätzlich dasselbe gilt auch für die geschliffenen Gewindebohrer, wenn auch hier die zulässigen Steigungsfehler auf $^1/_6$ jener Größe beschränkt sind. Ein Fortschritt gegen früher liegt darin, daß wenigstens bei ihren beiden Klassen die zulässigen Winkelabweichungen festgelegt sind. Die Durchmesser Toleranzen sind auch jetzt noch nicht streng nur als Funktion der Steigung durchgeführt (wie dies bei den Werkstücken der Fall ist); so finden sich bei derselben Steigung der Grob- und der Feinreihe und auch innerhalb derselben Reihe verschiedene Toleranzen.

Für den Außendurchmesser ist durchweg unmittelbar nur ein Kleinstwert angegeben, während für den Größtwert der Unterschied gegen den im Einzelfall vorhandenen Flankendurchmesser festgelegt ist. Das deckt sich zwar im wesentlichen mit den bei den Werkstücken getroffenen Festsetzungen. ist aber für den Betrieb außerordentlich beschwerlich, da eigentlich jedesmal der Flankendurchmesser gemessen, dann auf Grund der Ergebnisse der zulässige Größtwert des Außendurchmessers berechnet und schließlich dieser darauf hin kontrolliert werden müßte. Hier rächen sich also die unnötigen komplizierten Festsetzungen für den Größtwert des Außendurchmessers der Muttern. In den nachfolgenden Tabellen ist hier noch das obere Abmaß des Außendurchmessers berechnet, das sich beim theoretischen Flankendurchmesser ergeben würde. Das im Einzelfalle vorhandene erhält man durch Hinzuzählung des tatsächlich oberen Abmaßes des Flankendurchmessers. Es kann somit zum Beispiel bei $z = 80$ zwischen 2,3 und $3{,}3 \cdot 10^{-3}$ Zoll und demnach die Toleranz von 1,3 bis $2{,}3 \cdot 10^{-3}$ Zoll schwanken. Bei $z = 4\ (3''\varphi)$ sind die entsprechenden Werte für das obere Abmaß 37,1 bis 42,1 und für die Toleranz 35,1 bis $40{,}1 \cdot 10^{-3}$ Zoll. Aus diesem Grunde mußte auch von der Angabe von Toleranzen für den Außendurchmesser Abstand genommen werden. Dadurch ist ein Vergleich mit den früheren Zahlen erschwert, doch kann man immerhin so viel sagen, daß sie jetzt, namentlich bei den kleinen Gangzahlen, wesentlich größer gewählt sind. Bemerkt ist bei den handelsüblichen Gewindebohrern übrigens noch, daß beim gleichzeitigen Vorliegen des größten Flankendurchmessers und des größt zulässigen Steigungsfehlers ein damit geschnittenes Gewinde nicht mehr innerhalb der Grenzen bleibt. Es liegt dies eben daran, daß nicht darauf Rücksicht genommen ist, daß die Steigungs- (und auch die Winkel-)fehler eigentlich im Flankendurchmesser kompensiert werden müssen, was man z. B. dadurch erreichen könnte, daß man sowohl für den neuen wie den abgenutzten Gewindebohrer ein solches positives unteres Abmaß ansetzt, daß dadurch jener Ausgleich auf jeden Fall gesichert ist, wie dies schon für die Gewindelehren in Deutschland geschieht (s. Nachtrag zu S. 496).

Vergleicht man die jetzigen Festsetzungen, wie sie in Tabelle 248 c enthalten sind, mit den früheren, so bemerkt man, daß bei den handelsüblichen Gewindebohrern kein Unterschied mehr zwischen

Hand- und Muttergewindebohrern gemacht ist, für dessen Berechtigung auch kein Grund vorlag. Bei diesen sind die unteren Abmaße von Außen- und Flankendurchmesser (und wie schon erwähnt, auch die Steigungstoleranzen) gleich den früher für Handgewindebohrer festgesetzten Werten gewählt. Für das obere Abmaß und somit auch für die Toleranz des Flankendurchmessers gilt dies aber nur in bezug auf die Grobreihe, während sie bei der Feinreihe verengert wurden.

Die Angaben für die geschliffenen Gewindebohrer X (Klasse 2) unterscheiden sich von den früheren Vorschlägen, außer durch die Beschränkung auf die genormten Gewinde, nur durch die andere Festsetzung für den Größtwert des Außendurchmessers und die Hinzufügung der Toleranzen für den halben Flankenwinkel. Das Größtmaß des Außendurchmessers stimmt mit dem der Klasse 1 überein, während sein — für die Grob- und Feinreihe übrigens verschiedenes — unteres Abmaß höher liegt, die Toleranz also enger ist. Das untere Abmaß des Flankendurchmessers ist hier gleich 0, die Toleranz nur $^1/_2$ bis $^1/_3$ so groß als bei den handelsüblichen Gewindebohrern.

Bei den geschliffenen Gewindebohrern Y (Klasse 3) ist das untere Abmaß des Außendurchmessers durchweg etwas größer als bei X; für die Grob- und die Feinreihe ist es auch wieder verschieden gehalten. Das obere Abmaß ist dagegen dasselbe wie bei den anderen beiden Klassen, die Toleranz ist somit noch etwas enger. Für den Flankendurchmesser liegt das untere Abmaß etwas höher als bei den anderen beiden Klassen, die Toleranz ist bis doppelt so groß wie bei X und etwa halb so groß wie bei den handelsüblichen Gewindebohrern der Klasse 1; die zulässigen Winkelabweichungen sind um etwa $^1/_3$ höher angesetzt als bei X. Die bei Y vorgenommenen Erweiterungen der Toleranzen sind durchaus zulässig, da diese Gewindebohrer nur für den mittleren, die geschliffenen Gewindebohrer X daneben aber auch für den engen Sitz gebraucht werden sollen.

Die Drehstähle und Gewindebohrer für anormale Gewinde werden in bezug auf Form und Toleranzen genau so wie die für die normalen Gewinde ausgeführt. Auch bei jenen werden wieder 3 Klassen: handelsübliche, geschliffene X und geschliffene Y, unterschieden (Tabelle 248e und f). Ihre Herstellungsgenauigkeiten sind aber bei den anormalen Gewinden nicht mehr in Abhängigkeit von der Steigung, sondern merkwürdigerweise nur vom Durchmesser aufgestellt und können deshalb kaum mit denen für die normalen Gewinde verglichen werden; immerhin kann man so viel sagen, daß die unteren Abmaße und die Toleranzen der Größenordnung nach in beiden Fällen etwa dieselben sind; nur die Toleranzen des Flankendurchmessers der handelsüblichen Gewindebohrer sind bei den anormalen Gewinden merklich größer. Die unteren Abmaße und die Toleranzen sind ferner für Steigungen, die größer, und solche, die kleiner als die der Feinreihe des USSt-Gewindes sind, verschieden gewählt. Die zulässigen Steigungsfehler sind dieselben wie bei den normalen Ge-

Tabelle 248d. Toleranzen für geschliffene Gewindebohrer, USSt-Gewinde.

Gang-zahl/1" z	φ Zoll	X (Klasse 2) Außendurchmesser¹) unteres Abmaß $+10^{-3\prime\prime}$ Grob	Fein	X Flankendurchmesser unteres Abmaß $10^{-3\prime\prime}$	X oberes Abmaß (+) und Tol. $10^{-3\prime\prime}$	μ	X δa/2 ±Min.	Y (Klasse 3) Außendurchmesser¹) unteres Abmaß $+10^{-3\prime\prime}$ Grob	Fein	Y Flankendurchmesser unteres Abmaß $\cdot10^{-3\prime\prime}$	Y oberes Abmaß $+10^{-3\prime\prime}$	Y Tol. $10^{-3\prime\prime}$	μ	Y δa/2 ±Min.
28			2,0	0 0	0,8	20	18		2,5	0,5	1,5	1,0	25	24
24			2,0	0 0	0,8	20	16		2,5	0,5	1,5	1,0	25	22
20		2,0	2,5	0,0	0,8	20	15	2,5	3,0	0,5	1,5	1,0	25	20
18		2,0	2,5	0,0	0,8	20	15	2,5	3,0	0,5	1,5	1,0	25	20
16		2,0	3,0	0,0	0,8	20	15	2,6	3,6	0,6	1,7	1,1	28	19
14		2,5	3,0	0,0	0,9	23	15	3,2	3,7	0,7	1,9	1,2	30	19
13		2,5	—	0,0	0,9	23	14	3,2	—	0,7	2,0	1,3	33	18
12		2,5	4,0	0,0	1,0	25	14	3,3	4,8	0,8	2,2	1,4	36	18
11		2,5		0,0	1,0	25	13	3,3		0,8	2,2	1,4	36	18
10		3,0		0,0	1,1	28	13	3,9		0,9	2,3	1,4	36	17
9		3,0		0,0	1,2	30	13	4,0		1,0	2,5	1,5	38	17
8		3,0		0,0	1,3	33	12	4,1		1,1	2,7	1,6	41	17
7		4,0		0,0	1,4	35	12	5,2		1,2	3,0	1,8	46	16
6		4,0		0,0	1,5	38	12	5,4		1,4	3,6	2,2	57	16
5		5,0		0,0	1,5	38	12	6,6		1,6	4,1	2,5	64	16
4¹/₂	2	5,0		0,0	1,5	38	12	6,8		1,8	4,5	2,7	69	15
4¹/₂	2¹/₄	6,0		0,0	1,5	38	12	7,8		1,8	4,5	2,7	69	15
4	2¹/₂	6,0		0,0	1,5	38	11	9,0		2,0	5,0	3,0	76	15
4	2³/₄	7,0		0,0	1,5	38	11	9,0		2,0	5,0	3,0	76	15
4	3	7,0		0,0	1,5	38	11	9,0		2,0	5,0	3,0	76	15

$$\delta h = \pm\, 0{,}5 \cdot 10^{-3\prime\prime}/1^{\prime\prime}\ (13\,\mu/1^{\prime\prime}).$$

¹) Oberes Abmaß und Maximum wie in Tabelle 248c.

winden, dagegen ist für die zulässigen Abweichungen im halben Flankenwinkel bei den anormalen Gewinden ein konstanter Wert festgesetzt, der etwa dem Mittel der bei den normalen Gewinden angegebenen entspricht. Das bei diesen über die Größe der Toleranzen und ihre Brauchbarkeit gefällte Urteil kann somit auch hier aufrecht erhalten werden.

Die in den Tabellen 248 e und f angegebenen Abmaße sind von dem kleinsten Außendurchmesser (der im allgemeinen gleich dem theoretischen ist) bzw. vom kleinsten Flankendurchmesser der Mutter aus positiv zu nehmen.

Tabelle 248 e. Toleranzen für handelsübliche Gewindebohrer für amerikanische anormale Gewinde.

ϕ Zoll	ϕ_A unteres Abmaß(+) $10^{-3}{}''$	ϕ_{Fl}						
		$h >$ bei Feinreihe			$h <$ bei Feinreihe			
		Abmaß			Abmaß			
		unteres(+) $10^{-3}{}''$	oberes(+) $10^{-3}{}''$	Tol. $10^{-3}{}''$	unteres(+) $10^{-3}{}''$	oberes(+) $10^{-3}{}''$	Tol. $10^{-3}{}''$
$^1/_4 - {}^3/_8$	1,0	0,5	2,5	2,0	0,5	2,0	1,5
$^7/_{16} - {}^5/_8$	1,0	0,5	3,0	2,5	0,5	2,5	2,0
$^3/_4 - 1$	1,0	0,5	3,5	3,0	0,5	3,0	2,5
$1^1/_8 - 1^1/_2$	1,5	0,5	4,0	3,5	0,5	3,5	3,0
$1^5/_8 - 2$	1,5	1,0	5,0	4,0	0,5	3,5	3,0
$2^1/_8 - 2^1/_2$	1,5	1,0	5,5	4,5	0,5	4,0	3,5
$2^5/_8 - 3$	1,5	1,0	6,0	5,0	0,5	4,0	3,5
$3^1/_8 - 4$	1,5	1,0	6,5	5,5	0,5	5,0	4,5

$$\delta h = \pm\, 3 \cdot 10^{-3}{}''\; 1''$$

D. Gewindetoleranzen in Deutschland.

1. Die Toleranzen vor der Gewindenormung.

Zu S. 557. Gewindetoleranzen sind von einigen Firmen bereits um 1880 aufgestellt für den inneren Gebrauch, und zwar in der Regel als $\pm$-Toleranzen für die Durchmesser; sie betrugen meist $\pm 50\,\mu$; der Flankenwinkel wurde dagegen nur mit der Lupe, die Steigung mit der Gewindeschablone geschätzt. Dieser Zustand wurde unhaltbar, als von etwa der Jahrhundertwende ab Bolzen und Muttern an verschiedenen Stellen gefertigt wurden (11).

Zu S. 563. Für geschliffene Gewindebohrer gibt die Firma F. Herbert Lindner folgende Abmaße und Toleranzen an:

	Klasse I		Klasse II	
	Abmaße	Tol.	Abmaße	Tol.
ϕ_{Fl}	$+10\quad +35$	$25\,\mu$	$+5\quad +35$	$30\,\mu$
h		5 bis 10 $\mu/25$ mm		5 $\mu/25$ mm
α		$20'$		$15'$

Die Firma Johansson, Eskilstuna, unterscheidet drei Klassen:

A (genau) für Schraubenbolzen (geschliffene Gewindebohrer);

B (normal) für Maschinenschrauben (geschliffene Gewindebohrer);

C (gewöhnlich) für Handelsware (ungeschliffene Gewindebohrer).

Ihre (durchweg positiv gehaltenen) Abmaße und Toleranzen (in μ) für den Flankendurchmesser ergeben sich aus Tabelle 253a und b. Klasse B hat wesentlich höher liegende Abmaße und um etwa $50^0/_0$ größere Toleranzen als A. Bei Klasse C liegt das obere Abmaß noch höher als bei B, das untere dagegen zwischen denen für A und B; die Toleranz ist etwa viermal größer als bei Klasse B. Für Klasse C sind die Toleranzen auch größer als die in Tabelle 253 mitgeteilten Werte, während die der Klasse B wesentlich enger als die darin wiedergegebenen sind. Auffallend ist das Fehlen von Toleranzen für die Steigung und den Flankenwinkel.

Tabelle 248f. Toleranzen für geschliffene Gewindebohrer X und Y für anormale Gewinde.

	X					Y						
		ϕ_{Fl}					ϕ_{Fl}					
ϕ	ϕ_A	h bei Feinreihe Abmaß		h bei Feinreihe Abmaß		ϕ_A	h bei Feinreihe Abmaß			h bei Feinreihe Abmaß		
Zoll	unteres Abmaß(+) $10^{-3}''$	unteres $10^{-3}''$	oberes(+) und Tol. $10^{-3}''$	unteres $10^{-3}''$	oberes(+) und Tol. $10^{-3}''$	unteres Abmaß(+) $10^{-3}''$	unteres(+) $10^{-3}''$	oberes(+) $10^{-3}''$	Tol. $10^{-3}''$	unteres(+) $10^{-3}''$	oberes(+) $10^{-3}''$	Tol. $10^{-3}''$
$1/4$—$3/8$	2,0	0,0	0,8	0,0	0,8	2,5	0,6	1,6	1,0	0,5	1,5	1,0
$7/16$—$1/2$	2,5	0,0	0,9	0,0	0,8	3,0	0,7	1,8	1,1	0,5	1,5	1,0
$9/16$—$5/8$	2,5	0,0	1,0	0,0	0,8	3,5	0,8	2,1	1,3	0,6	1,6	1,0
$3/4$—1	3,0	0,0	1,2	0,0	0,9	4,0	1,0	2,5	1,5	0,7	2,0	1,3
$1\,1/8$—$1\,1/2$	4,0	0,0	1,5	0,0	1,0	5,0	1,2	3,2	2,0	0,8	2,3	1,5
$1\,5/8$—2	5,0	0,0	1,5	0,0	1,5	6,5	1,5	4,0	2,5	1,0	2,8	1,8
$2\,1/8$—$2\,1/2$	5,0	0,0	1,5	0,0	1,5	8,0	2,0	5,0	3,0	1,0	3,0	2,0
$2\,5/8$—3	5,0	0,0	1,5	0,0	1,5	8,0	2,0	5,0	3,0	1,5	4,0	2,5
$3\,1/8$—4	5,0	0,0	1,5	0,0	1,5	8,0	2,0	5,0	3,0	1,5	4,0	2,5

X: $\delta h = \pm\,0{,}5 \cdot 10^{-3}{}''/1''$; $\delta a/2 = \pm\,15'$

Y: $\delta h = \pm\,0{,}5 \cdot 10^{-3}{}''/1''$; $\delta a/2 = \pm\,20'$

Tabelle 253a. Toleranzen für Gewindebohrer der Firma Johansson
für SI-Gewinde.
(— Abmaße und Tol. des Flankendurchmessers.)

| d | h | Klasse A | | | Klasse B | | | Klasse C | | |
| | | o | u | Tol. | o | u | Tol. | o | u | Tol. |
mm	mm	μ	μ	μ	μ	μ	μ	μ	μ	μ
2,0	0,4							35	10	25
2,3	0,4							35	10	25
2,6	0,45							35	10	25
3,0	0,5							35	10	25
3,5	0,6							35	10	25
4,0	0,7							35	10	25
4,5	0,75							35	10	25
5,0	0,8							35	10	25
5,5	0,9							35	10	25
6,0	1,0							50	15	35
7	1,0							50	15	35
8	1,25	8	3	5	26	18	8	50	15	35
9	1,25	8	3	5	27	19	8	50	15	35
10	1,5	9	3	6	30	20	10	50	15	35
11	1,5	9	3	6	31	21	10	50	15	35
12	1,75	10	3	7	33	23	10	50	15	35
14	2,0	11	4	7	37	25	12	65	15	50
16	2,0	12	4	8	39	27	12	65	15	50
18	2,5	13	5	8	43	30	13	65	15	50
20	2,5	13	5	8	45	31	14	65	15	50
22	2,5	14	5	9	46	32	14	65	15	50
24	3,0	15	5	10	51	35	16	65	15	50
27	3,0	16	6	10	53	36	17	85	20	65
30	3,5	17	6	11	58	40	18	85	20	65
33	3,5	18	6	12	60	41	19	85	20	65
36	4,0	20	7	13	65	45	20	85	20	65
39	4,0	21	7	14	69	47	22	105	25	80
42	4,5	22	8	14	71	49	22	105	25	80
45	4,5	22	8	14	72	50	22	105	25	80
48	5,0	23	8	15	77	53	24	105	25	80
52	5,0	24	9	15	79	54	25	120	30	90

2. Die NDI-Gewindetoleranzen.

Zu S. 576. Die Ergebnisse der Messungen an den Schrauben
sind auch durch neuere Messungen in Österreich bestätigt. Danach
lagen $40^0/_0$ der geprüften Schrauben innerhalb der Fein-, $25^0/_0$ innerhalb der Mittel-, $16^0/_0$ innerhalb der Grobtoleranz, während die Abmessungen der restlichen $20^0/_0$ sogar noch diese überschritten, also
Rohschrauben waren. Der verhältnismäßig große Anteil der Feintoleranz erklärt sich daraus, daß die österreichischen Messungen
einige Jahre später als die deutschen angestellt wurden, wo die Herstellung bereits weiter vorgeschritten war.

Zu S. 578. Das Mindestspiel im Flankendurchmesser ist — infolge der anderweitigen Festsetzung der Herstellungsgenauigkeit der

Tabelle 253b. Toleranzen für Gewindebohrer der Firma Johansson
für Whitworth-Gewinde.
(— Abmaße und Tol. des Flankendurchmessers.)

d Zoll	z	Klasse A			Klasse B			Klasse C		
		o μ	u μ	Tol. μ	o μ	u μ	Tol. μ	o μ	u μ	Tol. μ
$1/16$	60							35	10	25
$3/32$	48							35	10	25
$1/8$	40							35	10	25
$5/32$	32							35	10	25
$3/16$	24							35	10	25
$7/32$	24							35	10	25
$1/4$	20							50	15	35
$5/16$	18	8	3	5	28	20	8	50	15	35
$3/8$	16	9	3	6	31	22	9	50	15	35
$7/16$	14	10	4	6	34	24	10	50	15	35
$1/2$	12	11	4	7	37	26	11	65	15	50
$9/16$	12	11	4	7	38	27	11	65	15	50
$5/8$	11	12	4	8	40	28	12	65	15	50
$3/4$	10	13	5	8	44	31	13	65	15	50
$7/8$	9	14	5	9	48	33	15	65	15	50
1	8	15	6	9	51	36	15	85	20	65
$1\,1/8$	7	16	6	10	56	40	16	85	20	65
$1\,1/4$	7	16	6	10	57	40	17	85	20	65
$1\,3/8$	6	18	7	11	63	45	18	85	20	65
$1\,1/2$	6	18	7	11	64	45	19	105	25	80
$1\,5/8$	5	21	8	13	72	51	21	105	25	80
$1\,3/4$	5	21	8	13	73	51	22	105	25	80
$1\,7/8$	$4\,1/2$	23	9	14	78	55	23	105	25	80
2	$4\,1/2$	23	9	14	79	56	23	120	30	90

Lehren — selbst im ungünstigsten Falle zu etwa $1/6$ GPE anzusetzen.
Bei den Feinschrauben kann, wenn zufällig Bolzen und Muttern zusammentreffen, die beide nach völlig abgenutzten Lehren hergestellt
sind, das Mindestspiel 0 auftreten. Dieser theoretisch mögliche Grenz-
fall wird aber in Wirklichkeit nie vorkommen, so daß man auch bei
den Feintoleranzen praktisch immer mit einem — allerdings sehr
kleinen — Spiel rechnen kann, das auch zum Zusammenschrauben
notwendig ist.

Zu S. 578 579. Die Toleranzen für Außen- und Kerndurchmesser
müssen beim metrischen und beim Whitworth-Gewinde in verschiedener Weise angesetzt werden. Bei ersterem machen sich nämlich
immer wieder die auf S. 165 ff. erwähnten Mißstände bemerkbar. So
ergab sich bei Versuchen in einer Firma, daß sich etwa $60^0/_0$ der
Muttern, die sich mit den Bolzen ohne weiteres paaren ließen, nicht
auf einen Gewindelehrdorn aufschrauben ließen, dessen Außendurchmesser gleich dem theoretischen der Mutter war. Als Grund dafür
stellte sich heraus, daß sich die Gewindebohrer im Außendurchmesser
infolge der scharfen Krümmung so stark abnutzten, daß der der

Mutter unter seinen theoretischen Wert sank. Radikale Abhilfe ließe sich hier nur durch Wahl eines anderen Profils, etwa nach den Erörterungen auf S. 166 schaffen, was aber nicht ohne internationale Verständigung und auch nicht ohne schwere, wahrscheinlich untragbare wirtschaftliche Opfer der Industrie möglich wäre. Es zeigte sich nun aber, daß die notwendigen Vorteile größerer Krümmungshalbmesser (ohne diese grundsätzliche Änderung des theoretischen Profils) durch entsprechende Wahl der Lage und der Größe der Toleranzen zu erreichen sind (weshalb die früheren Festsetzungen dafür geändert wurden). Dazu wird nämlich je $^3/_4$ des Spitzenspiels a für die Toleranz des Außendurchmessers der Mutter und des Kerndurchmessers des Bolzens mit ausgenutzt, so daß also das untere Abmaß des Außendurchmessers der Mutter um $1{,}5 \cdot a = 67{,}5 \cdot h$ unter seinem theoretischen Maß liegt. Auf dieses wird dann eine Toleranz von etwa dem Doppelten der des Flankendurchmessers gesetzt, so daß das obere Abmaß gleich $2 \cdot \delta \phi_{Fl} - 67{,}5 \cdot h$ wird. Vom Nennmaß (des Bolzens) aus gerechnet ist das untere Abmaß $+ 22{,}5 \cdot h$ und das obere $+ (22{,}5 \cdot h + 2 \cdot \delta \phi_{Fl})$. Das obere Abmaß des Bolzens wird 0, seine (selbstverständlich nach Minus liegende) Toleranz und damit auch sein unteres Abmaß gleich $1{,}5 \cdot \delta \phi_{Fl}$. Die entsprechenden Festsetzungen gelten auch für die Kerndurchmesser. Es fällt somit das obere Abmaß des Bolzens mit dem des Schraubeneisens (nach Tabelle 269a) zusammen, was ohne weiteres zulässig, da das Gewinde in der Regel mit Schneideisen hergestellt wird, welche das Profil des Bolzens nach DIN 13/14 aufweisen, so daß ein Vorquetschen des Werkstoffs über das theoretische Maß hinaus auf keinen Fall eintreten kann. Somit bleibt auch sicher ein Mindestspiel von $\frac{1}{4} \cdot a = 11{,}25 \cdot h$.

Das Whitworth-Gewinde nach DIN 11 weist kein Spitzenspiel auf. Da es nun aber unmöglich ist, ein Gewinde so herzustellen, daß es zugleich im Flankendurchmesser, in den Spitzen und im Grunde trägt, so hatte sich die Praxis bisher dadurch geholfen, daß die Gewindebohrer im Außen- und Kerndurchmesser größer ausgeführt und dadurch das unbedingt nötige Spitzenspiel erzielt wurde [in England hat man, wie früher erwähnt, aus diesem Grunde die Mutter in allen drei Durchmessern um $^2/_{1000}{}''$, also um $51\,\mu$ (nach den neueren Vorschlägen um $^{0,5}/_{1000}{}'' = 13\,\mu$) größer gehalten]. Als daher die Schwarzschrauben-Industrie, welche vorzugsweise das Whitworth-Gewinde nach DIN 11 verwendet, die Aufstellung von Toleranzen hierfür wünschte, verlangte sie, daß dadurch zugleich ein Spitzenspiel vorgesehen werde, das in die Mutter verlegt werden sollte. Dies hätte den Vorteil gehabt, daß das Größtmaß des Bolzens gleich seinem theoretischen Wert bleibt und somit die bisherigen Schneideisen und Schneideisenbohrer beibehalten werden konnten, ferner auch dieselben Gewindelehrringe wie bei DIN 12 (da dieses ja das Profil des Gewindes nach DIN 11 hat und dafür die Toleranzen auch bereits vorlagen). Dagegen hätte man andere Gewindebohrer mit größerem Außen- und Kerndurchmesser und demgemäß

kleinerem Abrundungshalbmesser als den theoretischen Werten gebraucht. Dies hätte aber zu scharfe Spitzen ergeben, ferner würden
sich im Kern die Späne leichter stopfen und die Gewindebohrer ab-
brechen (außerdem hätte man andere Gewindelehrdorne zum Prüfen
der Muttern als bei DIN 12 benötigt). Da aber die Angaben für
Außen- und Kerndurchmesser nur Richtmaße sind, die nur auf besonderes Verlangen geprüft werden, so hätte man allerdings ruhig
Gewindelehren mit dem theoretischen Profil von DIN 11 (wie auch
zur Prüfung der Gewinde nach DIN 12) nehmen können. Die Frage
der Gewindelehren war also ohne Bedeutung für die Verlegung des
Spitzenspiels; aber auch die der Schneidzeuge spielt keine ausschlag-
gebende Rolle. Wenn nämlich der Größtwert des Außendurchmessers
der Mutter bei DIN 11 und 12 gleich vorgesehen wird, so kann man
für beide Profile denselben Gewindebohrer benutzen, nur ist er bei
DIN 11 nicht so weit abzunutzen.

Um nun eine größere Abnutzung zuzulassen und ferner die oben
angeführten Mißstände beim Schneiden der Muttergewinde zu vermeiden, empfahl es sich, das Spitzenspiel je zur Hälfte in den Bolzen
und in die Mutter zu verlegen. Damit erreichte man auch, daß man
für den kleinsten Kerndurchmesser des Bolzens und für den größten
Außendurchmesser der Mutter dieselben Werte wie bei DIN 12
nehmen, also bei den beiden Whitworth-Gewinden nach DIN 11
und 12 dieselben Werkzeuge benutzen konnte und doch auch bei
DIN 11, trotz des Spitzenspiels, eine genügende Toleranz übrig be-
hielt. Dem wurde auch in der Sitzung des Gewindeausschusses im
Dezember 1924 zugestimmt.

Später wurde dann aber von mehreren Seiten gewünscht, überhaupt kein Mindestspitzenspiel festzulegen, also bis an das theoretische Profil herangehen zu können. Dieser Widerspruch klärte sich
aber dahin auf, daß zwar die Schrauben in der Praxis ungewollt ein
Spitzenspiel erhalten (s. Abb. 47a und b), daß aber bei stark abgenutzten Schneidzeugen es gelegentlich einmal vorkommen kann, daß
die Abmessungen bis an das theoretische Profil herangehen. Es war
somit nur eine Frage der Kontrolle der Schneidzeuge, bzw. der Menge
des Ausschusses. Deshalb sind die befürchteten Schwierigkeiten bei
einiger Aufmerksamkeit leicht zu vermeiden. Ferner ist auch infolge
der Toleranzen des Schraubeneisens und bei richtiger Herstellung
des Kernlochs in der Mutter nicht zu befürchten, daß der Werkstoff
bis an das theoretische Profil heran vorfließt. In Anbetracht der
großen Vorteile eines Mindestspitzenspieles (s. Nachtrag zu S. 165),
welches ein Tragen in den Spitzen ausschließt und somit im allgemeinen eine brauchbare Flankenanlage verbürgt, kam der Gewindeausschuß im Dezember 1925 (15) doch zu dem einmütigen Beschluß,
ein Mindestspitzenspiel festzulegen. Selbstverständlich mußte es kleiner
als bei DIN 12 gehalten werden. Maßgebend für seine Größe war,
daß der größte Außendurchmesser des Bolzens größer als das stärkste
Schraubeneisen (nach Tabelle 270a) zu bleiben hatte, um möglichst
wenig Material herunterschneiden zu müssen und damit die Schneid-

zeuge zu schonen. Dies wurde (von zwei unbedeutenden Ausnahmen abgesehen) durch die Wahl des Mindestspieles zu etwa $12 \cdot h$ erreicht (nur bei den feinen Gewinden wurde etwas von dieser Regel abgewichen).

Demgemäß ist das obere Abmaß des Außendurchmessers des Bolzens zu etwa $- 12 \cdot h$ festgesetzt. Um im übrigen möglichste Übereinstimmung mit DIN 12 zu erhalten, wurde das untere Abmaß wie bei diesem gewählt (s. weiter unten). Ebenso wurde das untere Abmaß des Außendurchmessers der Muttern gleich $+ 12 \cdot h$ und das obere gleich $2 \cdot \delta \, \phi_{Fl}$ genommen. Ganz entsprechend ist bei den Kerndurchmessern verfahren. Das Mindest-Spitzenspiel ist mit $12 \cdot h$ praktisch gleich dem des metrischen Gewindes.

Beim Whitworth-Gewinde mit Spitzenspiel nach DIN 12 mußte man z. T. anders vorgehen, da sonst die Tragflächen (seines großen theoretischen Spitzenspiels von $a = 74 \cdot h$ wegen) zu klein ausgefallen wären. Es wurde deshalb je $^1/_2 \, a$ für die Toleranz des Außendurchmessers des Bolzens und des Kerndurchmessers der Mutter mit ausgenutzt. Mit Rücksicht auf die Abmaße des Schraubeneisens (s. Tabelle 270a) ließ sich hier die Toleranz auch nicht mehr in GPE aufstellen, vielmehr war es nötig, das untere Abmaß (des Außendurchmessers des Bolzens) zu 0, $- 100$ bzw. $- 250 \, \mu$ (vom theoretischen Profil aus gerechnet) anzusetzen. Das Spitzenspiel konnte hier so stark ausgenutzt werden, da es wesentlich größer als beim metrischen Gewinde ist, ferner bestand auch ein gewisser Zwang dafür, da das Whitworth-Gewinde nach DIN 12 im allgemeinen mit denselben Werkzeugen wie bei DIN 11 geschnitten wird, und somit mit einem Vorquetschen des Materials gerechnet werden muß.

Für den Außendurchmesser der Mutter (und den Kerndurchmesser des Bolzens) wäre es das Nächstliegende gewesen, die äußeren Abmaße vom theoretischen Profil aus zu $2 \cdot \delta \, \phi_{Fl}$ anzusetzen. Um aber möglichste Übereinstimmung mit den Toleranzen für DIN 11 zu haben, wurde (beim Außendurchmesser der Mutter) wie bei diesem Gewinde das untere Abmaß gleich $+ 12 \cdot h$, das obere gleich $2 \cdot \delta \, \phi_{Fl}$ und die Toleranz somit gleichfalls zu $2 \cdot \delta \, \phi_{Fl} - 12 \cdot h$ festgesetzt.

Durch diese Bestimmungen ist erreicht, daß man für die beiden Whitworth-Gewinde nach DIN 11 und 12 dieselben Schneidzeuge und dieselben Gewindelehren benutzen kann; das gilt auch noch für die Kontrolle der Ausschußseite aller drei Durchmesser, von denen praktisch ja nur die des Flankendurchmessers in Frage kommt, ferner auch noch für die Kontrolle der Gutseite des Kerndurchmessers des Bolzens und des Außendurchmessers der Mutter, falls diese wirklich einmal vorgenommen werden soll.

Da die Muttern jetzt vielfach kalt gestanzt werden, so hängt der Verbrauch an Werkzeugen wesentlich von dem Durchmesser des Kernloches ab. Man wird dieses also möglichst groß wählen. Da bei scharfen Gewindebohrern kein Vorquetschen des Materials erfolgt, so zwangen diese wirtschaftlichen Gründe dazu, das obere Abmaß des Kerndurchmessers der Mutter möglichst groß anzusetzen. Es wurde deshalb bei allen drei Klassen von Schrauben gleich dem Werte gewählt, der ursprünglich nur bei der Grobtoleranz vorgesehen war. Dies konnte unbedenklich geschehen, da die dadurch bedingte Verringerung der Tragfläche nach den früheren Ausführungen ohne wesentliche Bedeutung ist. Dafür sprach auch, daß vielfach die Abweichungen in der Steigung, im Flankenwinkel und im Flanken-

Tabelle 260a. **Ergänzung zu Einschraublängen (Mutterhöhen m) der Schrauben mit metrischem und Whitworth-Gewinde nach DIN 934 ($m \sim 0,8\,h$)**

Metrisches Gewinde		Whitworth-Gewinde			Metrisches Gewinde		Whitworth-Gewinde		
ϕ	m	ϕ	ϕ	m	ϕ	m	ϕ	ϕ	m
mm	mm	Zoll	mm	mm	mm	mm	Zoll	mm	mm
1,7	1,7				39	30	$1^1/_2$	38,10	30
2,0	2,0				42	32	$1^5/_8$	41,28	32
2,3	2,3				45	35	$1^3/_4$	44,45	35
2,6	2,6				48	38	$1^7/_8$	47,63	38
3,0	3,0				52	40	2	50,80	40
3,5	3,5				56	45	$2^1/_4$	57,15	45
4,0	4,0				60	50			
4,5	4,5				64	50	$2^1/_2$	63,50	50
5,0	4,5				68	55	$2^3/_4$	69,85	55
5,5	5,0				72	55			
6	5,5	$^1/_4$	6,35	5,5	76	60	3	76,20	60
7	5,5				80	65			
8	6,5	$^5/_{16}$	7,94	6,5	84	65	$3^1/_4$	82,55	65
9	8				89	70	$3^1/_2$	88,90	70
10	8	$^3/_8$	9,53	8	94	75	$3^3/_4$	95,25	75
11	9,5	$^7/_{16}$	11,11	9,5	99	80	4	101,60	80
12	11	$^1/_2$	12,70	11	104	85			
14	11				109	85	$4^1/_4$	107,95	85
16	13	$^5/_8$	15,88	13	114	90	$4^1/_2$	114,30	90
18	16				119	95	$4^3/_4$	120,66	95
20	16	$^3/_4$	19,05	16	124	100	5	127,01	100
22	18	$^7/_8$	22,23	18	129	105			
24	18				134	105	$5^1/_4$	133,36	105
27	20	1	25,40	20	139	110	$5^1/_2$	139,71	110
30	22	$1^1/_8$	28,58	22	144	115	$5^3/_4$	146,06	115
33	25	$1^1/_4$	31,75	25	149	115			
36	28	$1^3/_8$	34,93	28	154	120	6	152,41	120

durchmesser innerhalb einer engeren Güteklasse blieben, so daß diese Schrauben, nur der größeren Abweichung im Kerndurchmesser wegen, in einen geringeren Gütegrad hätten eingeordnet werden müssen.

Dasselbe auch im Außendurchmesser des Bolzens vorzunehmen, war nicht nötig, da man hier durch vorhergehendes Aussuchen des Schraubeneisens ohne wesentliche Mehrkosten in der Lage ist, die geforderten Toleranzen innezuhalten. Jene Festsetzungen für das obere Abmaß des Kerndurchmessers der Mutter gelten sowohl für das metrische wie für die beiden Whitworth-Gewinde.

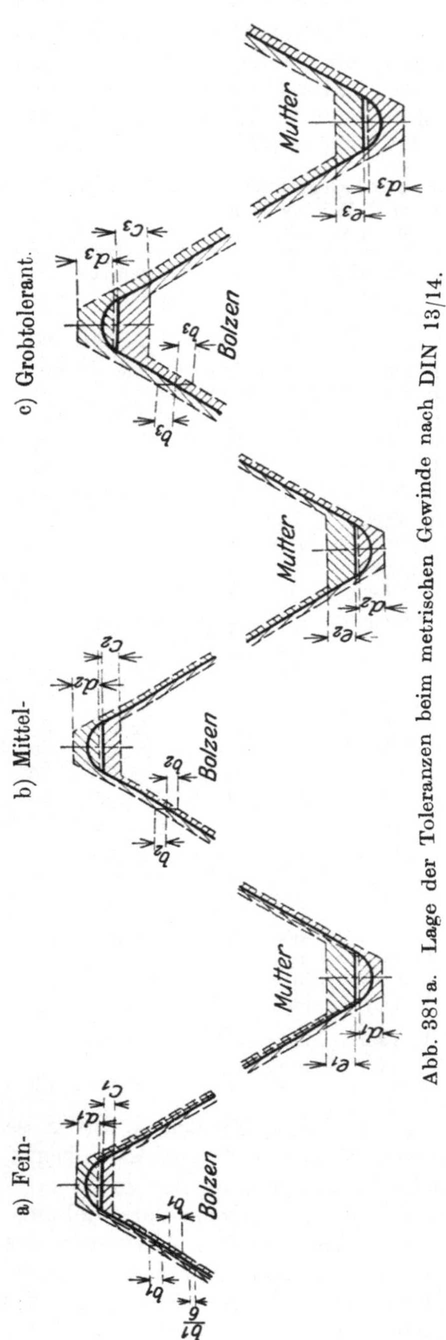

Abb. 381 a. Lage der Toleranzen beim metrischen Gewinde nach DIN 13/14.

Zu S. 580. Verteilung der Steigungs- und Winkelfehler δh und $\delta\alpha/2$. Von manchen Seiten ist gewünscht worden, daß je die halbe Flankendurchmesser Toleranz zur Kompensation der δh und $\delta\alpha/2$ verwendet werden sollte. Diese ganze Frage hat aber nur ein theoretisches Interesse, da sie in der Praxis gar nicht in Erscheinung tritt. Es kommt hier nur darauf an, daß die δh und $\delta\alpha/2$ zusammen zu ihrem Ausgleich keinen größeren Betrag als $\delta\phi_{\mathrm{Fl}}$ benötigen, während die tatsächliche Verteilung auf beide in keiner Weise geprüft werden kann (s. Nachtrag zu S. 491). Anders ist es dagegen bei den Lehren, wo diesem Wunsche nicht nur Rechnung getragen ist, sondern die Winkeltoleranzen sogar herauf gesetzt sind.

Zu S. 581. Mutterhöhe m. In Tabelle 260, Spalte Whitworth-Gewinde ϕ Zoll, lauten die beiden letzten Zeilen von unten $1^1/_4$ und $1^3/_8$ und sind in der Nebenspalte mm folgende Änderungen anzubringen: 9,53; 15,88; 22,23; 28,58; 34,93; 41,28; 47,63.

Außer diesen Mutterhöhen, welche bis 52 mm gleich dem Durchmesser sind, sind in DIN 934 (welche auch für metrisches Feingewinde 3 nach DIN 243 von 5 bis 52 mm, für Withworth-Feingewinde 1 nach DIN 239 für 68 bis 99 mm, für Whitworth-Feingewinde 2 nach DIN 240 von 20 bis 154 mm und für Whitworth-Rohrgewinde nach DIN 259 und 260 von $^1/_8$ bis $5^1/_2''$ Durchmesser gilt) auch Muttern mit der Höhe $m \sim 0,8 \cdot d$ genormt (Ergänzungstabelle 260 a) [1]). Es ist aber davon Abstand genommen, für diese die Steigungsfehler herabzusetzen, da dies nur etwa $7\,^0/_0$ ausmachen würde (s. Nachtrag zu S. 596), für den Flankendurchmesser würde die Toleranz sogar nur um $4\,^0/_0$ enger

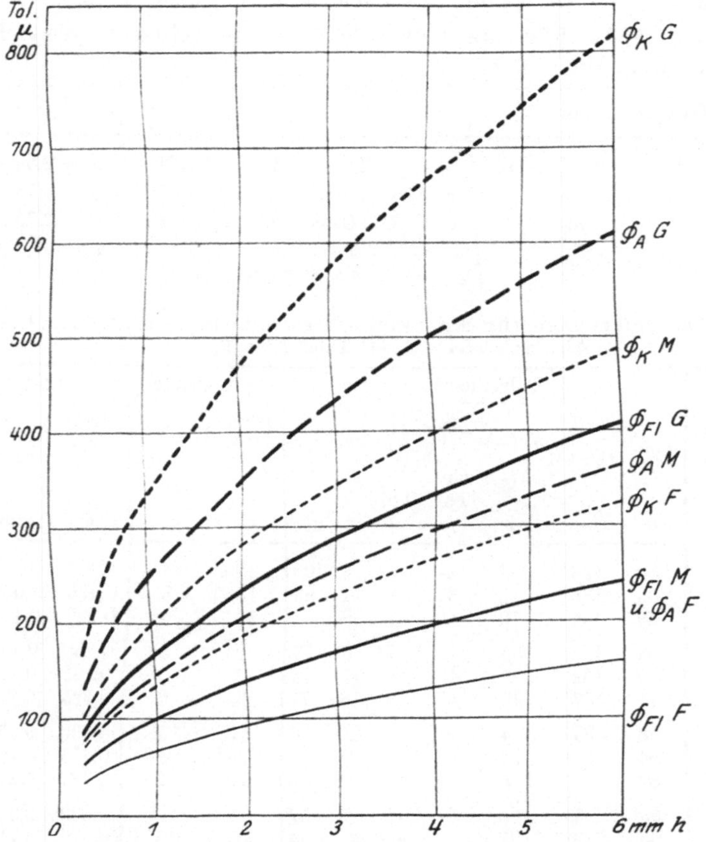

Abb. 382 a. Verlauf der Toleranzen von Flanken-, Außen- und Kerndurchmesser des Bolzens mit der Steigung beim metrischen Gewinde (die Kurve für $\phi_A\,G$ stellt zugleich die Toleranz des Kerndurchmessers der Mutter für alle drei Gütegrade dar).

gewählt werden können. Es wäre auch aus wirtschaftlichen Gründen nicht gerechtfertigt gewesen, dieser geringfügigen Änderungen wegen für die niedrigen Muttern eine zweite Reihe von Toleranz-Tabellen aufzustellen und auch einen zweiten Satz anderer Prüfgeräte vorzu-

---

[1]) In Amerika sind die Mutterhöhen bis $0,7 \cdot d$ und die Kopfhöhen bis $0,6 \cdot d$ herabgesetzt. Dies ist auch unbedenklich, da nach Versuchen, bei der Firma Bauer & Schaurte, Neuß, bei Mutterhöhen bis $0,47 \cdot d$ vor Zerstörung des Gewindes stets die Streckgrenze des Bolzens überschritten und die Selbstsperrung (auch bei Erschütterungen) stets völlig ausreichend war (18).

schreiben. Für die Bolzen verbot sich dies auch aus dem Grunde, daß man nicht voraussehen kann, ob sie mit der höheren oder der niedrigeren Mutter gepaart werden. Um sicher zu gehen, muß man bei ihnen die Toleranzen doch immer für den ersteren Fall ansetzen.

Zu S. 581. 10. Zeile von oben muß es heißen: $C \cdot p_1 \cdot m \cdot \sqrt{h}$.

Zu S. 583. Für das metrische Gewinde gelten folgende Festsetzungen[1] (Abb. 381a):

Toleranzen für		fein	mittel	grob
ϕ_{Fl} Bolzen und Mutter		$b_1 = 1$ GPE	$b_2 = 1{,}5$ GPE	$b_3 = 2{,}5$ GPE
ϕ_A "		$c_1 = 1{,}5$ GPE	$c_2 = 2{,}25$ GPE	$c_3 = 3{,}75$ GPE
	ϕ_K "	$e_1 = 3{,}75$ GPE	$e_2 = 3{,}75$ GPE	$e_3 = 3{,}75$ GPE
ϕ_K " " ϕ_A "		$d_1 = 67{,}5 \cdot h +$	$d_2 = 67 \cdot 5 \cdot h +$	$d_3 = 67{,}5 \cdot h +$
		$(2$ GPE $- 67{,}5 \cdot h)$	$(3$ GPE $- 67{,}5 \cdot h)$	$(5$ GPE $- 67{,}5 \cdot h)$

Tabelle 261a. Toleranzen für metrisches Gewinde nach DIN 13 und 14, Abmaße (DIN 2244, Tafel 1 bis 3).

(Linke Randbeschriftung, senkrecht: Toleranzen fein)

| h | Durch-messer | Toleranzen | | | | | | | Spitzenspiel | | Tragtiefe | | |
| | | $d(-)$ | $D_1(+)$ | $d_1(-)$ / $D(÷)$ | $d_2(-)$, $D_2(÷)$ / Ges. Tol. | $\frac{1}{6}$ Tol. | $h \pm$ | $\frac{1}{2}\alpha \pm$ | nach DIN 13 u.14 a | Kleinstmaß a' | nach DIN 13 u.14 t_2 | Kleinstmaß t_2' | $\dfrac{t_2'}{t_2}$ |
mm	mm	μ	μ	μ	μ	μ	μ	Min.	μ	μ	mm	mm	
0,25	1; 1,2	50	126	67	34	6	13	103	12	3	0,162	0,074	0,46
0,3	1,4	55	138	73	37	6	14	93	13	3	0,195	0,099	0,51
0,35	1,7	59	149	79	40	7	15	87	16	4	0,227	0,123	0,54
0,4	2; 2,3	64	158	85	42	7	16	79	18	5	0,260	0,149	0,57
0,45	2,6	67	169	95	45	8	17	76	21	5	0,292	0,174	0,60
0,5	3	71	177	95	47	8	18	71	22	6	0,325	0,201	0,62
0,6	3,5	78	195	104	52	9	20	66	27	7	0,390	0,254	0,65
0,7	4	84	210	112	56	9	21	61	31	8	0,455	0,308	0,68
0,75	4,5	87	217	116	58	10	22	59	34	9	0,487	0,335	0,69
0,8	5	90	225	120	60	10	23	57	36	9	0,520	0,363	0,70
0,9	5,5	95	239	127	64	11	25	54	40	10	0,585	0,418	0,71
1	6; 7	101	251	134	67	11	26	51	45	11	0,650	0,474	0,73
1,25	8; 9	112	281	150	75	12	29	45	56	14	0,812	0,616	0,76
1,5	10; 11	123	307	164	82	14	31	41	68	17	0,974	0,759	0,78
1,75	12	133	332	177	88	15	34	38	78	20	1,137	0,905	0,80
2	14; 16	142	355	190	95	16	37	36	90	23	1,299	1,051	0,81
2,5	18; 20; 22	159	397	212	106	18	40	32	112	28	1,624	1,346	0,83
3	24; 27	174	435	232	116	19	44	29	135	34	1,949	1,645	0,85
3,5	30; 33	188	470	251	125	21	48	27	158	40	2,273	1,944	0,86
4	36; 39	201	502	270	134	22	51	25	180	45	2,598	2,247	0,87
4,5	42; 45	213	532	303	142	24	54	24	202	51	2,923	2,551	0,87
5	48; 52	225	561	338	150	25	57	23	225	56	3,248	2,850	0,88
5,5	56; 60	236	588	372	157	26	60	22	248	62	3,572	3,160	0,88
6	64 u. >	246	615	405	164	27	63	21	270	68	3,897	3,467	0,89

[1] Toleranzen in μ, wobei h in mm einzusetzen ist.

Fortsetzung von Tabelle 261 a.

	h	Durchmesser	Toleranzen $d(-)$ $D(+)$	$D_1(+)$	$d_1(-)$ $D(+)$	$d_2(-)$ $D_2(\div)$	h $\pm$	$\tfrac{1}{2}\alpha$ $\pm$	Spitzenspiel nach DIN 13 u.14 a	Kleinstmaß a'	Tragtiefe nach DIN 13 u.14 t_2	Kleinstmaß t_2'	$\dfrac{t_2'}{t_2}$
	mm	mm	μ	μ	μ	μ	μ	Min.	μ	μ	mm	mm	
Toleranzen mittel	0,25	1; 1,2	75	126	101	50	19	151	12	3	0,162	0,062	0,38
	0,3	1,4	82	138	110	55	21	139	13	3	0,195	0,085	0,44
	0,35	1,7	89	149	119	59	23	128	16	4	0,227	0,108	0,48
	0,4	2; 2,3	95	158	127	64	25	121	18	5	0,260	0,134	0,52
	0,45	2,6	101	169	135	67	26	113	21	5	0,292	0,157	0,54
	0,5	3	107	177	142	71	27	107	22	6	0,325	0,183	0,56
	0,6	3,5	117	195	156	78	30	98	27	7	0,390	0,234	0,60
	0,7	4	126	210	168	84	32	91	31	8	0,455	0,287	0,63
	0,75	4,5	130	217	174	87	34	88	34	9	0,487	0,314	0,64
	0,8	5	135	225	180	90	35	85	36	9	0,520	0,340	0,65
	0,9	5,5	143	239	191	95	37	80	40	10	0,585	0,394	0,67
	1	6; 7	151	251	201	101	39	77	45	11	0,650	0,449	0,69
	1,25	8; 9	169	281	225	112	43	68	56	14	0,812	0,587	0,72
	1,5	10; 11	184	307	246	123	47	62	68	17	0,974	0,729	0,75
	1,75	12	199	332	266	133	51	58	78	20	1,137	0,872	0,77
	2	14; 16	214	355	284	142	55	54	90	23	1,299	1,015	0,78
	2,5	18; 20; 22	238	397	318	159	61	48	112	28	1,624	1,307	0,80
	3	24; 27	261	435	348	174	67	44	135	34	1,949	1,601	0,82
	3,5	30; 33	282	470	376	188	72	41	158	40	2,273	1,897	0,84
	4	36; 39	302	502	402	201	78	38	180	45	2,598	2,196	0,85
	4,5	42; 45	319	532	426	213	82	36	202	51	2,923	2,497	0,85
	5	48; 52	337	561	449	225	87	34	225	56	3,248	2,799	0,86
	5,5	56; 60	353	588	470	236	91	32	248	62	3,572	3,102	0,87
	6	64 u. >	369	615	492	246	95	31	270	68	3,897	3,405	0,88
Toleranzen grob	0,25	1; 1,2	126	126	168	84	32	254	12	3	0,162	0,036	0,22
	0,3	1,4	138	138	183	92	35	232	13	3	0,195	0,057	0,29
	0,35	1,7	149	149	199	99	38	214	16	4	0,227	0,078	0,34
	0,4	2; 2,3	158	158	212	106	41	201	18	5	0,260	0,102	0,39
	0,45	2,6	169	169	225	112	43	188	21	5	0,292	0,123	0,42
	0,5	3	177	177	237	118	46	179	22	6	0,325	0,148	0,46
	0,6	3,5	195	195	259	130	50	164	27	7	0,390	0,195	0,50
	0,7	4	210	210	280	140	54	152	31	8	0,455	0,245	0,54
	0,75	4,5	217	217	290	145	56	146	34	9	0,487	0,270	0,55
	0,8	5	225	225	300	150	58	142	36	9	0,520	0,295	0,57
	0,9	5,5	239	239	318	159	61	134	40	10	0,585	0,346	0,59
	1	6; 7	251	251	335	168	65	127	45	11	0,650	0,399	0,61
	1,25	8; 9	281	281	375	187	72	113	56	14	0,812	0,531	0,65
	1,5	10; 11	307	307	410	205	79	103	68	17	0,974	0,667	0,68
	1,75	12	332	332	443	222	86	96	78	20	1,137	0,805	0,71
	2	14; 16	355	355	474	237	92	90	90	23	1,299	0,944	0,73
	2,5	18; 20; 22	397	397	530	265	100	80	112	28	1.624	1,227	0,76
	3	24; 27	435	435	580	290	110	73	135	34	1,949	1,514	0,78
	3,5	30; 33	470	470	627	313	120	68	158	40	2.273	1,803	0,79
	4	36; 39	502	502	670	335	128	64	180	45	2,598	2,096	0,81
	4,5	42; 45	532	532	711	355	136	60	202	51	2,923	2,391	0,82
	5	48; 52	561	561	749	375	143	57	225	56	3,248	2,687	0,83
	5,5	56; 60	588	588	786	393	150	54	248	62	3,572	2,984	0,84
	6	64 u. >	615	615	821	410	157	52	270	68	3,897	3,282	0,84

Die Angaben für Außen- und Kerndurchmesser D, D_1, d und d_1 sind von nachgeordneter Bedeutung und werden bei der Abnahme nicht besonders geprüft. Alle anderen Angaben sind für die Abnahme verbindlich.

Die Steigungstoleranz gilt für zwei beliebige innerhalb der Einschraublänge liegende Gänge.

Zu Seite 590.

Tabelle 262a. Toleranzen für metrisches Gewinde nach DIN 13 und 14. Grenzmaße fein (DIN 2245).

Durch-messer	h	d		d_1		d_2		D		D_1		D_2	
		Größt-maß	Kleinst-maß	Größt-maß	Kleinst-maß	Größt-maß	Kleinst-maß	Kleinst-maß	Größt-maß	Kleinst-maß	Größt-maß	Kleinst-maß	Größt-maß
mm	mm	mm	mm	mm	mm	mm	mm	mm	mm	mm	mm	mm	mm
1	0,25	1,000	0,950	0,670	0,603	0,844	0,810	1,006	1,073	0,676	0,802	0,838	0,872
1,2	0,25	1,200	1,150	0,870	0,803	1,044	1,010	1,206	1,093	0,876	1,002	1,038	1,072
1,4	0,3	1,400	1,345	1,003	0,930	1,211	1,174	1,407	1,480	1,010	1,148	1,205	1,242
1,7	0,35	1,700	1,641	1,238	1,159	1,480	1,440	1,708	1,787	1,246	1,395	1,473	1,513
2	0,4	2,000	1,936	1,471	1,386	1,747	1,705	2,009	2,094	1,480	1,638	1,740	1,782
2,3	0,4	2,300	2,236	1,771	1,686	2,047	2,005	2,309	2,394	1,780	1,938	2,040	2,082
2,6	0,45	2,600	2,533	2,006	1,916	2,316	2,271	2,610	2,700	2,016	2,185	2,308	2,353
3	0,5	3,000	2,929	2,338	2,243	2,683	2,636	3,012	3,107	2,350	2,527	2,675	2,722
3,5	0,6	3,500	3,422	2,706	2,602	3,119	3,067	3,514	3,618	2,720	2,915	3,110	3,162
4	0,7	4,000	3,916	3,074	2,962	3,554	3,498	4,016	4,128	3,090	3,300	3,545	3,601
4,5	0,75	4,500	4,413	3,509	3,293	4,023	3,965	4,517	4,633	3,526	3,743	4,013	4,071
5	0,8	5,000	4,910	3,942	3,822	4,490	4,430	5,018	5,138	3,960	4,185	4,480	4,540
5,5	0,9	5,500	5,405	4,309	4,182	4,926	4,862	5,521	5,648	4,330	4,569	4,915	4,979
6	1	6,000	5,899	4,677	4,543	5,361	5,294	6,023	6,157	4,700	4,951	5,350	5,417
7	1	7,000	6,899	5,677	5,543	6,361	6,294	7,023	7,157	5,700	5,951	6,350	6,417
8	1,25	8,000	7,888	6,348	6,198	7,200	7,125	8,028	8,178	6,376	6,657	7,188	7,263
9	1,25	9,000	8,888	7,348	7,198	8,200	8,125	9,028	9,178	7,376	7,657	8,188	8,263
10	1,5	10,000	9,877	8,018	7,854	9,040	8,958	10,034	10,198	8,052	8,359	9,026	9,108
11	1,5	11,000	10,877	9,018	8,854	10,040	9,958	11,034	11,198	9,052	9,359	10,026	10,108
12	1,75	12,000	11,867	9,687	9,510	10,878	10,790	12,039	12,216	9,726	10,058	10,863	10,951
14	2	14,000	13,858	11,357	11,167	12,717	12,622	14,045	14,235	11,402	11,757	12,701	12,796
16	2	16,000	15,858	13,357	13,167	14,717	14,622	16,045	16,235	13,402	13,757	14,701	14,796
18	2,5	18,000	17,841	14,696	14,484	16,394	16,288	18,056	18,268	14,752	15,149	16 376	16,482
20	2,5	20,000	19,841	16,696	16,484	18,394	18,288	20,056	20,268	16,752	17,149	18,376	18,482
22	2,5	22,000	21,841	18,696	18,484	20,394	20,288	22,056	22,268	18,752	19,149	20,376	20,482
24	3	24,000	23,826	20,034	19,802	22,070	21,954	24,068	24,300	20,102	20,537	22,051	22,167
27	3	27,000	26,826	23,034	22,802	25,070	24,954	27,068	27,300	23,102	23,537	25,051	25,167
30	3,5	30,000	29,812	25,375	25,124	27,748	27,623	30,079	30,330	25,454	25,924	27,727	27,852
33	3,5	33,000	32,812	28,375	28,124	30,748	30,623	33,079	33,330	28,454	28,924	30,727	30,852

Durch-messer	h	d		d₁		d₂		D		D₁		D₂	
		Größt-maß	Kleinst-maß	Größt-maß	Kleinst-maß	Größt-maß	Kleinst-maß	Kleinst-maß	Größt-maß	Kleinst-maß	Größt-maß	Kleinst-maß	Größt-maß
mm	mm	mm	mm	mm	mm	mm	mm	mm	mm	mm	mm	mm	mm
36	4	36,000	35,799	30,714	30,444	33,424	33,290	36,090	36,360	30,804	31,306	33,402	33,536
39	4	39,000	38,799	33,714	33,444	36,424	36,290	39,090	39,360	33,804	34,306	36,402	36,536
42	4,5	42,000	41,787	36,053	35,750	39,101	38,959	42,101	42,404	36,154	36,686	39,077	39,219
45	4,5	45,000	44,787	39,053	38,750	42,101	41,959	45,101	45,404	39,154	39,686	42,077	42,219
48	5	48,000	47,775	41,392	41,054	44,777	44,627	48,112	48,450	41,504	42,065	44,752	44,902
52	5	52,000	51,775	45,392	45,054	48,777	48,627	52,112	52,450	45,504	46,065	48,752	48,902
56	5,5	56,000	55,764	48,732	48,360	52,454	52,297	56,124	56,496	48,856	49,444	52,428	52,585
60	5,5	60,000	59,764	52,732	52,360	56,454	56,297	60,124	60,496	52,856	53,444	56,428	56,585
64	6	64,000	63,754	56,071	55,666	60,130	59,966	64,135	64,540	56,206	56,821	60,103	60,267
68	6	68,000	67,754	60,071	59,666	64,130	63,966	68,135	68,540	60,206	60,821	64,103	64,267
72	6	72,000	71,754	64,071	63,666	68,130	67,966	72,135	72,540	64,206	64,821	68,103	68,267
76	6	76,000	75,754	68,071	67,666	72,130	71,966	76,135	76,540	68,206	68,821	72,103	72,267
80	6	80,000	79,754	72,071	71,666	76,130	75,966	80,135	80,540	72,206	72,821	76,103	76,267
84	6	84,000	83,754	76,071	75,666	80,130	79,966	84,135	84,540	76,206	76,821	80,103	80,267
89	6	89,000	88,754	81,071	80,666	85,130	84,966	89,135	89,540	81,206	81,821	85,103	85,267
94	6	94,000	93,754	86,071	85,666	90,130	89,966	94,135	94,540	86,206	86,821	90,103	90,267
99	6	99,000	98,754	91,071	90,666	95,130	94,966	99,135	99,540	91,206	91,821	95,103	95,267
104	6	104,000	103,754	96,071	95,666	100,130	99,966	104,135	104,540	96,206	96,821	100,103	100,267
109	6	109,000	108,754	101,071	100,666	105,130	104,966	109,135	109,540	101,206	101,821	105,103	105,267
114	6	114,000	113,754	106,071	105,666	110,130	109,966	114,135	114,540	106,206	106,821	110,103	110,267
119	6	119,000	118,754	111,071	110,666	115,130	114,966	119,135	119,540	111,206	111,821	115,103	115,267
124	6	124,000	123,754	116,071	115,666	120,130	119,966	124,135	124,540	116,206	116,821	120,103	120,267
129	6	129,000	128,754	121,071	120,666	125,130	124,966	129,135	129,540	121,206	121,821	125,103	125,267
134	6	134,000	133,754	126,071	125,666	130,130	129,966	134,135	134,540	126,206	126,821	130,103	130,267
139	6	139,000	138,754	131,071	130,666	135,130	134,966	139,135	139,540	131,206	131,821	135,103	135,267
144	6	144,000	143,754	136,071	135,666	140,130	139,966	144,135	144,540	136,206	136,821	140,103	140,267
149	6	149,000	148,754	141,071	140,666	145,130	144,966	149,135	149,540	141,206	141,821	145,103	145,267

Die Angaben für Außen- und Kerndurchmesser D, D_1, d und d_1 sind von nachgeordneter Bedeutung und werden bei der Abnahme nicht besonders geprüft. Alle anderen Angaben sind für die Abnahme verbindlich.

Bei den Gewinden mit über 3,5 mm Steigung sind die Toleranzen für den Kerndurchmesser des Bolzens und den Außendurchmesser der Mutter so erhöht, daß ihr Kleinst- bzw. Größtmaß mit den theoretischen Werten nach DIN 14 zusammenfällt.

Tabelle 263a. Toleranzen für metrisches Gewinde nach DIN 13 und 14. Grenzmaße mittel (DIN 2246).

Durch-messer	h	d		d₁		d₂		D		D₁		D₂	
		Größt-maß	Kleinst-maß	Größt-maß	Kleinst-maß	Größt-maß	Kleinst-maß	Kleinst-maß	Größt-maß	Kleinst-maß	Größt-maß	Kleinst-maß	Größt-maß
mm	mm	mm	mm	mm	mm	mm	mm	mm	mm	mm	mm	mm	mm
1	0,25	1,000	0,925	0,670	0,569	0,838	0,788	1,006	1,107	0,676	0,802	0,838	0,888
1,2	0,25	1,200	1,125	0,870	0,769	1,038	0,988	1,206	1,307	0,876	1,002	1,038	1,088
1,4	0,3	1,400	1,318	1,003	0,893	1,205	1,150	1,407	1,507	1,010	1,148	1,205	1,260
1,7	0,35	1,700	1,611	1,238	1,119	1,473	1,414	1,708	1,827	1,246	1,395	1,473	1,532
2	0,4	2,000	1,905	1,471	1,344	1,740	1,676	2,009	2,136	1,480	1,638	1,740	1,804
2,3	0,4	2,300	2,205	1,771	1,644	2,040	1,976	2,309	2,436	1,780	1,938	2,040	2,104
2,6	0,45	2,600	2,499	2,006	1,871	2,308	2,241	2,610	2,745	2,016	2,185	2,308	2,375
3	0,5	3,000	2,893	2,338	2,196	2,675	2,604	3,012	3,154	2,350	2,527	2,675	2,746
3,5	0,6	3,500	3,383	2,706	2,550	3,110	3,032	3,514	3,670	2,720	2,915	3,110	3,188
4	0,7	4,000	3,874	3,074	2,906	3,545	3,461	4,016	4,184	3,090	3,300	3,545	3,629
4,5	0,75	4,500	4,370	3,509	3,335	4,013	3,926	4,517	4,691	3,526	3,743	4,013	4,100
5	0,8	5.000	4,865	3,942	3,762	4,480	4,390	5,018	5,198	3,960	4,185	4,480	4,570
5,5	0,9	5,500	5,357	4,309	4,118	4,915	4,820	5,521	5,712	4,330	4,569	4,915	5,010
6	1	6,000	5,849	4,677	4,476	5,350	5,249	6,023	6,224	4,700	4,951	5,350	5,451
7	1	7,000	6,849	5,677	5,476	6,350	6,249	7,023	7,224	5,700	5,951	6,350	6,451
8	1,25	8,000	7,831	6,348	6,123	7,188	7,076	8,028	8,253	6,376	6,657	7,188	7,300
9	1,25	9,000	8,831	7,348	7,123	8,188	8,076	9,028	9,253	7,376	7,657	8,188	8,300
10	1,5	10,000	9,816	8,018	7,772	9,026	8,903	10,034	10.280	8,052	8,359	9,026	9,149
11	1,5	11,000	10,816	9,018	8,772	10,026	9,903	11,034	11,280	9,052	9,359	10,026	10,149
12	1,75	12,000	11,801	9,687	9,421	10,863	10,730	12,039	12,305	9,726	10,058	10,863	10,996
14	2	14,000	13,786	11,357	11,073	12,701	12,559	14,045	14,329	11,402	11,757	12,701	12,843
16	2	16,000	15,786	13,357	13,073	14,701	14,559	16,045	16,329	13 402	13,757	14,701	14,843
18	2,5	18,000	17,762	14,696	14,378	16,376	16,217	18,056	18,374	14,752	15,149	16,376	16,535
20	2,5	20,000	19,762	16,696	16,378	18,376	18,217	20,056	20.374	16,752	17,149	18,376	18,535
22	2,5	22,000	21,762	18,696	18,378	20,376	20,217	22,056	22,374	18,752	19,149	20,376	20,535
24	3	24,000	23,739	20,034	19,686	22,051	21,877	24,068	24,416	20,102	20,537	22,051	22,225
27	3	27,000	26,739	23,034	22,686	25,051	24,877	27,068	27,416	23,102	23,537	25,051	25,225
30	3,5	30,000	29,718	25,375	24,999	27,727	27,539	30,079	30,455	25,454	25,924	27,727	27,915
33	3,5	33,000	32,718	28,375	27,999	30,727	30,539	33,079	33,455	28,454	28,924	30,727	30,915

Durchmesser	h	d		d_1		d_2		D		D_1		D_2	
		Größtmaß	Kleinstmaß	Größtmaß	Kleinstmaß	Größtmaß	Kleinstmaß	Kleinstmaß	Größtmaß	Kleinstmaß	Größtmaß	Kleinstmaß	Größtmaß
mm	mm	mm	mm	mm	mm	mm	mm	mm	mm	mm	mm	mm	mm
36	4	36,000	35,698	30,714	30,312	33,402	33 201	36,090	36,492	30,804	31,306	33,402	33,603
39	4	39,000	38,698	33,714	33,312	36,402	36,201	39,090	39.492	33,804	34,306	36,402	36,603
42	4,5	42,000	41,681	36,053	35,627	39,077	38,864	42,101	42,527	36,154	36,686	39,077	39.290
45	4,5	45,000	44,681	39,053	38,627	42,077	41,864	45,101	45,527	39,154	39,686	42,077	42,290
48	5	48,000	47,663	41,392	40,943	44,752	44,527	48,112	48,561	41,504	42,065	44,752	44,977
52	5	52.000	51,663	45,392	44,943	48,752	48 527	52,112	52,561	45,504	46,065	48,752	48,977
56	5,5	56,000	55,647	48,732	48,262	52,428	52,192	56,124	56,594	48,856	49,444	52,428	52,664
60	5,5	60,000	59,647	52,732	52,262	56,428	56,192	60,124	60,594	52,856	53,444	56,428	56,664
64	6	64,000	63,631	56,071	55,579	60,103	59,857	64,135	64,627	56,206	56,821	60,103	60,349
68	6	68,000	67,631	60,071	59,579	64.103	63,857	68,135	68,627	60,206	60,821	64,103	64,349
72	6	72,000	71,631	64,071	63.579	68,103	67,857	72,135	72,627	64,206	64,821	68,103	68 349
76	6	76,000	75,631	68,071	67,579	72,103	71,857	76,135	76,627	68,206	68,821	72,103	72,349
80	6	80,000	79,631	72,071	71,579	76,103	75,857	80,135	80,627	72,206	72,821	76,103	76,349
84	6	84,000	83,631	76,071	75 579	80,103	79,857	84,135	84,627	76,206	76,821	80,103	80 349
89	6	89,000	88,631	81,071	80,579	85,103	84,857	89,135	89,627	81,206	81,821	85,103	85,349
94	6	94,000	93,631	86,071	85,579	90,103	89,857	94,135	94,627	86,206	86,821	90,103	90,349
99	6	99,000	98,631	91,071	90,579	95,103	94,857	99,135	99,627	91,206	91,821	95,103	95,349
104	6	104.000	103,831	96,071	95,579	100,103	99,857	104,135	104,627	96,206	96,821	100,103	100,349
109	6	109,000	108,631	101,071	100,579	105,103	104,857	109,135	109,627	101,206	101,821	105,103	105,349
114	6	114,000	113,631	106,071	105,579	110,103	109,857	114,135	114,627	106,206	106,821	110,103	110,349
119	6	119,000	118,631	111,071	110,579	115,103	114,857	119,135	119,627	111,206	111,821	115,103	115,349
124	6	124,000	123,631	116,071	115,579	120,103	119,857	124,135	124,627	116,206	116,821	120,103	120,349
129	6	129,000	128,631	121,071	120,579	125,103	124,857	129,135	129,627	121,206	121,821	125,103	125,349
134	6	134,000	133,631	126,071	125,579	130,103	129,857	134,135	134,627	126,206	126,821	130,103	130,349
139	6	139,000	138,631	131,071	130,579	135,103	134,857	139,135	139,627	131,206	131,821	135,103	135,349
144	6	144,000	143,631	136,071	135,579	140,103	139,857	144,135	144,627	136,206	136,821	140,103	140,349
149	6	149,000	148,631	141,071	140,579	145,103	144,857	149,135	149,627	141,206	141,821	145,103	145,349

9*

Die Angaben für Außen- und Kerndurchmesser D, D_1, d und d_1 sind von nachgeordneter Bedeutung und werden bei der Abnahme nicht besonders geprüft. Alle anderen Angaben sind für die Abnahme verbindlich.

Zu Seite 590.

Tabelle 264a. Toleranzen für metrisches Gewinde nach DIN 13 und 14. Grenzmaße grob (DIN 2247).

Durchmesser	h	d		d_1		d_2		D		D_1		D_2	
		Größtmaß	Kleinstmaß	Größtmaß	Kleinstmaß	Größtmaß	Kleinstmaß	Kleinstmaß	Größtmaß	Kleinstmaß	Größtmaß	Kleinstmaß	Größtmaß
mm	mm	mm	mm	mm	mm	mm	mm	mm	mm	mm	mm	mm	mm
1	0,25	1,000	0,874	0,670	0,502	0,838	0,754	1,006	1,174	0,676	0,802	0,838	0,922
1,2	0,25	1,200	1,074	0,870	0,702	1,038	0,954	1,206	1,374	0,876	1,002	1,038	1,122
1,4	0,3	1,400	1,262	1,003	0,820	1,205	1,113	1 407	1,590	1,010	1,148	1,205	1,297
1,7	0,35	1,700	1,551	1,238	1,039	1,473	1,374	1,708	1,907	1,246	1,395	1,473	1,572
2	0,4	2,000	1,842	1,471	1,259	1,740	1,634	2,009	2,221	1,480	1,638	1,740	1,846
2,3	0,4	2,300	2,142	1,771	1,559	2,040	1,934	2,309	2,521	1,780	1,938	2,040	2,146
2,6	0,45	2,600	2,431	2,006	1,781	2,308	2,196	2,610	2,835	2,016	2,185	2,308	2,420
3	0,5	3,000	2,823	2,338	2,101	2,675	2,557	3,012	3,249	2,350	2,527	2,675	2,793
3,5	0,6	3,500	3,305	2,706	2,447	3,110	2,980	3,514	3,773	2,720	2,915	3,110	3,240
4	0,7	4,000	3,790	3,074	2,794	3,545	3,405	4,016	4,296	3,090	3,300	3,545	3,685
4,5	0,75	4,500	4,283	3,509	3,219	4,013	3,868	4,517	4,807	3,526	3,743	4,013	4,158
5	0,8	5,000	4,775	3,942	3,642	4,480	4,330	5,018	5,318	3,960	4,185	4,480	4,630
5,5	0,9	5,500	5,261	4,309	3,991	4,915	4,756	5,521	5,839	4,330	4,569	4,915	5,074
6	1	6,000	5,749	4,677	4,342	5,350	5,182	6,023	6,358	4,700	4,951	5,350	5,518
7	1	7,000	6,749	5,677	5,342	6,350	6,182	7,023	7,358	5,700	5,951	6,350	6,518
8	1,25	8,000	7,719	6,348	5,973	7,188	7,001	8,028	8,403	6,376	6,657	7,188	7,375
9	1,25	9,000	8,719	7,348	6,973	8,188	8,001	9,028	9,403	7,376	7,657	8,188	8,375
10	1,5	10,000	9,693	8,018	7,608	9,026	8,821	10,034	10,444	8,052	8,359	9,026	9,231
11	1,5	11,000	10,693	9,018	8,608	10,026	9,821	11,034	11,444	9,052	9,359	10,026	10,231
12	1,75	12,000	11,668	9,687	9,244	10,863	10,641	12,039	12,482	9,726	10,058	10,863	11,085
14	2	14,000	13,645	11,357	10,883	12,701	12,464	14,045	14,519	11,402	11,757	12,701	12,938
16	2	16,000	15,645	13,357	12,883	14,701	14,464	16,045	16,519	13,402	13,757	14,701	14,938
18	2,5	18,000	17,603	14,696	14,166	16,376	16,111	18,056	18,586	14,752	15,149	16,376	16,641
20	2,5	20,000	19,603	16,696	16,166	18,376	18,111	20,056	20,586	16,752	17,149	18,376	18,641
22	2,5	22,000	21,603	18,696	18,166	20,376	20,111	22,056	22,586	18,752	19,149	20,376	20,641
24	3	24,000	23,565	20,034	19,454	22,051	21,761	24,068	24.648	20,102	20,537	22,051	22,341
27	3	27,000	26,565	23,034	22,454	25,051	24,761	27,068	27,648	23,102	23,537	25,051	25,341
30	3,5	30,000	29,530	25,375	24,748	27,727	27,414	30,079	30,706	25,454	25,924	27,727	28,040
33	3,5	33,000	32,530	28,375	27,748	30,727	30,414	33,079	33,706	28,454	28,924	30,727	31.040

| Durch-messer | h | d | | d₁ | | d₂ | | D | | D₁ | | D₂ | |
| | | Größt-maß | Kleinst-maß | Größt-maß | Kleinst-maß | Größt-maß | Kleinst-maß | Kleinst-maß | Größt-maß | Kleinst-maß | Größt-maß | Kleinst-maß | Größt-maß |
mm	mm	mm	mm	mm	mm	mm	mm	mm	mm	mm	mm	mm	mm
36	4	36,000	35,498	30,714	30,044	32,402	33,067	36,090	36,760	30,804	31,306	33,402	33,737
39	4	39,000	38,498	33,714	33,044	36,402	36,067	39,090	39,760	33,804	34,306	36,402	36,737
42	4,5	42,000	41,468	36,053	35,342	39,077	38,722	42,101	42,812	36,154	36,686	39,077	34,432
45	4,5	45,000	44,468	39,053	38,342	42,077	41,722	45,101	45,812	39,154	39,686	42,077	42,432
48	5	48,000	47,439	41,392	40,643	44,752	44,377	48,112	48,861	41,504	42,065	44,752	45,127
52	5	52,000	51,439	45,392	44,643	48,752	48,377	52,112	52,861	45,504	46,065	48,752	49,127
56	5,5	56,000	55,412	48,732	47,946	52,428	52,035	56,124	56,910	48,856	49,444	52,428	52,821
60	5,5	60,000	59,412	52,732	51,946	56,428	56,035	60,124	60,910	52,856	53,444	56,428	56,821
64	6	64,000	63,385	56,071	55,250	60,103	59,693	64,135	64,956	56,206	56,821	60,103	60,513
68	6	68,000	67,385	60,071	59,250	64,103	63,693	68,135	68,956	60,206	60,821	64,103	64,513
72	6	72,000	71,385	64,071	63,250	68,103	67,693	72,135	72,956	64,206	64,821	68,103	68,513
76	6	76,000	75,385	68,071	67,250	72,103	71,693	76,135	76,956	68,206	68,821	72,103	72,513
80	6	80,000	79,385	72,071	71,250	76,103	75,693	80,135	80,956	72,206	72,821	76,103	76,513
84	6	84,000	83,385	76,071	75,250	80,103	79,693	84,135	84,956	76,206	76,821	80,103	80,513
89	6	89,000	88,385	81,071	80,250	85,103	84,693	89,135	89,956	81,206	81,821	85,103	85,513
94	6	94,000	93,385	86,071	85,250	90,103	89,693	94,135	94,956	86,206	86,821	90,103	90,513
99	6	99,000	98,385	91,071	90,250	95,103	94,693	99,135	99,956	91,206	91,821	95,103	95,513
104	6	104,000	103,385	96,071	95,250	100,103	99,693	104,135	104,956	96,206	96,821	100,103	100,513
109	6	109,000	108,385	101,071	100,250	105,103	104,693	109,135	109,956	101,206	101,821	105,103	105,513
114	6	114,000	113,385	106,071	105,250	110,103	109,693	114,135	114,956	106,206	106,821	110,103	110,513
119	6	119,000	118,385	111,071	110,250	115,103	114,693	119,135	119,956	111,206	111,821	115,103	115,513
124	6	124,000	123,385	116,071	115,250	120,103	119,693	124,135	124,956	116,206	116,821	120,103	120,513
129	6	129,000	128,385	121,071	120,250	125,103	124,693	129,135	129,956	121,206	121,821	125,103	125,513
134	6	134,000	133,385	126,071	125,250	130,103	129,693	134,135	134,956	126,206	126,821	130,103	130,513
139	6	139,000	138,385	131,071	130,250	135,103	134,693	139,135	139,956	131,206	131,821	135,103	135,513
144	6	144,000	143,385	136,071	135,250	140,103	139,693	144,135	144,956	136,206	136,821	140,103	140,513
149	6	149,000	148,385	141,071	140,250	145,103	144,693	149,135	149,956	141,206	141,821	145,103	145,513

Die Angaben für Außen- und Kerndurchmesser D, D_1, d und d_1 sind von nachgeordneter Bedeutung und werden bei der Abnahme nicht besonders geprüft. Alle anderen Angaben sind für die Abnahme verbindlich.

Dabei stellt das Glied $67,5 \cdot h$ das vom theoretischen Maß aus beim Bolzen positiv zu nehmende obere Abmaß des Kerndurchmessers, die Klammer sein vom theoretischen Maß aus negativ zu nehmendes unteres Abmaß dar, während die Toleranz 2, 3 bzw. 5 *GPE* beträgt; das Entsprechende gilt für den Außendurchmesser der Mutter.

Zu S. 590. Toleranzen für metrisches Gewinde. Jetzt gelten die Tabellen 261a, 262a bis 264a und Abb. 382a.

Das im ungünstigsten Falle übrigbleibende Spitzenspiel ist jetzt $\frac{1}{4} \cdot a$; es beträgt je nach der Steigung 3 bis 68 μ; die kleinste Tragtiefe t_2' ist bei den Feinschrauben 46 bis 89 %, bei den Mittelschrauben 38 bis 88 %, bei den Grobschrauben 22 bis 84 %. Somit können Feintoleranzen bei allen Schrauben, Mitteltoleranzen von 0,35 mm Steigung (1,7 mm Durchmesser), Grobtoleranzen sogar erst von 0,5 mm Steigung (3 mm Durchmesser ab zugelassen werden.

Zu S. 591. Für das Whitworth-Gewinde mit Spitzen-

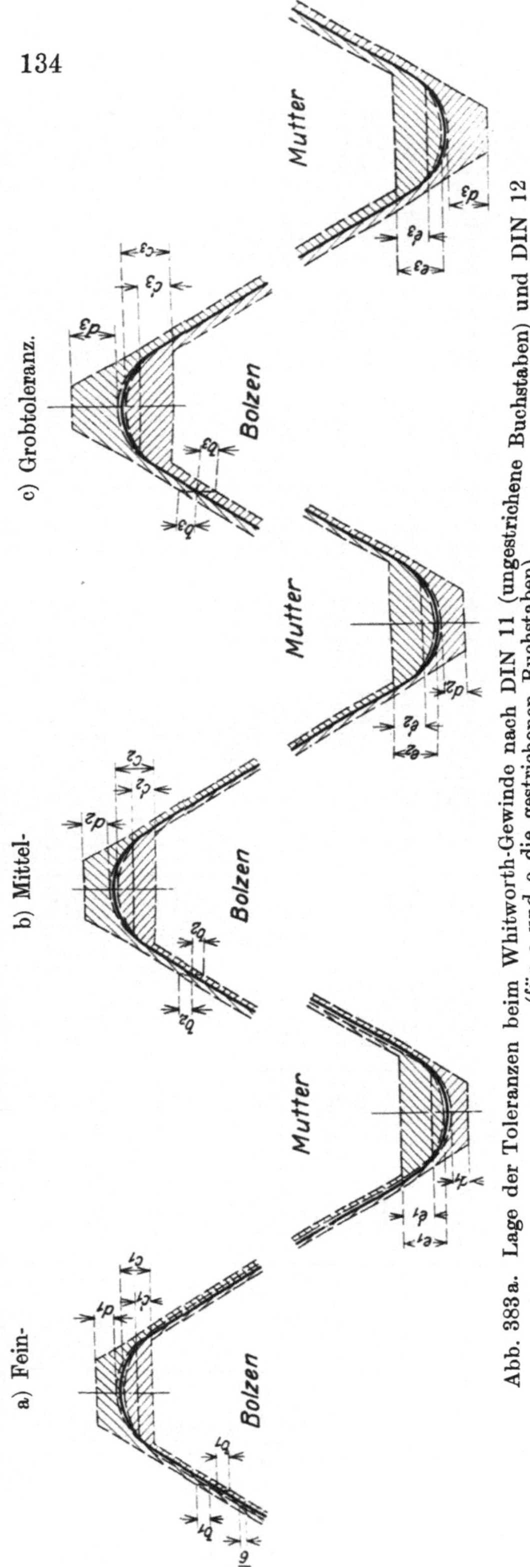

Abb. 383a. Lage der Toleranzen beim Whitworth-Gewinde nach DIN 11 (ungestrichene Buchstaben) und DIN 12 (für c und e die gestrichenen Buchstaben).

spiel nach DIN 12 lauten die entsprechenden Festsetzungen[1]) (siehe Abb. 383 a):

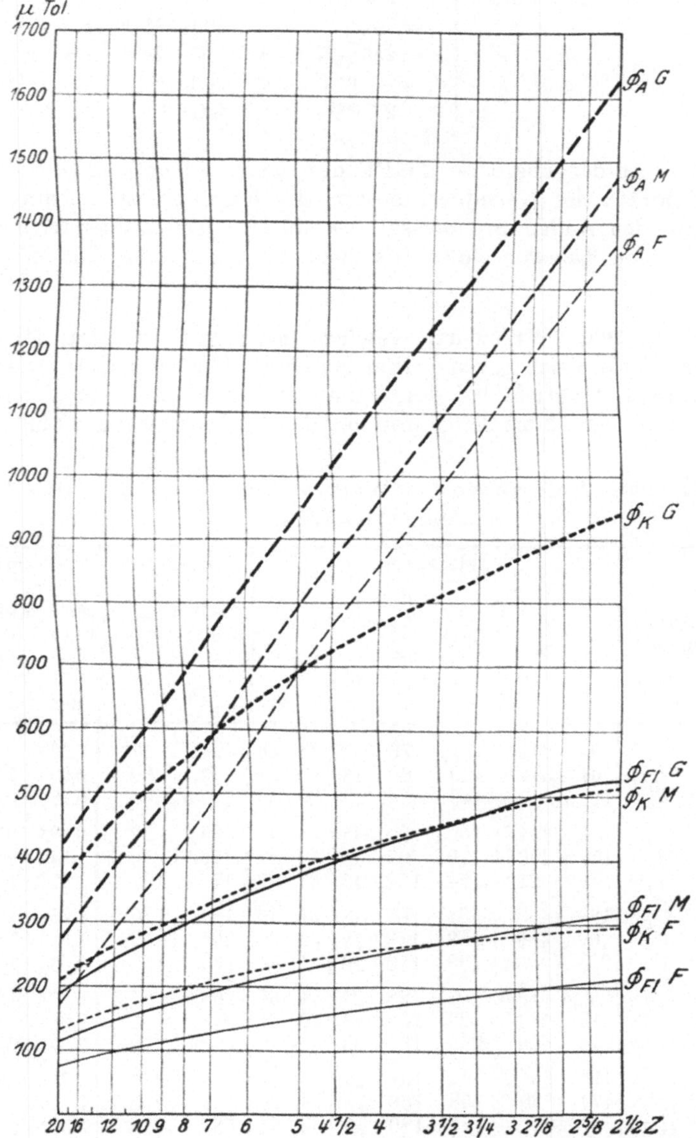

Abb. 384 a. Verlauf der Toleranz von Flanken-, Außen- und Kerndurchmesser des Bolzens mit der Steigung beim Whitworth-Gewinde nach DIN 12 (die Kurve für $\phi_A G$ stellt zugleich die Toleranz des Kerndurchmessers der Mutter für alle drei Gütegrade dar).

[1]) Toleranzen in μ, wobei h in mm einzusetzen ist.

Toleranzen für	fein	mittel	grob
ϕ_{Fl} Bolzen und Mutter	$b_1 = 1$ GPE	$b_2 = 1{,}5$ GPE	$b_3 = 2{,}5$ GPE
ϕ_A "	$c_1 = 74 \cdot h$	$c_2 = 100 + 74 \cdot h$	$c_3 = 250 + 74 \cdot h$
ϕ_K "	$e_1 = 250 + 74 \cdot h$	$e_2 = 250 + 74 \cdot h$	$e_3 = 250 + 74 \cdot h$
ϕ_K " " ϕ_A "	$d_1 = -12 \cdot h +$ 2 GPE	$d_2 = -12 \cdot h +$ 3 GPE	$d_3 = -12 \cdot h +$ 5 GPE

$-12 \cdot h$ ist das obere, -2 GPE das untere Abmaß, 2 GPE $- 12 \cdot h$ die Toleranz des Kerndurchmessers des Bolzens; das Entsprechende gilt für den Außendurchmesser der Mutter. Die Zahlenwerte findet man in den Tabellen 265a bis 268a, die graphische Darstellung in Abb. 384a.

Zu S. 593. Whitworth-Gewinde nach DIN 12. Das Mindest-Spitzenspiel hat sich gegen früher um etwa $20\,^0/_0$ vergrößert, während die kleinste Tragtiefe bei den Feinschrauben 80 bis $97\,^0/_0$, bei den Mittelschrauben 72 bis $96\,^0/_0$ und bei den Grobschrauben 60 bis $95\,^0/_0$

Tabelle 265a. Toleranzen für Whitworth-Gewinde nach DIN 12, Abmaße (DIN 2244).

z	h mm	Durchmesser Zoll	$d\,(-)$ μ	$D_1\,(+)$ μ	$d_1\,(-)$ $D\,(+)$ μ	$d_2\,(-)$ $D_2\,(+)$ Ges. Tol. μ	$^1/_6$ Tol. μ	h $\pm$ μ	$^1/_2\alpha$ $\pm$ Min.	nach DIN 12 a μ	Kleinstmaß a' μ	nach DIN 12 t_2 mm	Kleinstmaß t_2' mm	$\dfrac{t_2'}{t_2}$
20	1,270	$^1/_4$	94	344	131	76	13	26	56	94	57	0,625	0,500	0,80
18	1,411	$^5/_{16}$	104,5	354,5	139	80	13	28	54	104,5	62	0,695	0,570	0,82
16	1,588	$^3/_8$	117,5	367,5	149	84	14	29	50	117,5	69	0,782	0,657	0,84
14	1,814	$^7/_{16}$	134,5	384,5	159	90	15	31	47	134,5	77	0,893	0,768	0,86
12	2,117	$^1/_2$	156,5	406,5	170	97	16	34	44	156,5	90,5	1,042	0,917	0,88
11	2,309	$^5/_8$	171	421	174	102	17	35	42	171	101	1,137	1,012	0,89
10	2,540	$^3/_4$	188	438	181	107	18	37	40	188	110,5	1,251	1,126	0,90
9	2,822	$^7/_8$	209	459	189	113	19	39	38	209	123	1,390	1,265	0,91
8	3,175	1	235	485	199	119	20	41	36	235	138	1,563	1,439	0,92
7	3,629	$1^1/_8$; $1^1/_4$	268,5	518,5	208	128	21	44	34	268,5	157,5	1,787	1,662	0,93
6	4,233	$1^3/_8$; $1^1/_2$	313	563	225	138	23	48	31	313	183,5	2,084	1,960	0,94
5	5,080	$1^5/_8$; $1^3/_4$	376	626	239	151	25	52	28	376	219,5	2,501	2,376	0,95
$4^1/_2$	5,645	$1^7/_8$; 2	418	668	248	159	27	55	27	418	244	2,779	2,654	0,96
4	6,350	$2^1/_4$; $2^1/_2$	470	720	258	169	28	59	25	470	275	3,126	3,001	0,96
$3^1/_2$	7,257	$2^3/_4$; 3	537	787	271	180	30	62	24	537	314	3,573	3,449	0,97
$3^1/_4$	7,816	$3^1/_4$; $3^1/_2$	578,5	828,5	278	187	31	65	23	578,5	337,5	3,848	3,723	0,97
3	8,467	$3^3/_4$; 4	627	877	287	195	32	68	22	627	365,5	4,169	4,043	0,97
$2^7/_8$	8,835	$4^1/_4$; $4^1/_2$	654	904	288	199	33	69	21	654	382	4,350	4,225	0,97
$2^3/_4$	9,237	$4^3/_4$; 5	684	934	294	204	34	71	21	684	398,5	4,548	4,423	0,97
$2^5/_8$	9,677	$5^1/_4$; $5^1/_2$	716	966	297	208	35	72	20	716	418	4,764	4,639	0,97
$2^1/_2$	10,160	$5^3/_4$; 6	752	1002	300	214	36	74	20	752	439,5	5,002	4,877	0,97

(Zeilengruppen links mit der Klammer bezeichnet: **Toleranzen fein**)

(Fortsetzung der Tabelle 265a.)

Gruppe	z	h	Durchmesser	d(−)	$D_1(\div)$	$d_1(−)$ $D(+)$	$d_2(−)$ $D_2(\div)$	h ±	$\frac{1}{2}\alpha$ ±	nach DIN 12 a	Kleinstmaß a'	nach DIN 12 t_2	Kleinstmaß t_2'	$\dfrac{t_2'}{t_2}$
		mm	Zoll	μ	μ	μ	μ	μ	Min.	μ	μ	mm	mm	
Toleranzen mittel	20	1,270	$\frac{1}{4}$	194	344	207	113	39	85	94	57	0,625	0,450	0,72
	18	1,411	$\frac{5}{16}$	204,5	354,5	219	119	41	80	104,5	62	0,695	0,520	0,75
	16	1,588	$\frac{3}{8}$	217,5	367,5	233	127	44	76	117,5	69	0,782	0,607	0,78
	14	1,814	$\frac{7}{16}$	234,5	384,5	251	135	47	71	134,5	77	0,893	0,718	0,80
	12	2,117	$\frac{1}{2}$	256,5	406,5	267	146	51	66	156,5	90,5	1,042	0,867	0,83
	11	2,309	$\frac{5}{8}$	271	421	275	153	53	63	171	101	1,137	0,962	0,85
	10	2,540	$\frac{3}{4}$	288	438	287	160	56	60	188	110,5	1,251	1,076	0,86
	9	2,822	$\frac{7}{8}$	309	459	302	169	59	57	209	123	1,390	1,215	0,87
	8	3,175	1	335	485	318	179	62	54	235	138	1,563	1,389	0,89
	7	3,629	$1\frac{1}{8}$; $1\frac{1}{4}$	368,5	518,5	336	191	66	50	268,5	157,5	1,787	1,612	0,90
	6	4,233	$1\frac{3}{8}$; $1\frac{1}{2}$	413	563	361	207	72	47	313	183,5	2,084	1,910	0,92
	5	5,080	$1\frac{5}{8}$; $1\frac{3}{4}$	476	626	390	227	79	43	376	219,5	2,501	2,326	0,93
	$4\frac{1}{2}$	5,645	$1\frac{7}{8}$; 2	518	668	408	239	83	40	418	244	2,779	2,604	0,94
	4	6,350	$2\frac{1}{4}$; $2\frac{1}{2}$	570	720	427	253	88	38	470	275	3,126	2,951	0,94
	$3\frac{1}{2}$	7.257	$2\frac{3}{4}$; 3	637	787	451	271	94	36	537	314	3,573	3,399	0,95
	$3\frac{1}{4}$	7,816	$3\frac{1}{4}$; $3\frac{1}{2}$	678,5	828,5	465	281	97	34	578,5	337,5	3,848	3,673	0,96
	3	8,467	$3\frac{3}{4}$; 4	727	877	482	292	101	33	627	365,5	4,169	3,993	0,96
	$2\frac{7}{8}$	8,835	$4\frac{1}{4}$; $4\frac{1}{2}$	754	904	487	299	104	32	654	382	4,350	4,175	0,96
	$2\frac{3}{4}$	9,237	$4\frac{3}{4}$; 5	784	934	493	305	106	31	684	398,5	4,548	4,373	0,96
	$2\frac{5}{8}$	9,677	$5\frac{1}{4}$; $5\frac{1}{2}$	816	966	505	313	108	31	716	418	4,764	4,589	0,96
	$2\frac{1}{2}$	10,160	$5\frac{3}{4}$; 6	852	1002	514	320	111	30	752	439,5	5,002	4,827	0,96
Toleranzen grob	20	1,270	$\frac{1}{4}$	344	344	358	189	66	142	94	57	0,625	0,375	0,60
	18	1,411	$\frac{5}{16}$	354,5	354,5	378	199	69	134	104,5	62	0,695	0,446	0,64
	16	1,588	$\frac{3}{8}$	367,5	367,5	402	211	73	126	117,5	69	0,782	0,532	0,68
	14	1,814	$\frac{7}{16}$	384,5	384,5	431	224	78	117	134,5	77	0,893	0,643	0,72
	12	2,117	$\frac{1}{2}$	406,5	406,5	462	244	85	109	156,5	90,5	1,042	0,792	0,76
	11	2,309	$\frac{5}{8}$	421	421	479	255	89	105	171	101	1,137	0,887	0,78
	10	2,540	$\frac{3}{4}$	438	438	501	267	93	100	188	110,5	1,251	1,001	0,80
	9	2,822	$\frac{7}{8}$	459	459	527	281	97	95	209	123	1,390	1,140	0,82
	8	3,175	1	485	485	557	298	103	89	235	138	1,563	1,314	0,84
	7	3,629	$1\frac{1}{8}$; $1\frac{1}{4}$	518,5	518,5	591	319	110	84	268,5	157,5	1,787	1,537	0,86
	6	4,233	$1\frac{3}{8}$; $1\frac{1}{2}$	563	563	636	345	119	78	313	183,5	2,084	1,835	0,88
	5	5,080	$1\frac{5}{8}$; $1\frac{3}{4}$	626	626	692	378	131	71	376	219,5	2,501	2,251	0,90
	$4\frac{1}{2}$	5,645	$1\frac{7}{8}$; 2	668	668	726	398	138	67	418	244	2,779	2,529	0.91
	4	6,350	$2\frac{1}{4}$; $2\frac{1}{2}$	720	720	764	422	146	63	470	275	3,126	2,876	0,92
	$3\frac{1}{2}$	7,257	$2\frac{3}{4}$; 3	787	787	812	451	156	59	537	314	3,573	3,324	0,93
	$3\frac{1}{4}$	7,816	$3\frac{1}{4}$; $3\frac{1}{2}$	828,5	828,5	840	468	162	57	578,5	332.5	3,848	3,598	0,94
	3	8,467	$3\frac{3}{4}$; 4	877	877	872	487	169	55	627	365,5	4,169	3,918	0,94
	$2\frac{7}{8}$	8,835	$4\frac{1}{4}$; $4\frac{1}{2}$	904	904	886	498	173	53	654	382	4,350	4,100	0,94
	$2\frac{3}{4}$	9,237	$4\frac{3}{4}$; 5	934	934	905	509	177	52	684	398,5	4,548	4,298	0,95
	$2\frac{5}{8}$	9,677	$5\frac{1}{4}$; $5\frac{1}{2}$	966	966	922	521	181	51	716	418	4,764	4,514	0,95
	$2\frac{1}{2}$	10,160	$5\frac{3}{4}$; 6	1002	1002	941	534	185	50	752	439,5	5,002	4,752	0,95

Die Angaben für Außen- und Kerndurchmesser D, D_1, d und d_1 sind von nachgeordneter Bedeutung und werden bei der Abnahme nicht besonders geprüft. Alle anderen Angaben sind für die Abnahme verbindlich.

Die Steigungstoleranz gilt für zwei beliebige innerhalb der Einschraublänge liegende Gänge.

Tabelle 266a. Toleranzen für Whitworth-Gewinde nach DIN 11 u. 12, Grenzmaße fein (DIN 2248).

Durchmesser Zoll	z	d Größtmaß DIN 11 mm	d Größtmaß DIN 12 mm	d Kleinstmaß mm	d_1 Größtmaß mm	d_1 Kleinstmaß mm	d_2 Größtmaß mm	d_2 Kleinstmaß mm	D Kleinstmaß mm	D Größtmaß mm	D_1 Kleinstmaß DIN 11 mm	D_1 Kleinstmaß DIN 12 mm	D_1 Größtmaß mm	D_2 Kleinstmaß mm	D_2 Größtmaß mm
1/4	20	6,330	6,256	6,162	4,704	4,573	5,550	5,474	6,370	6,501	4,744	4,818	5,162	5,537	5,613
5/16	18	7,918	7,834	7,729	6,111	5,972	7,047	6,967	7,958	8,097	6,151	6,234	6,589	7,034	7,114
3/8	16	9,505	9,408	9,290	7,472	7,323	8,523	8,439	9,545	9,694	7,512	7,609	7,977	8,509	8,593
7/16	14	11,093	10,979	10,844	8,769	8,610	9,966	9,876	11,133	11,292	8,809	8,923	9,308	9,951	10,041
1/2	12	12,675	12,544	12,387	9,965	9,795	11,361	11.264	12,725	12,895	10,015	10,146	10,553	11,345	11,442
5/8	11	15,846	15,705	15,534	12,888	12,714	14,414	14,312	15,906	16,080	12,948	13,089	13,510	14,397	14,499
3/4	10	19,018	18,863	18,675	15,765	15,584	17,442	17,335	19,084	19,265	15,831	15,986	16,424	17,424	17,531
7/8	9	22,190	22,017	21,808	18,575	18,386	20,438	20,325	22,262	22,451	18,647	18,820	19,279	20,419	20,532
1	8	25,360	25,168	24,931	21,295	21,096	23,388	23,269	25,441	25,640	21,375	21,570	22,054	23,368	23,487
1 1/8	7	28,529	28,308	28,039	23,882	23,674	26,274	26,146	28,623	28,831	23,976	24,197	24,716	26,253	26,381
1 1/4	7	31,704	31,483	31,214	27,057	26,849	29,449	29,321	31,798	32,006	27,151	27,372	27,891	29,428	29,556
1 3/8	6	34,873	34,613	34,300	29,452	29,229	32,238	32,100	34,979	35,202	29,558	29,818	30,381	32,215	32,353
1 1/2	6	38,048	37,788	37,475	32,627	32,404	35,414	35,276	38,154	38,377	32,733	32,993	33,556	35,391	35,529
1 5/8	5	41,214	40,901	40,525	34,708	34,469	38,049	37,898	41,340	41,579	34,834	35,146	35,773	38,024	38,175
1 3/4	5	44,389	44,076	43,700	37,883	37,644	41,224	41,073	44,515	44,754	38,009	38,322	38,948	41,199	41,350
1 7/8	4 1/2	47,557	47,209	46,791	40,328	40,080	44,039	43,880	47,697	47,945	40,468	40,815	41,484	44,012	44,171
2	4 1/2	50,732	50,384	49,966	43,503	43,255	47,214	47,055	50,872	51,120	43,643	43,990	44,659	47,187	47,346
2 1/4	4	57,072	56,682	56,212	48,940	48,682	53,114	52,945	57,232	57,490	49,100	49,490	50,210	53,086	53,255
2 1/2	4	63,422	63,033	62,562	55,290	55,032	59,464	59,295	63,582	63,840	55,450	55,840	56,560	59,436	59,605
2 3/4	3 1/2	69,763	69,316	68,779	60,468	60,197	65,235	65,055	69,943	70,214	60,648	61,095	61,882	65,205	65,385
3	3 1/2	76,113	75,666	67,129	66,819	66,548	71,586	71,406	76,293	76,564	66,999	67,446	68,233	71,556	71,736
3 1/4	3 1/4	82,456	81,975	81,397	72,447	72,169	77,579	77,392	82,650	82,928	72,641	73,122	73,951	77,548	77,735
3 1/2	3 1/4	88,806	88,326	87,747	78,797	78,519	83,930	83,743	89,000	89,278	78,991	79,472	80,301	83,899	84,086
3 3/4	3	95,151	94,627	94,000	84,307	84,020	89,864	89,669	95,357	95,644	84,513	85,037	85,914	89,832	90,027
4	3	101,501	100,978	100,350	90,657	90,370	96,214	96,019	101,707	101,994	90,863	91,387	92,264	96,182	96,377
4 1/4	2 7/8	107,844	107,300	106,646	96,529	96,241	102,330	102,131	108,064	108,352	96,749	97,293	98,197	102,297	102,496
4 1/2	2 7/8	114,194	113,651	112,996	102,880	102,592	108,680	108,481	114,414	114,702	103,100	103,644	104,548	108,647	108,846
4 3/4	2 3/4	120,542	119,971	119,287	108,712	108,418	114,774	114,570	120,768	121,062	108,938	109,508	110,442	114,740	114,944
5	2 3/4	126.892	126,322	125,637	115,063	114,769	121,124	120,920	127,118	127,412	115,289	115,859	116,793	121,090	121,294
5 1/4	2 5/8	133.235	132,639	131,923	120,843	120,546	127,194	126,986	133,475	133,772	121,083	121,679	122,645	127,159	127,367
5 1/2	2 5/8	139,585	138,989	138,273	127,193	126,896	133,544	133,336	139,825	140,122	127,433	128,029	128,995	133,509	133,717
5 3/4	2 1/2	145,928	145,304	144,551	132,916	132,616	139,585	139,371	146,182	146,482	133,170	133,795	134,797	139,549	139,763
6	2 1/2	152,279	151,654	150,902	139,267	138,967	145,936	145,722	152,533	152,833	139,521	140,145	141,148	145,900	146,114

Die Angaben für Außen- und Kerndurchmesser D, D_1, d und d_1 sind von nachgeordneter Bedeutung und werden bei der Abnahme nicht besonders geprüft. Alle anderen Angaben sind für die Abnahme verbindlich.

Tabelle 267a. Toleranzen für Whitworth-Gewinde nach DIN 11 u. 12, Grenzmaße mittel (DIN 2249).

Durchmesser Zoll	z	d Größtmaß DIN 11 mm	d Größtmaß DIN 12 mm	d Kleinstmaß mm	d_1 Größtmaß mm	d_1 Kleinstmaß mm	d_2 Größtmaß mm	d_2 Kleinstmaß mm	D Kleinstmaß mm	D Größtmaß mm	D_1 Kleinstmaß DIN 11 mm	D_1 Kleinstmaß DIN 12 mm	D_1 Größtmaß mm	D_2 Kleinstmaß mm	D_2 Größtmaß mm
1/4	20	6,330	6,256	6,062	4,704	4,497	5,537	5,424	6,370	6,577	4,744	4,818	5,162	5,537	5,650
5/16	18	7,918	7,834	7,629	6,111	5,892	7,034	6,915	7,958	8,177	6,151	6,234	6,589	7,034	7,153
3/8	16	9,505	9,408	9,196	7,472	7,239	8,509	8,382	9,545	9,773	7,512	7,609	7,977	8,509	8,636
7/16	14	11,093	10,979	10,744	8,769	8,518	9,951	9,816	11,133	11,384	8,809	8,923	9,308	9,951	10,086
1/2	12	12,675	12,544	12,287	9,965	9,698	11,345	11,199	12,725	12,992	10,015	10,146	10,553	11,345	11,491
5/8	11	15,846	15,705	15,434	12,888	12,613	14,397	14,244	15,906	16,181	12,948	13,089	13,510	14,397	14,550
3/4	10	19,018	18,863	18,575	15,765	15,478	17,424	17,264	19,084	19,371	15,831	15,986	16,424	17,424	17,584
7/8	9	22,190	22,017	21,708	18,575	18,273	20,419	20,250	22,262	22,564	18,647	18,820	19,279	20,419	20,588
1	8	25,360	25,166	24,830	21,295	20,977	23,368	23,189	25,441	25,759	21,375	21,570	22,055	23,368	23,547
1 1/8	7	28,529	28,308	27,939	23,882	23,546	26,253	26,062	28,623	28,959	23,976	24,197	24,716	26,253	26,444
1 1/4	7	31,704	31,483	31,114	27,057	26,721	29,428	29,237	31,798	32,134	27,151	27,372	27,891	29,428	29,619
1 3/8	6	34,873	34,613	34,200	29,452	29,091	32,215	32,008	34,979	35,340	29,558	29,818	30,381	32,215	32,422
1 1/2	6	38,048	37,788	37,375	32,627	32,266	35,391	35,184	38,151	38,515	32,733	32,993	33,556	35,391	35,598
1 5/8	5	41,214	40,901	40,425	34,708	34,318	38,024	37,797	41,340	41,730	34,834	35,146	35,773	38,024	38,251
1 3/4	5	44,389	44,076	43,600	37,883	37,493	41,199	40,972	44,515	44,905	38,009	38,322	38,948	41,199	41,426
1 7/8	4 1/2	47,557	47,209	46,691	40,328	39,920	44,012	43,773	47,697	48,105	40,468	40,815	41,484	44,012	44,251
2	4 1/2	50,732	50,384	49,866	43,503	43,095	47,187	46,948	50,872	51,280	43,643	43,990	44,659	47,187	47,426
2 1/4	4	57,072	56,682	56,112	48,940	48,513	53,086	52,833	57,232	57,659	49,100	49,490	50,210	53,086	53,339
2 1/2	4	63,422	63,033	62,462	55,290	54,863	59,436	59,183	63,582	64,009	55,450	55,840	56,560	59,436	59,689
2 3/4	3 1/2	69,763	69,316	68,679	60,468	60,017	65,205	64,934	69,943	70,394	60,648	61,095	61,882	65,205	65,476
3	3 1/2	76,113	75,666	75,029	66,813	66,362	71,556	71,285	76,293	76,744	66,999	67,446	68,233	71,556	71,827
3 1/4	3 1/4	82,456	81,975	81,297	72,447	71,982	77,548	77,267	82,650	83,115	72,641	73,122	73,951	77,548	77,829
3 1/2	3 1/4	88,806	88,326	87,647	78,797	78,332	83,899	84,180	89,000	89,465	78,991	79,472	80,301	83,899	84,180
3 3/4	3	95,151	94,627	93,900	84,307	83,825	89,832	89,540	95,357	95,839	84,513	85,037	85,914	89,832	90,124
4	3	101,501	100,978	100,250	90,657	90,175	96,182	95,890	101,707	102,189	90,863	91,387	92,264	96,182	96,474
4 1/4	2 7/8	107,844	107,300	106,546	96,529	96,042	102,297	101,998	108,064	108,551	96,749	97,293	98,197	102,297	102,596
4 1/2	2 7/8	114,194	113,651	112,896	102,880	102,393	108,647	108,348	114,414	114,901	103,100	103,644	104,548	108,647	108,946
4 3/4	2 3/4	120,542	119,971	119,187	108,712	108,214	114,740	114,435	120,768	121,266	108,938	109,508	110,442	114,740	115,045
5	2 3/4	126,892	126,322	125,537	115,063	114,565	121,090	120,785	127,118	127,616	115,289	115,859	116,793	121,090	121,395
5 1/4	2 5/8	133,235	132,639	131,823	120,843	120,338	127,159	126,846	133,475	133,980	121,083	121,679	122,645	127,159	127,472
5 1/2	2 5/8	139,585	138,989	138,173	127,193	126,688	133,509	133,196	139,825	140,330	127,433	128,029	128,995	133,509	133,822
5 3/4	2 1/2	145,928	145,304	144,451	132,916	132,402	139,549	139,229	146,182	146,696	133,170	133,795	134,797	139,549	139,869
6	2 1/2	152,279	151,654	150,802	139,267	138,753	145,900	145,580	152,533	153,047	139,521	140,145	141,148	145,900	146,220

Die Angaben für Außen- und Kerndurchmesser D, D_1, d und d_1 sind von nachgeordneter Bedeutung und werden bei der Abnahme nicht besonders geprüft. Alle anderen Angaben sind für die Abnahme verbindlich.

Tabelle 268a. Toleranzen für Whitworth-Gewinde nach DIN 11 u. 12, Grenzmaße grob (DIN 2250).

Durch-messer Zoll	z	d			d_1		d_2		D		D_1			D_2	
		Größtmaß DIN 11	Größtmaß DIN 12	Kleinstmaß	Größtmaß	Kleinstmaß	Größtmaß	Kleinstmaß	Kleinstmaß	Größtmaß	Kleinstmaß DIN 11	Kleinstmaß DIN 12	Größtmaß	Kleinstmaß	Größtmaß
		mm	mm	mm	mm	mm	mm	mm	mm	mm	mm	mm	mm	mm	mm
1/4	20	6,330	6,256	5,912	4,704	4,346	5,537	5,348	6,370	6,728	4,744	4,818	5,162	5,537	5,726
5/16	18	7,918	7,834	7,480	6,111	5,733	7,034	6,835	7,958	8,336	6,151	6,234	6,589	7,034	7,233
3/8	16	9,505	9,408	9,040	7,472	7,070	8,509	8,298	9,545	9,947	7,512	7,609	7,977	8,509	8,720
7/16	14	11,093	10,979	10,594	8,769	8,338	9,951	9,727	11,133	11,564	8,809	8,923	9,308	9,951	10,175
1/2	12	12,675	12,544	12,137	9,970	9,508	11,345	11,101	12,725	13,187	10,015	10,146	10,553	11,345	11,589
5/8	11	15,846	15,705	15,284	12,888	12,409	14,397	14,142	15,906	16,385	12,948	13,089	13,510	14,397	14,652
3/4	10	19,018	18,863	18,425	15,765	15,264	17,424	17,157	19,084	19,585	15,831	15,986	16,424	17,424	17,691
7/8	9	22,190	22,017	21,558	18,575	18,048	20,419	20,138	22,262	22,789	18,647	18,820	19,279	20,419	20,700
1	8	25,360	25,166	24,681	21,295	20,738	23,368	23,070	25,441	25,998	21,375	21,570	22,054	23,368	23,666
1 1/8	7	28,529	28,308	27,789	23,882	23,291	26,253	25,934	28,623	29,214	23,976	24,197	24,716	26,253	26,572
1 1/4	7	31,704	31,483	30,964	27,057	26,466	29,428	29,109	31,798	32,389	27,151	27,372	27,891	29,428	29,747
1 3/8	6	34,873	34,613	34,050	29,452	28,816	32,215	31,870	34,979	35,615	29,558	29,818	30,381	32,215	32,560
1 1/2	6	38,048	37,788	37,225	32,617	31,991	35,391	35,046	38,154	38,790	32,733	32,993	33,556	35,391	35,736
1 5/8	5	41,214	40,901	40,275	34,708	34,016	38,024	37,646	41,340	42,032	34,834	35,146	35,773	38,024	38,402
1 3/4	5	44,389	44,076	43,450	37,883	37,191	41,199	40,821	44,515	45,207	38,009	38,322	38,948	41,199	41,577
1 7/8	4 1/2	47,557	47,209	46,541	40,328	39,602	44,012	43,614	47,697	48,423	40,468	40,815	41,484	44,012	44,410
2	4 1/2	50,732	50,384	49,716	43,503	42,777	47,187	46,789	50,872	51,598	43,643	43,990	44,659	41,187	47,585
2 1/4	4	57,072	56,682	55,962	48,940	48,176	53,086	52,664	57,232	57,996	49,100	49,490	50,210	53,086	53,508
2 1/2	4	63,422	63,033	62,312	55,290	54,526	59,436	59,014	63,582	64,346	55,450	55,840	56,560	59,436	59,858
2 3/4	3 1/2	69,763	69,316	68,529	60,468	59,656	65,205	64,754	69,943	70,755	60,648	61,095	61,882	65,205	65,656
3	3 1/2	76,113	75,666	74,879	66,819	66,007	71,556	71,105	76,293	77,105	66,999	67,446	68,233	71,556	72,007
3 1/4	3 1/4	82,456	81,975	81,146	72,447	71,607	77,548	77,080	82,650	83,490	72,641	73,122	73,951	77,548	78,016
3 1/2	3 1/4	88,806	88,326	87,496	78,797	77,957	83,899	83,431	89,000	89,840	78,991	79,472	80,301	83,899	84,367
3 3/4	3	95,151	94,627	93,750	84,307	83,435	89,832	89,345	95,357	96,229	84,513	85,037	85,914	89,832	90,319
4	3	101,501	100,978	100,100	90,658	89,786	96,182	95,695	101,707	102,579	90,863	91,387	92,264	96,182	96,669
4 1/4	2 7/8	107,844	107,300	106,396	96,529	95,643	102,297	101,799	108,064	108,950	96,749	97,293	98,197	102,297	102,795
4 1/2	2 7/8	114,194	113,651	112,746	102,880	101,994	108,647	108,149	114,414	115,300	103,100	103,644	104,548	108,647	109,145
4 3/4	2 3/4	120,542	119,971	119,038	108,712	107,807	114,740	114,231	120,768	121,673	108,938	109,508	110,442	114,740	115,249
5	2 3/4	126,892	126,322	125,388	115,063	114,158	121,090	120,581	127,118	128,023	115,289	115,859	116,793	121,090	121,599
5 1/4	2 5/8	133,235	132,639	131,673	120,843	119,921	127,159	126,638	133,475	134,397	121,083	121,679	122,645	127,159	127,680
5 1/2	2 5/8	139,585	138,989	138,023	127,193	126,271	133,509	132,988	139,825	140,747	127,433	128,029	128,995	133,509	134,030
5 3/4	2 1/2	145,928	145,304	144,301	132,916	131,975	139,549	139,015	146,182	147,123	133,170	133,795	134,797	139,549	140,083
6	2 1/2	152,279	151,654	150,652	139,267	138,326	145,900	145,366	152,533	153,474	139,521	140,145	141,148	145,900	146,434

Die Angaben für Außen- und Kerndurchmesser D, D_1, d und d_1 sind von nachgeordneter Bedeutung und werden bei der Abnahme nicht besonders geprüft. Alle anderen Angaben sind für die Abnahme verbindlich.

beträgt. Somit können Fein-, Mittel- und Grobtoleranzen bei allen Schrauben gebraucht werden.

Zu S. 593. Für das Original-Whitworth-Gewinde nach DIN 11 lauten die Festsetzungen für die Toleranzen[1]) (s. Abb. 383a):

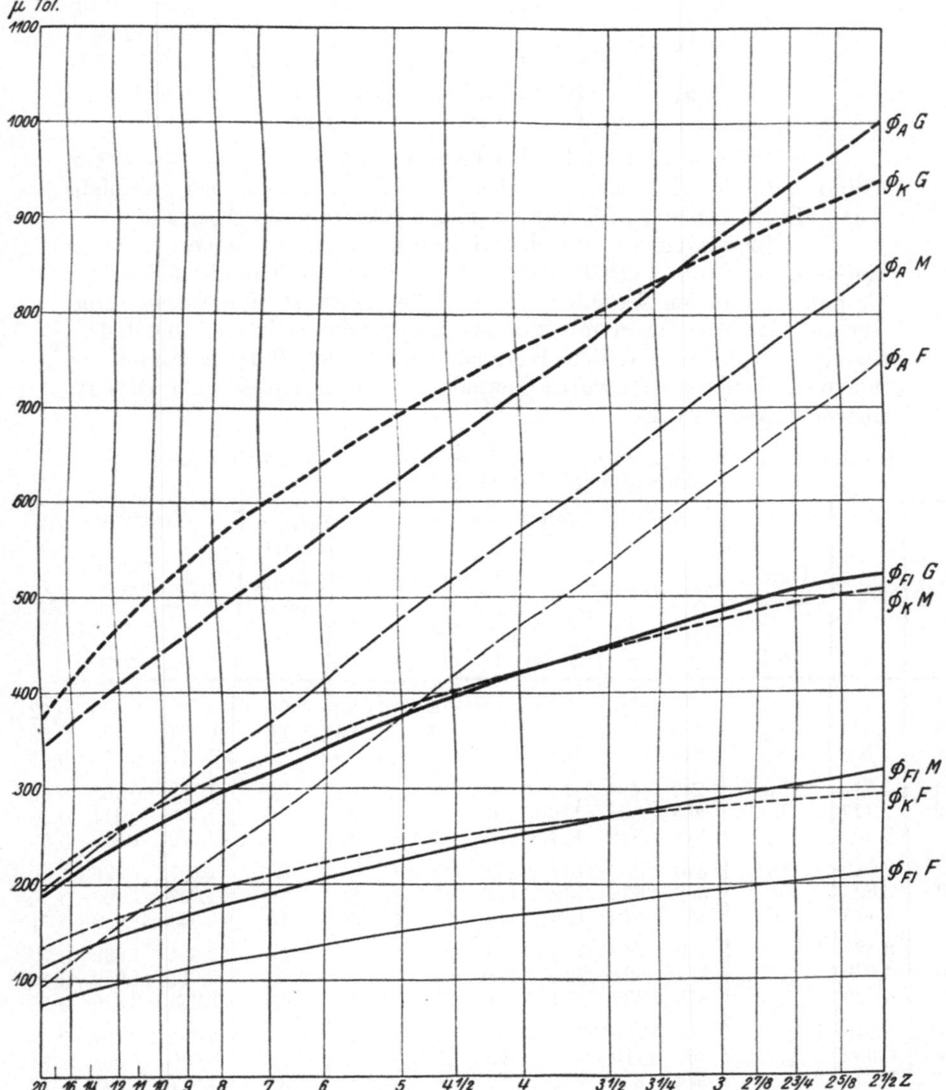

Abb. 384b. Verlauf der Toleranz von Flanken-, Außen- und Kerndurchmesser des Bolzens mit der Steigung beim Whitworth-Gewinde nach DIN 11 (die Kurve für ϕ_A G stellt zugleich die Toleranz des Kerndurchmessers der Mutter für alle drei Gütegrade dar).

---

[1]) Toleranzen in μ, wobei h in mm einzusetzen ist.

Toleranzen für		fein	mittel	grob
ϕ_{Fl}	Bolzen und Mutter	$b_1 = 1$ GPE	$b_2 = 1{,}5$ GPE	$b_3 = 2{,}5$ GPE
ϕ_A	„	$c_1 = -12h + 148h$	$c_2 = -12h + (148h + 100)$	$c_3 = -12h + (148h + 250)$
ϕ_K	„	$e_1 = -12h + (148h + 250)$	$e_2 = -12h + (148h + 250)$	$e_3 = -12h + (148h + 250)$
ϕ_K	„ „ ϕ_A „	$d_1 = -12h + 2$ GPE	$d_2 = -12h + 3$ GPE	$d_3 = -12h + 5$ GPE

Die Größe $-12 \cdot h$ stellt das obere Abmaß des Bolzens, das zweite Glied bzw. die Klammern in den Größen c, d und e sein gleichfalls vom theoretischen Profil aus zu rechnendes unteres Abmaß dar.

Die Toleranzen, die Mindest-Spitzenspiele a', die kleinsten Tragtiefen t_2' und die Verhältnisse t_2'/t_2 sind in der Tabelle 268b, die Grenzmaße in den Tabellen 266a, 267a, 268a wiedergegeben. Der Verlauf der Toleranzen mit der Steigung ergibt sich aus Abb. 384b; für den Flanken- und den Kerndurchmesser des Bolzens stimmt er mit dem für das Whitworth-Gewinde mit Spitzenspiel nach DIN 12 überein (Abb. 384a).

Tabelle 268b. Toleranzen für Whitworth-Gewinde nach DIN 11, Abmaße (DIN 2244, Tafel 4 bis 6).

z	h (mm)	Durchmesser (Zoll)	$d\,(-)$ (μ)	$D_1(+)$ (μ)	$d_1\,(-)$ $D\,(+)$ (μ)	$d_2\,(-)$ $D_2\,(+)$ Ges. Tol. (μ)	$\frac{1}{6}$ Tol. (μ)	h $\pm$ (μ)	$\frac{1}{2}\alpha$ $\pm$ (Min.)	Spitzenspiel Kleinstmaß a' (μ)	nach DIN 11 $t_2(=t_1)$	Kleinstmaß t_2' (mm)	$\dfrac{t_2'}{t_2}$
20	1,270	$^1/_4$	168	418	131	76	13	26	56	20	0,813	0,500	0,62
18	1,411	$^5/_{16}$	189	438	139	80	13	28	54	20	0,904	0,570	0,63
16	1,588	$^3/_8$	215	465	149	84	14	29	50	20	1,017	0,657	0,65
14	1,814	$^7/_{16}$	249	499	159	90	15	31	47	20	1,162	0,768	0,66
12	2,117	$^1/_2$	288	538	170	97	16	34	44	25	1,355	0,917	0,68
11	2,309	$^5/_8$	312	562	174	102	17	35	42	30	1,479	1,012	0,69
10	2,540	$^3/_4$	343	593	181	107	18	37	40	33	1,627	1,126	0,69
9	2,822	$^7/_8$	382	632	189	113	19	39	38	36	1,807	1,265	0,70
8	3,175	1	430	679	199	119	20	41	36	40	2,033	1,439	0,71
7	3,629	$1^1/_8$; $1^1/_4$	490	740	208	128	21	44	34	47	2,324	1,662	0,72
6	4,233	$1^3/_8$; $1^1/_2$	573	823	223	138	23	48	31	53	2,711	1,960	0,72
5	5,080	$1^5/_8$; $1^3/_4$	689	939	239	151	25	52	28	63	3,253	2,376	0,73
$4^1/_2$	5,645	$1^7/_8$; 2	766	1016	248	159	27	55	27	70	3,614	2,654	0,74
4	6,350	$2^1/_4$; $2^1/_2$	860	1110	258	169	28	59	25	80	4,066	3,001	0,74
$3^1/_2$	7,257	$2^3/_4$; 3	984	1234	271	180	30	62	24	90	4,647	3,449	0,75
$3^1/_4$	7,816	$3^1/_4$; $3^1/_2$	1059	1310	278	187	31	65	23	97	5,005	3,723	0,75
3	8,467	$3^3/_4$; 4	1151	1401	287	195	32	68	22	103	5,422	4,043	0,75
$2^7/_8$	8,835	$4^1/_4$; $4^1/_2$	1198	1448	288	199	33	69	21	110	5,657	4,225	0,75
$2^3/_4$	9,237	$4^3/_4$; 5	1255	1504	294	204	34	71	21	113	5,915	4,423	0,75
$2^5/_8$	9,677	$5^1/_4$; $5^1/_2$	1312	1562	297	208	35	72	20	120	6,196	4,639	0,75
$2^1/_2$	10,160	$5^3/_4$; 6	1377	1627	300	214	36	74	20	127	6,506	4,877	0,75

Toleranzen fein

(Fortsetzung der Tabelle 268 b.

z	h	Durchmesser	$d\,(-)$	$D_1\,(-)$	$d_1(-)$ $D(-)$	$d_2(-)$ $D_2(-)$	h $\pm$	$\tfrac{1}{2}\alpha$ $\pm$	Spitzenspiel Kleinstmaß a'	nach DIN 11 $t_2(=t_1)$	Kleinstmaß t_2'	$\dfrac{t_2'}{t_2}$
	mm	Zoll	μ	μ	μ	μ	μ	Min.	μ		mm	
Toleranzen mittel												
20	1,270	$^1/_4$	268	418	207	113	39	85	20	0,813	0,450	0,55
18	1,411	$^5/_{16}$	289	438	219	119	41	80	20	0,904	0,520	0,58
16	1,588	$^3/_8$	315	465	233	127	44	76	20	1,017	0,607	0,60
14	1,814	$^7/_{16}$	349	499	251	135	47	71	20	1,162	0,718	0,62
12	2,117	$^1/_2$	388	538	267	146	51	66	25	1,355	0,867	0,64
11	2,309	$^5/_8$	412	562	275	153	53	63	30	1,479	0,962	0,65
10	2,540	$^3/_4$	443	593	287	160	56	60	33	1,627	1,076	0,66
9	2,822	$^7/_8$	482	632	302	169	59	57	36	1,807	1,215	0,67
8	3,175	1	530	679	318	179	62	54	40	2,033	1,389	0,68
7	3,629	$1^1/_8$; $1^1/_4$	590	740	336	191	66	50	47	2,324	1,612	0,69
6	4,233	$1^3/_8$; $1^1/_2$	673	823	361	207	72	47	53	2,711	1,910	0,71
5	5,080	$1^5/_8$; $1^3/_4$	789	939	390	227	79	43	63	3,253	2,326	0,72
$4^1/_2$	5,645	$1^7/_8$; 2	866	1016	408	239	83	40	70	3,614	2,604	0,72
4	6,350	$2^1/_4$; $2^1/_2$	960	1110	427	253	88	38	80	4,066	2,951	0,73
$3^1/_2$	7,257	$2^3/_4$; 3	984	1234	451	271	94	36	90	4,647	3,399	0,73
$3^1/_4$	7,816	$3^1/_4$; $3^1/_2$	1159	1310	465	281	97	34	97	5,005	3,673	0,73
3	8,467	$3^3/_4$; 4	1251	1401	482	292	101	33	103	5,422	3,993	0,74
$2^7/_8$	8,835	$4^1/_4$; $4^1/_2$	1298	1448	487	299	104	32	110	5,657	4,175	0,74
$2^3/_4$	9,237	$4^3/_4$; 5	1355	1504	493	305	106	31	113	5,915	4,373	0,74
$2^5/_8$	9,677	$5^1/_4$; $5^1/_2$	1412	1562	505	313	108	31	120	6,196	4,589	0,74
$2^1/_2$	10,160	$5^3/_4$; 6	1477	1627	514	320	111	30	127	6,506	4,827	0,74
Toleranzen grob												
20	1,270	$^1/_4$	418	418	358	189	66	142	20	0,813	0,375	0,46
18	1,411	$^5/_{16}$	438	438	378	199	69	134	20	0,904	0,446	0,49
16	1,588	$^3/_8$	465	465	402	211	73	126	20	1,017	0,532	0,52
14	1,814	$^7/_{16}$	499	499	431	224	78	117	20	1,162	0,643	0,55
12	2,117	$^1/_2$	538	538	462	244	85	109	25	1,355	0,792	0,59
11	2,309	$^5/_8$	562	562	479	255	89	105	30	1,479	0,887	0,60
10	2,540	$^3/_4$	593	593	501	267	93	100	33	1,627	1,001	0,62
9	2,822	$^7/_8$	632	632	527	281	97	95	36	1,807	1,140	0,63
8	3,175	1	679	679	557	298	103	89	40	2,033	1,344	0,66
7	3,629	$1^1/_8$; $1^1/_4$	740	740	591	319	110	84	47	2,324	1,557	0,67
6	4,233	$1^3/_8$; $1^1/_2$	823	823	636	345	119	78	53	2,711	1,835	0,68
5	5,080	$1^5/_8$; $1^3/_4$	939	939	692	378	131	71	63	3,253	2,251	0,69
$4^1/_2$	5,645	$1^7/_8$; 2	1016	1016	726	398	138	67	70	3,614	2,529	0,70
4	6,350	$2^1/_4$; $2^1/_2$	1110	1110	764	422	146	63	80	4,066	2,876	0,71
$3^1/_2$	7,257	$2^3/_4$; 3	1234	1234	812	451	156	59	90	4,647	3,324	0,72
$3^1/_4$	7,816	$3^1/_4$; $3^1/_2$	1310	1310	840	468	162	57	97	5,005	3,598	0,72
3	8,467	$3^3/_4$; 4	1401	1401	872	487	169	55	103	5,422	3,918	0,72
$2^7/_8$	8,835	$4^1/_4$; $4^1/_2$	1448	1448	886	498	173	53	110	5,657	4,100	0,73
$2^3/_4$	9,237	$4^3/_4$; 5	1504	1504	905	509	177	52	113	5,915	4,298	0,73
$2^5/_8$	9,677	$5^1/_4$; $5^1/_2$	1562	1562	922	521	181	51	120	6,196	4,514	0,73
$2^1/_2$	10,160	$5^3/_4$; 6	1627	1627	941	534	185	50	127	6,506	4,752	0,73

Die Angaben für Außen- und Kerndurchmesser D, D_1, d und d_1 sind von nachgeordneter Bedeutung und werden bei der Abnahme nicht besonders geprüft. Alle anderen Angaben sind für die Abnahme verbindlich.

Die Steigungstoleranz gilt für zwei beliebige innerhalb der Einschraublänge liegende Gänge.

Bei dem Original-Whitworth-Gewinde nach DIN 11 beträgt das Mindest-Spitzenspiel a' 20 bis 127 μ (gegenüber 57 bis 440 μ für DIN 12 und 3 bis 68 μ für metrisches Gewinde nach DIN 13/14 und konstant 51 μ beim BSW-Gewinde in allen drei Durchmessern) und die kleinste Tragtiefe bei den Feinschrauben 62 bis 75 $^0/_0$, bei den Mittelschrauben 55 bis 74 $^0/_0$ und bei den Grobschrauben 46 bis 73 $^0/_0$ der in DIN 11 angegebenen Werte. Auch hier sind demgemäß die Grobtoleranzen bis zu den kleinsten Schrauben herab zulässig.

Die beiden Whitworth-Gewinde nach DIN 11 und 12 unterscheiden sich somit nur noch in ihren Toleranzen für den Außendurchmesser des Bolzens und den Kerndurchmesser der Mutter. Es wird deshalb das Gewinde nach DIN 11 das normale Befestigungsgewinde sein, während das nach DIN 12 als Konstruktionsgewinde in bestimmten Sonderfällen dienen soll. Diese treten z. B. auf, wenn es sich darum handelt, eine Mutter über eine Paßstelle auf einer Welle oder ein Kugellager über ein Gewinde zu bringen. Im ersteren Falle darf der Kerndurchmesser des Muttergewindes ein bestimmtes Kleinstmaß nicht unter-, im zweiten der Außendurchmesser des Gewindes ein gewisses Größtmaß nicht überschreiten.

Zu S. 594. Fußnote. Die Toleranz des Schraubeneisens beträgt in Amerika nach neueren Angaben:

$$\text{gezogen bis } {}^1/_2'' \text{ Durchmesser: } 0{,}05 \text{ mm,}$$
$$\text{gewalzt bis } {}^1/_2'' \text{ Durchmesser: } 0{,}17 \text{ mm,}$$
$$\text{über } {}^5/_8'' \text{ Durchmesser: } 0{,}4 \text{ mm.}$$

Die Toleranzen für das gezogene Eisen sind kleiner als die für den Außendurchmesser (s. Tabelle 228 bis 231); für das gewalzte Eisen gilt dies aber nur in bezug auf den weiten und u. U. den leichten Sitz (s. Nachtrag zu S. 532), so daß stets genügendes Material zur Herstellung der gewünschten Form der Kämme vorhanden ist. Bei roher Ware bleiben sie indessen schwarz, da dies für den Verwendungszweck der Schraube nicht das Geringste zu sagen hat und nur ein Schönheitsfehler ist.

Zu S. 594/601. Herstellungsgenauigkeit des gezogenen und gewalzten Schraubeneisens. Während bisher für das gezogene Schraubeneisen eine Toleranz von — 15 PE (nach DIN 669) und für das gewalzte eine solche von — 30 PE (entsprechend dem Sitz $g\,3$ der Grobpassung) vorgesehen war, hat der engere Auschuß des Verbandes zur Wahrung gemeinsamer wirtschaftlicher Interessen der deutschen Schrauben-Industrie am 3. November 1925 beschlossen, für das gezogene Eisen eine Herstellungsgenauigkeit von — 10 PE (nach DIN 668) und auch für das gewalzte Eisen eine engere als bisher zu verlangen (dieser Beschluß bezog sich zwar zunächst nur auf das Schraubeneisen für Whitworth-Gewinde, er ist aber selbstverständlich sinngemäß auch auf das Schraubeneisen für das metrische Gewinde zu übertragen). Außerdem sind bei ersterem die Größtmaße z. T. etwas anders als früher gewählt, die dann später noch mit Rücksicht auf die Toleranzen für DIN 11 an einigen Stellen abgeändert wurden (15). Die neuen Werte sind aus den Ersatz-Tabellen 269a und 270a zu entnehmen. Die Lage der Toleranzen des Außendurchmessers für das metrische, das Whitworth-Gewinde mit Spitzenspiel und das Original-Whitworth-Gewinde in bezug auf die des gezogenen und gewalzten Schraubeneisens gehen aus den Abb. 385a, 386a und b hervor (s. Nachtrag 10, S. 176).

Tabelle 269a. Ersatz zu Herstellungsgenauigkeit des gezogenen und gewalzten Rundeisens für metrisches Gewinde.

Ge-winde	Größt-maß d. Schrau-beneis.	Gezogenes Rundeisen Kleinst-maß	Tole-ranz	Gewalztes Schraubeneisen Kleinst-maß	Tole-ranz	Ge-winde	Größt-maß d. Schrau-beneis.	Gezogenes Rundeisen Kleinst-maß	Tole-ranz	Gewalztes Schraubeneisen Kleinst-maß	Tole-ranz
mm	mm	mm	mm	mm	mm	mm	mm	mm	mm	mm	mm
6	6,0	5,90	0,10	5,75	0,25	24	24,0	23,85	0,15	23,60	0,40
7	7,0	6,90	0,10	6,70	0,30	27	27,0	26,85	0,15	26,60	0,40
8	8,0	7,90	0,10	7,70	0,30	30	30,0	29,85	0,15	29,50	0,50
9	9,0	8,90	0,10	8,70	0,30	33	33,0	32,85	0,15	32,50	0,50
10	10,0	9,90	0,10	9,70	0,30	36	36,0	35,85	0,15	35,50	0,50
11	11,0	10,90	0,10	10,70	0,30	39	39,0	38,85	0,15	38,50	0,50
12	12,0	11,90	0,10	11,70	0,30	42	42,0	41,85	0,15	41,50	0,50
14	14,0	13,90	0,10	13,70	0,30	45	45,0	44,85	0,15	44,50	0,50
16	16,0	15,90	0,10	15,70	0,30	48	48,0	47,85	0,15	47,50	0,50
18	18,0	17,90	0,10	17,70	0,30	52	52,0	51,80	0,20	51,40	0,60
20	20,0	19,85	0,15	19,60	0,40	56	56,0	55,80	0,20	55,40	0,60
22	22,0	21,85	0,15	21,60	0,40						

Tabelle 270a. Ersatz zu Herstellungsgenauigkeit des gezogenen und gewalzten Rundeisens für Whitworth-Gewinde.

Ge-winde	Größt-maß d. Schrau-beneis.	gezogenes Rundeisen Kleinst-maß	Tole-ranz	Gewalztes Schraubeneisen Kleinst-maß	Tole-ranz	Ge-winde	Größt-maß d. Schrau-beneis.	Gezogenes Rundeisen Kleinst-maß	Tole-ranz	Gewalztes Schraubeneisen Kleinst-maß	Tole-ranz
Zoll	mm	mm	mm	mm	mm	Zoll	mm	mm	mm	mm	mm
$1/4$	6,3	6.20	0,10	6,00	0,30	$1\,1/8$	28,5	28,35	0,15	28,10	0,40
$5/16$	7,9	7,80	0,10	7,60	0,30	$1\,1/4$	31,7	31,55	0,15	31,20	0,50
$3/8$	9,5	9,40	0,10	9,20	0,30	$1\,3/8$	34,8	34,65	0,15	34,30	0,50
$7/16$	11,1	11,00	0,10	10,80	0,30	$1\,1/2$	38,0	37,85	0,15	37,50	0,50
$1/2$	12,65	12,55	0,10	12,35	0,30	$1\,5/8$	41,2	41,05	0,15	40,70	0,50
$5/8$	15,8	15,70	0,10	15,50	0,30	$1\,3/4$	44,3	44,15	0,15	43,80	0,50
$3/4$	19,0	18,85	0,15	18,70	0,30	$1\,7/8$	47,5	47,35	0,15	47,00	0,50
$7/8$	22,2	22,05	0,15	21,80	0,40	2	50,7	50,50	0,20	50,10	0,60
1	25,3	25,15	0,15	24,90	0,40	$2\,1/4$	57,0	56,80	0,20	56,40	0,60

Zu S. 596. Die für die Lage der Toleranzen des Schraubeneisens beim metrischen Gewinde (im Gegensatz zum Whitworth-Gewinde mit Spitzenspiel nach DIN 12) gegebene Begründung gilt bis zum gewissen Grade auch für das Original-Whitworth-Gewinde nach DIN 11. Maßgebend war vor allem, daß man beim metrischen und dem Original-Whitworth-Gewinde die Schneidzeuge schonen will, während man bei dem Whitworth-Gewinde nach DIN 12 s. Z. das Hauptgewicht darauf legte, saubere Kämme zu bekommen, was nur möglich, wenn das Schneideisen noch Material im Außendurchmesser wegnimmt.

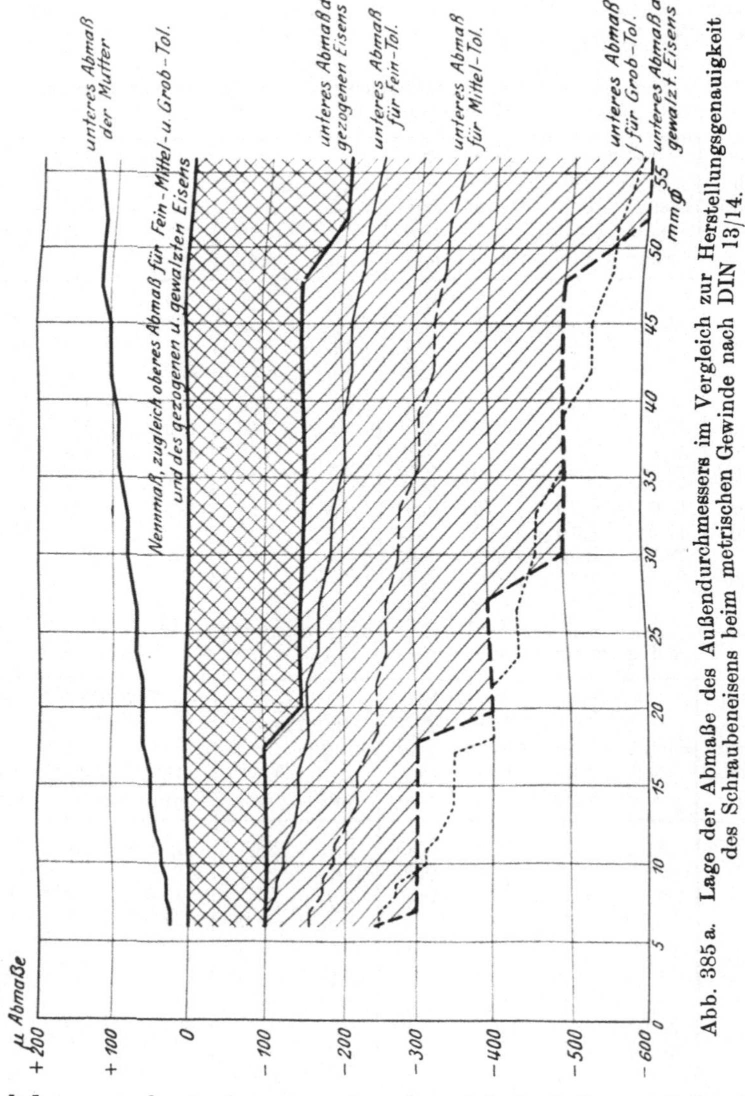

Abb. 385 a. Lage der Abmaße des Außendurchmessers im Vergleich zur Herstellungsgenauigkeit des Schraubeneisens beim metrischen Gewinde nach DIN 13/14.

Nachdem man heute immer mehr erkannt hat, daß es auf das Aussehen der Kämme auch nicht im geringsten ankommt, ist dieser Grund eigentlich hinfällig geworden. Die Verhältnisse müssen aber so bestehen bleiben, da man für DIN 12 nicht noch eine besondere Sorte Schraubeneisen einführen kann.

Zu S. 596. Der Absatz über Toleranzen für Original-Whitworth-Gewinde muß gestrichen werden.

Zu S. 596. An Stelle des Absatzes über Fein- und Rohrgewinde treten folgende Ausführungen: Bei anormalen Gewinden, d. h.

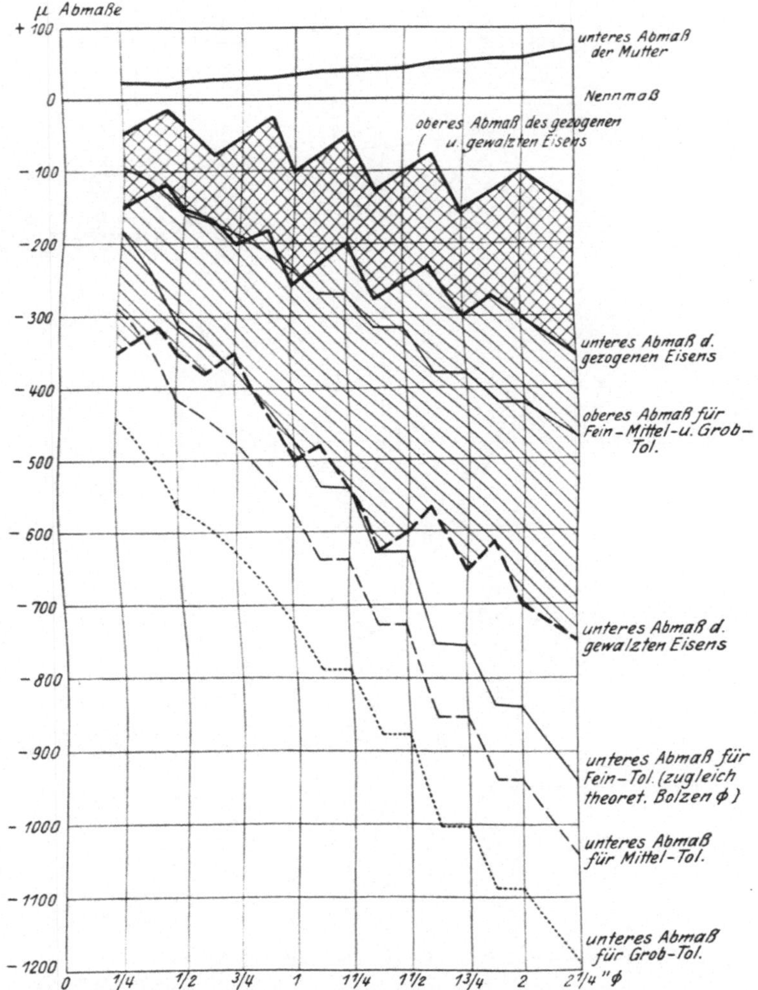

Abb. 386a. Lage der Abmaße des Außendurchmessers im Vergleich zur Herstellungsgenauigkeit des Schraubeneisens beim Whitworth-Gewinde mit Spitzenspiel nach DIN 12.

solchen mit anderen Einschraublängen als der Mutterhöhe $m \sim d$ oder $m \sim 0{,}8 \cdot d$, bleiben die Toleranzen für den halben Flankenwinkel die gleichen wie bei den normalen Befestigungsgewinden nach DIN 11, 12 und 13/14. Dagegen ändern sich die für die Steigung, da sie von der Einschraublänge abhängen. Würde es sich nur um

10*

rein fortschreitende Fehler handeln, wie in Abb. 364, so wäre δh einfach proportional der Einschraublänge l anzusetzen. Nun sind aber daneben nach Abb. 364c noch die unregelmäßigen, von Gang zu Gang schwankenden, inneren Fehler von mindestens gleicher Be-

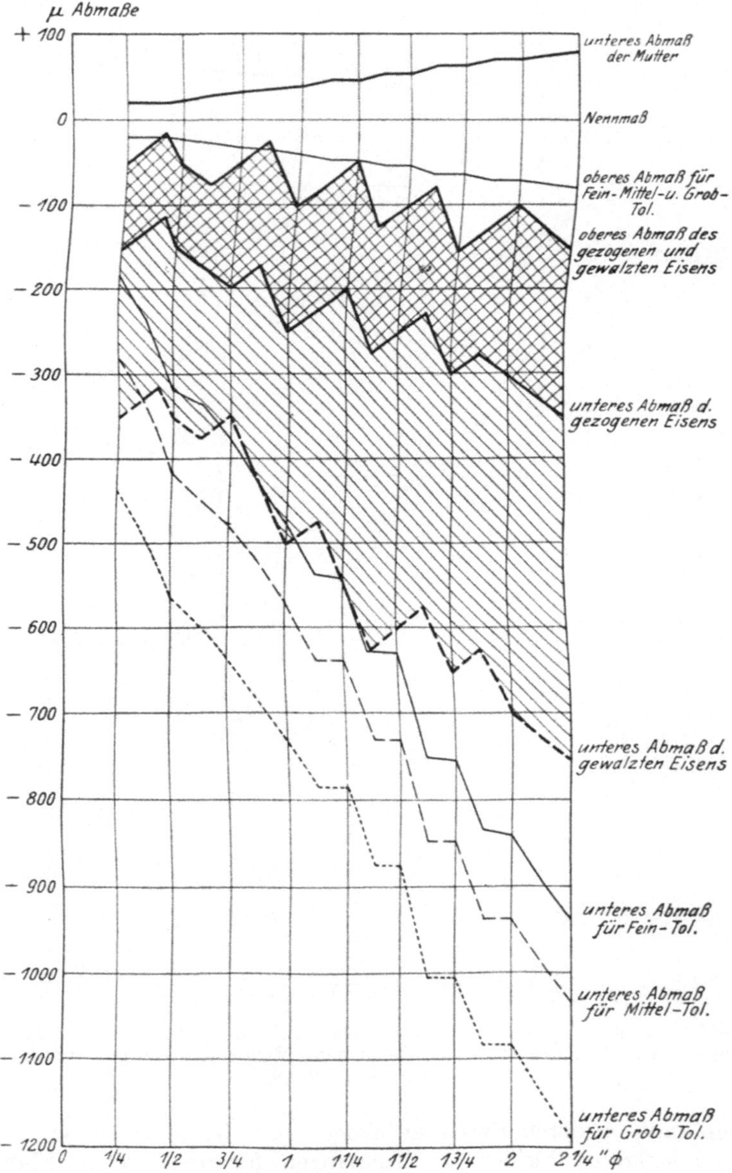

Abb. 386b. Lage der Abmaße des Außendurchmessers im Vergleich zur Herstellungsgenauigkeit des Schraubeneisens beim Whitworth-Gewinde ohne Spitzenspiel nach DIN 11.

deutung (so hat man auch in England gefunden, daß die inneren Fehler die fortschreitenden meist bedeutend übertreffen (16)). Demnach muß man den für die normale Einschraublänge L geltenden Fehler δH zerlegen in einen inneren Fehler, der unabhängig von der Einschraublänge ist, und einen fortschreitenden Fehler, der proportional l wächst. Dieser Forderung genügt der Ansatz:

$$\delta h = \frac{n-1}{n} \cdot \delta H + \frac{1}{n} \cdot \delta H \cdot l/L,$$

wo n eine kleine Zahl, etwa von 2 bis 4, ist. Im Mittel wird man $n = 3$ nehmen können; dann wird

$$\delta h = \tfrac{2}{3} \cdot \delta H + \tfrac{1}{3} \cdot \delta H \cdot l/L.$$

Es ist also angenommen, daß $^2/_3$ des für die normale Einschraublänge L geltenden Fehlers δH auf die inneren, und nur $^1/_3$ auf die fortschreitenden Fehler entfällt. Sind nun wieder f_1 und f_2 die bei den normalen Gewinden zum Ausgleich der Steigungs- und Winkelfehler im Flankendurchmesser nötigen Beträge, so wird für anormale Gewinde

$$\delta \phi_{Fl} = f_1 \cdot \delta h/\delta H + f_2$$
$$= \tfrac{1}{3} \cdot f_1 \cdot (2 + l/L) + f_2.$$

Wählt man, wie in DIN 2244, f_1 gleich $^2/_3$ der normalen Flankendurchmessertoleranz F und $f_2 = \tfrac{1}{3} \cdot F$, so wird

$$\delta \phi_{Fl} = \tfrac{2}{9} \cdot F \cdot (2 + l/L) + \tfrac{1}{3} \cdot F$$
$$= \tfrac{1}{9} \cdot F \cdot (7 + 2 \cdot l/L)$$

[bei $f_1 = f_2 = \tfrac{1}{2} \cdot F$ würde dagegen werden

$$\delta \phi_{Fl} = \tfrac{1}{6} \cdot F \cdot (2 + l/L) + \tfrac{1}{2} \cdot F$$
$$= \tfrac{1}{6} \cdot F \cdot (5 + l/L)].$$

Vergleicht man die nach dem ersten Fall berechneten Toleranzen $\delta \phi_{Fl}$ mit den in Amerika aufgestellten (s. Nachtrag zu S. 552), so zeigt sich, daß die deutschen Toleranzen bei größeren Einschraublängen als den normalen für feine Gewinde etwas größer, für grobe Gewinde etwas kleiner als die amerikanischen Toleranzen werden, was nach dem bei diesen Ausgeführten durchaus zweckmäßig sein dürfte. Dafür spricht auch, daß man praktische Übereinstimmung bei den feinen Gewinden durch $n = 4$, bei den groben dagegen durch $n = 2$ erhält (9).

Die Toleranzen für den Außen- und Kerndurchmesser sind dann aus denen des Flankendurchmessers entsprechend wie bei den normalen Gewinden (also mit $1{,}5 \cdot \delta \phi_{Fl}$ bzw. $2 \cdot \delta \phi_{Fl}$) zu berechnen.

Die Gewindetoleranzen nach DIN 2244 können auch für gebrannte, abgebeizte, vernickelte oder in sonstiger Weise oberflächenbehandelte Schrauben eingehalten werden, wenn man unter gleichbleibenden Verhältnissen arbeitet.

Toleranzen für einen Fest- und Preßsitz sowie für dampfdichte Gewinde sind bisher nicht aufgestellt, da darüber erst noch eingehende Erfahrungen gesammelt werden müssen.

Zu S. 600. Über die Bewährung der Gewindetoleranzen in der Praxis ist bisher wenig veröffentlicht (10), auch sind die dabei gemachten Angaben nicht immer restlos zu übernehmen. Soviel aber sonst bekannt geworden, haben sie sich gut bewährt. Mit der immer weiter gehenden Einführung genauer Schneid- und Prüfzeuge (namentlich geschliffener) ist es möglich, genauere Gewinde herzustellen, so daß in wenigen Jahren sicherlich eine Verengerung der Toleranzen vorgenommen werden kann. Soviel bisher zu übersehen, wird man dann die Toleranzen auf etwa $^2/_3$ der jetzigen herabsetzen können, d. h. es werden einfach die heutigen Feintoleranzen als Mittel- und die jetzigen Mitteltoleranzen als Grobtoleranzen zu bezeichnen sein, während für die evtl. neuen Feintoleranzen entsprechend engere Werte festzusetzen wären. Dabei bleibt natürlich die Austauschbarkeit auch mit den nach den jetzigen Toleranzen hergestellten Schrauben und Muttern völlig gewahrt. Ebenso können auch die Gewindelehren für die Gutseite weiter benutzt werden, während die Prüfgeräte für die Ausschußseite nur entsprechend einzustellen wären. Zurzeit ist aber der Augenblick für eine derartige Verengerung der Gewindetoleranzen noch nicht gekommen. Immerhin wird man auch heute schon Schrauben mit Mitteltoleranzen als die normale Ware, und zwar sowohl für blanke, wie für schwarze Schrauben ansehen können.

Zu S. 600. Österreich hat die Gewindetoleranzen nach DIN 244 endgültig, mit Ausnahme der Feintoleranzen für metrisches Gewinde, angenommen, wo die Feinmechanik noch engere Toleranzen wünscht (13). Da sie für das Whitworth-Gewinde als genügend befunden wurden, so ist nicht einzusehen, warum die für das metrische Gewinde in genau derselben Weise und auch zahlenmäßig gleich aufgestellten Toleranzen hierfür zu weit sein sollen.

In der Schweiz hat die Firma **Reißhauer** auf Grund der Messungen an 300 Schrauben die Toleranzen nach DIN 244 gleichfalls übernommen (11), und zwar die Feintoleranzen völlig, während bei den Mitteltoleranzen nur die Bolzen diese, die Muttern dagegen auch Feintoleranzen erhalten, um in beiden Fällen denselben Gewindebohrer benutzen zu können (dies ist allerdings kein ausschlaggebender Grund, da neue Gewindebohrer Muttern innerhalb der Mittel- und erst nach Abnutzung innerhalb der Feintoleranzen ergeben können). Da sich die **Reißhauer**schen Toleranzen für Whitworth-Gewinde auf das Originalprofil beziehen, mußten sie für den Außendurchmesser des Bolzens und den Kerndurchmesser der Mutter anders als in DIN 2244 aufgestellt werden (die neue Ausgabe DIN 2244 mit den Toleranzen für das Whitworth-Gewinde nach DIN 11 lag damals noch nicht vor). Sie sind zu 1,5 GPE für Fein- und zu $2^1/_4$ GPE für die Mitteltoleranzen gewählt, während in DIN 244, des Spitzenspiels wegen, die äußeren Abmaße zu 2 bzw. 3 GPE angesetzt waren.

In **Belgien** liegt bisher nur ein Entwurf für Toleranzen für Whitworth-Gewinde vor. Er ist eine Übersetzung des englischen Report C. L. (M) 7270 (jetzt **Nr. 92**), BSW-Gewinde, und im Anhange des Report Nr. 84 (BSF-Gewinde), wobei nur die Zollangaben in mm umgerechnet sind; er deckt sich somit völlig mit den englischen Toleranzen und damit praktisch (vor allem in bezug auf den Flankendurchmesser) auch mit den deutschen Toleranzen für DIN 11.

In **Italien** haben die Fiatwerke die Toleranzen nach Kühn (mangels anderer Unterlagen) übernommen.

In der **Schweiz** und in **Holland** liegen auch Entwürfe für Gewindetoleranzen vor, über die aber bisher nichts Näheres bekannt ist.

Zu S. 600. Prüfung der Gewindetoleranzen in Deutschland. Infolge der Tolerierung von DIN 11 und des dort eingeführten Mindestspitzenspiels sowie der anderen Lage der Toleranzen des Außendurchmessers bei den Gewinden nach DIN 12 und 13/14 müssen die früheren Vorschriften kleine redaktionelle Umgestaltungen erfahren, die aber in bezug auf die Prüfgeräte für DIN 12 keine Änderung bedeuten. Bei dieser Gelegenheit wurde auch eingehend die Form der Spitzen und des Grundes an den Gewindelehren erörtert. Würde man dem Gewindelehrring z. B. das Profil des größten Bolzens geben, um die Innehaltung des Mindestspitzenspieles zu gewährleisten, so können infolge des an den Kanten der Gewindekämme entstehenden Grates bei der Benutzung von Lehren mit Abflachung brauchbare Bolzen als Ausschußbolzen erscheinen. Außerdem würde man zur Prüfung der Whitworth-Gewinde nach DIN 11 und 12 verschiedene Lehren benötigen (12). Lehren mit Spitzenspiel, bei denen also der Gewindelehrdorn das Profil des Bolzens, der Gewindelehrring das der Mutter erhielte, würden dagegen keine Gewähr für unbedingte Austauschbarkeit geben, es müßte dazu mindestens noch der Außendurchmesser des Bolzens und der Kerndurchmesser der Mutter geprüft werden, um wenigstens die Gewähr für Zusammenschraubbarkeit zu geben. Dies ist auch erforderlich, wenn der Außendurchmessser des Lehrrings und der Kerndurchmesser des Lehrdorns frei gearbeitet sind, wie dies zur Erleichterung der Herstellung geschieht.

Allgemein werden folgende Geräte benutzt:

	Bolzen	Mutter	
Gutseite	Gewindelehrring, dessen Flankendurchmesser das Größtmaß des Bolzens, dessen Kerndurchmesser beim metrischen Gewinde das Größtmaß, bei den beiden Whitwort-Gewinden das theoretische Maß des Bolzens erhält, und dessen Außendurchmesser frei gearbeitet wird[1]) (Herstellungsgenauigkeit —)	Gewindelehrdorn, dessen Flankendurchmesser das theoretische Maß, dessen Außendurchmesser beim metrischen Gewinde das Kleinstmaß, bei den beiden Whitworth-Gewinden das theoretische Maß der Mutter erhält, und dessen Kerndurchmesser frei gearbeitet wird[1]). (Herstellungsgenauigkeit +)	Gutseite

	Bolzen	Mutter	
ϕ_{Fl} Ausschußseite	Fühlhebel oder Mikrometerschraube mit geeigneten Meßstücken, die nach Einstellehrdorn eingestellt werden oder feste Lehre mit geeigneten Meßstücken [2]).	Gewindelehrdorn mit frei gearbeitetem Außen- und Kerndurchmesser, verkürzter Flankenanlage und 1 oder 2 Gängen, der nur auf $1/4$ bis $1/2$ Gang anschnäbeln darf; er erhält das Größtmaß des Flankendurchmessers der Mutter [3]) (Herstellungsgenauigkeit $\pm$) oder Innenfühlhebel oder -mikrometer mit geeigneten Meßstücken, die nach einem Vergleichsgewindelehrring eingestellt werden.	ϕ_{Fl} Ausschußseite
ϕ_A	Grenzrachenlehre [4]).	Grenzlehrdorn [4]).	ϕ_K
ϕ_K Ausschußseite	Rachenlehre, Fühlhebel oder Schraubenmikrometer mit zugespitzten Meßstücken [5])	Gewindelehrdorn mit 1 zugespitzten Gang, dessen Außendurchmesser gleich dem Größtmaß der Mutter, oder Innenfühlhebel oder -mikrometer mit zugespitzten Meßstücken [5]).	ϕ_A Ausschußseite

1. a) Gewindelehrringe. Das Größtmaß des Flankendurchmessers des Bolzens fällt, mit Ausnahme der Feinschrauben, mit dem theoretischen Maß zusammen. Beim metrischen Gewinde muß für den Kerndurchmesser das größt zulässige Maß des Bolzens genommen werden, da es über das theoretische Maß hinübergehen darf. Beim Whitworth-Gewinde hätte man auch das Größtmaß wählen können; da es aber unter dem theoretischen Profil liegt und ferner die Toleranzen für Außen- und Kerndurchmesser nur Richtmaße sind, auf deren ängstliche Innehaltung es nicht ankommt, so hat man hier das theoretische Profil zulassen können. Die Spitzenspiele werden also nicht mitgelehrt.

Beim metrischen Gewinde hätte eigentlich der Außendurchmesser das Maß der kleinsten Mutter erhalten müssen. Die Herstellung eines solchen Lehrringes (der notwendigerweise im Grunde abgeflacht sein müßte) würde aber unverhältnismäßige Schwierigkeiten bereiten und dadurch sehr teuer werden. Deshalb hat man es vorgezogen, ihn im Außendurchmesser frei zu arbeiten; dies ist so auszuführen, daß das theoretische Maß der Mutter auf keinen Fall unterschritten wird, während das Größtmaß beliebig sein darf. Auch beim Whitworth-Gewinde würde die Herstellung eines Lehrringes, der in allen drei Durchmessern die vorgeschriebenen Maße innehalten soll, zu teuer werden, weshalb man hier gleichfalls den Außendurchmesser entsprechend frei arbeitet. Bei dieser Ausführung kann es kommen, daß der Bolzen im Außendurchmesser über das Kleinstmaß der Mutter herübergeht. Demgemäß muß also noch unbedingt der Außendurchmesser des Bolzens daraufhin geprüft werden (s. 4), daß er sein oberes Abmaß nicht überschreitet (selbstverständlich könnte man im Prinzip auch einen Lehrring verwenden, dessen Außendurchmesser das Maß der kleinsten Mutter hat, und brauchte dann den Außendurchmesser des Bolzens nicht zu prüfen, falls man nicht noch besonderen Wert auf die Innehaltung des Mindestspitzenspieles legt).

Da sich Gewindelehrringe zur Zeit noch schlecht messen lassen, so behilft man sich vielfach so, daß man sie dem Gewindelehrdorn anpaßt, dessen Durchmesser die kleinstzulässigen Werte des Lehrringes bekommen, und dessen Steigungs- und Winkelfehler möglichst klein gehalten werden. Aus diesem Grunde sind auch derartige Prüfdorne genormt.

b) Für den Gewindelehrdorn gelten die entsprechenden Überlegungen, nur ist hier das theoretische Maß des Flankendurchmessers der Mutter zugleich das Größtmaß. Da sein Kerndurchmesser frei gearbeitet wird, so ist noch eine Kontrolle des Kleinstmaßes des Kerndurchmessers der Mutter notwendig (s. 4).

Zur Prüfung der Bolzen werden also 2 Gewindelehrringe (der erste für Fein-, der zweite für Mittel- und Grobtoleranzen) benötigt, während zur Kontrolle der Muttern 1 Gewindelehrdorn für alle drei Klassen der Toleranzen ausreicht. Die Dicke der Gewindelehrringe muß gleich der Mutterhöhe sein, während der Gewindelehrdorn auch länger sein kann.

2. Feste Lehren müssen der starken Abnutzung wegen häufig kontrolliert bzw. nachgestellt werden; dazu benötigt man für jede der drei Klassen von Toleranzen eine besondere Einstell-Gewindelehre. Dies ist bei Fühlhebeln und Schraubenmikrometern nicht nötig, da man die Unterschiede bei der Einstellung berücksichtigen kann. Die Vergleichslehre hierfür erhält am besten die theoretischen Maße; ihre Korrektionen sind in Rechnung zu setzen. Genormt sind aber nur die Einstellehren für den erstgenannten Fall; sie müssen dann den kleinstzulässigen Flankendurchmesser des Bolzens bekommen.

Gelegentlich wird auch ein Gewindelehrring mit 1 oder 2 Gängen mit frei gearbeitetem Außen- und Kerndurchmesser und verkürzter Flankenanlage gebraucht, der nur auf $^1/_4$ bis $^1/_2$ Gang anschnäbeln darf. Zum Zweck der leichteren Messung erhält er einen Ansatz in Gestalt eines glatten Ringes, dessen Durchmesser gegenüber dem größten Außendurchmesser des Bolzens ein Übermaß erhält, um nicht durch eine etwaige Exzentrizität gestört zu werden (19).

3. Zum Zweck des leichteren Messens erhält der Gewindelehrdorn für die Ausschußseite vorn einen glatten Zapfen, dessen Länge etwa $^3/_4$ der Einschraublänge und dessen Durchmesser gegenüber dem kleinsten Kerndurchmesser der Mutter ein Untermaß erhält, um nicht durch den beim Gewindeschneiden an den Abflachungen entstehenden Grat und eine etwaige Exzentrizität behindert zu sein. Die beiden Gewindelehrdorne für die Gut- und die Ausschußseite können selbstverständlich auch zu einer (Grenz-)Lehre vereinigt sein.

4. Erfolgt für die Ausschußseite nur auf besonderen Wunsch. Grenzlehren sind hier nötig, weil die Gutseiten durch die Gewindelehren nicht mit gelehrt werden. Ihre Prüfung ist unbedingt nötig, falls man nicht durch Kontrolle der Schneidzeuge oder des Schraubeneisens und des Kernlochs Gewähr dafür hat, daß sie nicht überschritten werden.

5. Erfolgt gleichfalls nur auf besonderen Wunsch. Die Geräte werden nach Vergleichslehren eingestellt. Bei den beiden Whitworth-Gewinden wäre in diesem Falle auch eine (in derselben Weise vorzunehmende) Prüfung der Gutseite nötig, da sie hier durch die Gewindelehren nicht mit vorgenommen wird.

Die Prüfung der Gewindelehren auf Abnutzung ist im wesentlichen nur im Flankendurchmesser nötig; sie erfolgt am besten durch Fühlhebel, Mikrometerschraube usw. mit geeigneten Meßstücken, wobei die Einstellung nach derselben Einstellehre erfolgt, die für die Geräte zur Prüfung der Ausschußseite des Flankendurchmessers gebraucht wird. Es ist somit nur ein Einstell-Gewindelehrdorn (und -ring) nötig. Bei Benutzung fester Lehren zur Prüfung der Abnutzung würde man dagegen auch einen zweiten Satz von Einstellehren zu ihrer Kontrolle bzw. Einstellung benötigen; diese müßten die Abmessungen des kleinst zulässigen Gewindelehrdorns bzw. des größt zulässigen Gewindelehrringes haben. Für die Prüfung der Arbeits-Gewindelehrringe auf Abnutzung käme auch ein Gewindelehrdorn ähnlich wie bei der Prüfung der Ausschußseite des Flankendurchmessers in Frage [beschrieben z. B. bei (19)]. Arbeits-Gewindelehrdorne könnten auch unmittelbar auf dem Gewindemeßkomparator oder einem entsprechenden Gerät auf Abnutzung kontrolliert werden.

Eine Vereinigung der notwendigen Lehren für die Gutseite und Ausschußseite zu einem Stück stellen die in Abb. 386 c, d, e wiedergegebenen Konstruktionen dar (17), bei welcher auch zugleich die beiden Seiten des Kerndurchmessers der Mutter und des Außendurchmessers des Bolzens mitgelehrt werden. Zunächst wird die Gutseite *1* des Lehrdornes (Abb. 386 c) in die Mutter eingeschraubt. Er hat im Außendurchmesser das Maß des größten Bolzens, ist im Kerndurchmesser frei gearbeitet und hat das Kleinstmaß des Flankendurchmessers, so daß er nur ihre Gutseite prüft. Der dahinterliegende Zapfen *4* hat das Maß des größt zulässigen Kerndurchmessers, über ihn darf also die Mutter nicht herübergehen. Der Zapfen *3* auf der anderen Seite hat das Maß des kleinsten Kerndurchmessers der Mutter; über ihn muß sie herübergehen. Dadurch dient er zugleich als Führungszapfen für die Lehre *2*, die nur einen Gang mit verkürzter Flankenanlage hat und im Außen- und Kerndurchmesser frei gearbeitet ist; sie erhält das Maß des größt zulässigen Flankendurchmessers und stellt also die Ausschußseite dar.

Entsprechend dient die Lehre Abb. 386 e zur Prüfung des Bolzens. Die Meßstelle *1* hat ein Gewinde, dessen Länge gleich der Mutterhöhe ist. Es hat das Maß des größten Flankendurchmessers und des größten Kerndurchmessers des Bolzens und ist im Außendurchmesser frei gearbeitet. In diese Lehre muß sich der Bolzen einschrauben lassen, während er in die Rachenlehre *2* mit dem Maß des kleinst zulässigen Außendurchmessers nicht hineingehen darf. Dagegen muß sich die Meßstelle *4* mit dem größt zulässigen Außendurchmesser überführen lassen, während die Lehre *4* wieder die Ausschußseite des Flankendurchmessers darstellt. Sie besteht aus Kegel und Kimme mit verkürzten Flanken und hat das Maß des kleinsten Flankendurchmessers. Statt der Meßstellen *1* und *2* kann man auch nach Abb. 386 d einen Gewindelehrring (für die Gutseite) mit einem an-

gesetzten glatten Ring nehmen, dessen Durchmesser gleich dem kleinsten Außendurchmesser ist. Die Lehre prüft somit alle notwendigen Stücke mit Ausnahme des kleinsten Kerndurchmessers des Bolzens und des größten Außendurchmessers der Mutter, was auch nicht nötig. Sie setzt aber voraus, daß zwischen den verschiedenen Durchmessern der Prüflinge keine Exzentrizität besteht.

Unangenehm ist bei allen Gewindelehren die Paarung mit den Werkstücken wegen des zeitraubenden Zusammenschraubens. Dies fällt weg, wenn man zur Prüfung der Gutseite von Bolzen gezahnte Backen oder Rollen verwendet

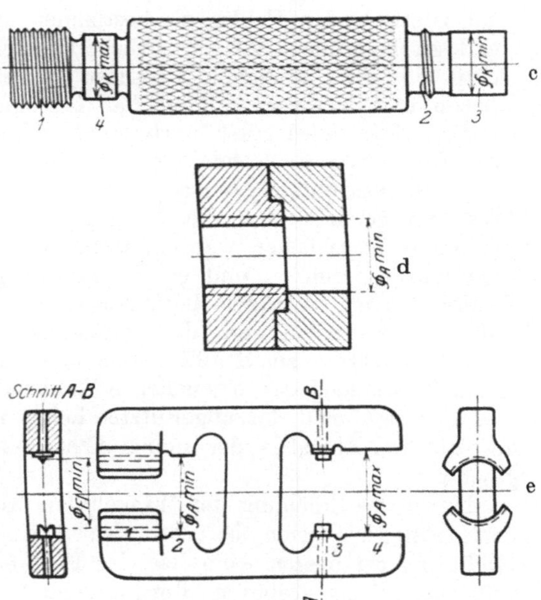

Abb. 386 c bis e. Lehrdorn (c), Lehrring (d), Rachenlehre (e) zur Prüfung der Gewindetoleranzen von Muttern und Bolzen.

(s. Abb. 180, 181a und b); für die Kontrolle der Ausschußseite des Flankendurchmessers kommen diese natürlich nicht in Frage; vielmehr müßte sich hier die Form den Gewindelehren mit 1 oder 2 Gängen anpassen, die im Außen- und Kerndurchmesser frei gearbeitet sind und nur mit verkürzten Flanken anliegen, wie bei der Ausführung nach Abb. 181b. Ein brauchbarer Ersatz der Gutseite-Gewindelehrdorne zur Prüfung der Muttern ist bisher nicht gefunden.

Zu S. 602/603. Herstellungsgenauigkeit der Gewindelehren. Infolge der Verbesserung der Herstellungsmethoden ist es möglich gewesen, die Steigungsabweichungen auf etwa $^3/_8$ der früheren Werte herabzusetzen. Dagegen glaubte die Lehrenindustrie mit der gleichfalls vorgeschlagenen Verringerung der Winkeltoleranzen auf $^3/_4$ der früheren Werte (was zusammen eine Herabsetzung der Flankendurchmessertoleranzen auf die Hälfte ermöglicht hätte) nicht nur nicht mitkommen zu können, sondern verlangte darüber hinaus sogar eine Erhöhung um $50^0/_0$. Danach erfordern die Steigungsfehler zu ihrem Ausgleich jetzt $^2/_3 \cdot {}^3/_8 = {}^1/_4$ und die Winkelfehler $^1/_3 \cdot {}^3/_2 = {}^1/_2$ der früheren Flankendurchmessertoleranz, so daß man diese nur auf $^3/_4$ hätte vermindern können. Nun war aber in der ersten Ausgabe von DIN 244 keine Abnutzung vorgesehen; außerdem war verlangt, daß das untere Abmaß des Flankendurchmessers (des Gewindelehrdorns) auf jeden Fall zum Ausgleich der Steigungs- und Winkelfehler ausreichen mußte. Es waren also bei der Anfertigung der Lehre jedesmal diese beiden Fehler zu bestimmen und daraus das untere Abmaß zu berechnen. Als eigentliche Flankendurchmessertoleranz blieb somit nur der Unterschied zwischen dem ein für allemal festgesetzten oberen und dem von *Fall zu Fall* berechneten unteren Abmaß.

Um diese (auch stark verteuernd wirkenden) Schwierigkeiten bei der Herstellung zu vermeiden, ist entsprechend den Ausführungen zu S. 496 das untere Abmaß der neuen Lehre mit einem bestimmten Wert so gewählt, daß die Steigungs- und Winkelfehler praktisch genügend ausgeglichen werden, wozu es gleich $^3/_4 \cdot (\psi_1 + \psi_2)$ genommen wurde, wenn ψ_1 und ψ_2 die zum Ausgleich der größt zulässigen Fehler nötigen Beträgen bedeuten (dabei wird jetzt aber verlangt, daß keiner von ihnen den zulässigen Höchstwert überschreitet; s. auch Nachtrag zu S. 492). Das obere Abmaß ergibt sich dann durch Zurechnung der eigentlichen Flankendurchmessertoleranz dazu. Das untere Abmaß der abgenutzten Lehre wurde zu etwa der Hälfte des unteren Abmaßes der neuen Lehre, also zu $^3/_8 \cdot (\psi_1 + \psi_2)$ festgesetzt.

Durch die Erhöhung der Winkeltoleranzen machte sich gegenüber den früheren Werten bei den feinen Gewinden sogar eine kleine Erhöhung des oberen Abmaßes des Flankendurchmessers notwendig, während bei den gröberen allerdings eine Verringerung eintritt. Jenes ließ sich nicht vermeiden, wenn man die Herstellung der Lehren wirtschaftlicher gestalten und ihnen vor allem eine bestimmte Abnutzung geben wollte, was unbedingt notwendig war.

Die Herstellungsgenauigkeit des Ausschuß-Lehrdorns, der Prüfdorne für die Gut-Lehrringe, sowie des Einstellehrdorns für die Lehren zur Prüfung der Ausschußseite des Flankendurchmessers des Bolzens ist gleich der in den Tabelle 271a und b, 272a und b für die Ausschußseite angegebenen gewählt.

Mit gewisser Annäherung gilt für die

Herstellungsgenauigkeit des Flankendurchmessers der Lehren für Fein- und Mitteltoleranz.

unteres Abmaß des Gewindelehrringes . . . . } 1/4 GPE = 1/4 der Fein- = 1/6
oberes Abmaß des Gewindelehrdorns . . . . }   der Mitteltoleranz

oberes Abmaß des Gewindelehrringes neu . . } 1/6 GPP = 1/6 der Fein- = 1/9
unteres Abmaß des Gewindelehrdorns neu . . }   der Mitteltoleranz

oberes Abmaß des Gewindelehrringes abgenutzt } 1/12 GPE = 1/12 der Fein-
unteres Abmaß des Gewindelehrdorns abgenutzt }   = 1/18 der Mittel-Toleranz

Herstellungsgenauigkeit des Flankendurchmessers der Lehren für Grobtoleranz.

unteres Abmaß des Gewindelehrringes . . . . } 5/12 bis 5/16 GPE = 1/6 bis 1/8
oberes Abmaß des Gewindelehrdorns . . . . . }   der Grobtoleranz

oberes Abmaß der Gewindelehrringes neu . . } 5/18 bis 5/24 GPE = 1/9 bis 1/12
unteres Abmaß des Gewindelehrdorns neu . . }   der Grobtoleranz

oberes Abmaß des Gewindelehrringes abgenutzt } 1/7 bis 1/10 GPE = 1/8 bis 1/24
unteres Abmaß des Gewindelehrdorns abgenutzt }   der Grobtoleranz

Die Herstellungsgenauigkeit und die Abmaße des Außen- und Kerndurchmessers sind durchweg 1,5 mal größer als für den Flankendurchmesser. Da beim metrischen Gewinde der Lehrdorn im Außen-

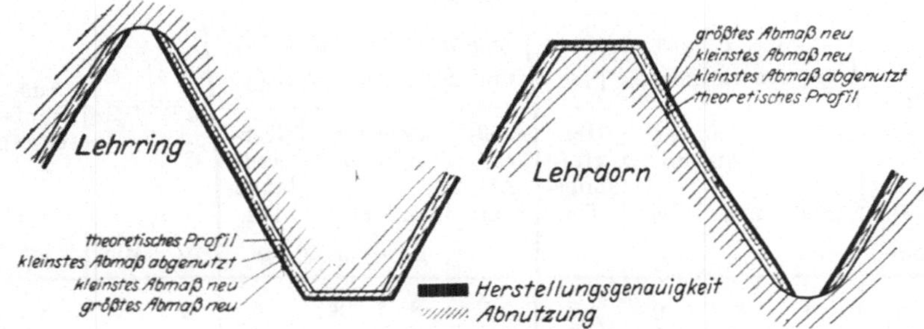

Abb. 387 a. Lage der Herstellungsgenauigkeit der Gewindelehren für metrisches Gewinde nach DIN 13/14.

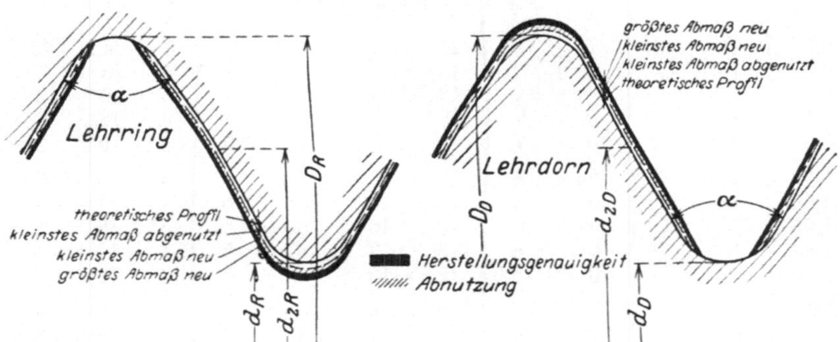

Abb. 387 b. Lage der Herstellungsgenauigkeit der Gewindelehren für Whitworth-Gewinde nach DIN 11 und 12.

durchmesser und der Lehrring im Kerndurchmesser unbedingt abgeflacht ausgeführt werden müssen und somit durch Schleifen die verlangten Werte leicht erreicht werden können, so brauchte hier kein weiteres Abmaß zum Ausgleich der Steigungs- und Winkelfehler vorgesehen werden. Demgemäß ist das untere Abmaß des neuen Lehrdorns gleich der Abnutzung und darauf die eigentliche Toleranz gesetzt, während das untere Abmaß der abgenutzten Lehre gleich Null wird. Das Entsprechende gilt für den Kerndurchmesser des Lehrringes. Im übrigen sind die in obiger Aufstellung mitgeteilten Werte nur annähernd; sie mußten namentlich bei kleinen Schrauben größer angesetzt werden, um nach Abzug der Meßfehler noch eine genügende Toleranz für die Werkstatt übrigzubehalten.

Die Zahlenwerte der Herstellungsgenauigkeit und der Abnutzung sind aus den Ersatz-Tabellen 271a, b und 272a, b, ihre Lage aus Abb. 387a und b zu entnehmen. Diese gelten nur für Lehren für die normalen Befestigungsgewinde nach DIN 11, 12 und 13/14.

Tabelle 271a. Herstellungsgenauigkeit und Abnutzung der Lehren für Toleranzen fein und mittel für metrisches Gewinde nach DIN 13 und 14. Abmaße (DIN 2244, Tafel 7).

Steigung h	Gutseite								h [1] ±	$\tfrac{1}{2}\alpha$ ±	Ausschußseite [2] ±
	ϕ_K des Ringes d_R (−) ϕ_A des Dornes D_d (+)			ϕ_{Fl} des Ringes d_{2R} (−) und des Dornes d_{2D} (+)						
	größtes Abmaß	kleinstes Abmaß		Herstellungs-Tol.	größtes Abmaß	kleinstes Abmaß		Herstellungs-Tol.			
		neu	abg.			neu	abg.				
mm	μ	μ	μ	μ	μ	μ	μ	μ	μ	Min.	μ
0,25	15	8	0	7	13	8	3	5	3	40	3
0,3	15	8	0	7	13	8	3	5	3	35	3
0,35	15	8	0	7	13	8	3	5	3	33	3
0,4	15	8	0	7	13	8	3	5	3	30	3
0,45	15	8	0	7	13	8	3	5	3	28	3
0,5	15	8	0	7	13	8	3	5	3	25	3
0,6	15	8	0	7	13	8	3	5	3	23	3
0,7	15	8	0	7	13	8	3	5	3	20	3
0,75	15	8	0	7	13	8	3	5	3	18	3
0,8	15	8	0	7	13	8	3	5	3	15	3
0,9	15	7	0	8	15	10	5	5	4	13	3
1,00	15	7	0	8	15	10	5	5	4	13	3
1,25	15	7	0	8	15	10	5	5	4	10	3
1,50	15	7	0	8	18	13	8	5	4	10	3
1,75	15	7	0	8	18	13	8	5	4	10	3
2,0	17	7	0	10	20	13	8	7	5	10	3
2,5	17	7	0	10	20	13	8	7	5	8	3
3,0	22	10	0	12	23	15	8	8	5	8	3
3,5	22	10	0	12	23	15	8	8	5	8	3
4,0	25	13	0	12	28	18	10	10	5	8	4
4,5	25	13	0	12	28	18	10	10	5	8	4
5,0	30	15	0	15	30	20	10	10	6	8	4
5,5	30	15	0	15	35	23	10	12	6	8	4
6	30	15	0	15	35	23	10	12	6	8	4

[1]) Die Steigungstoleranz gilt für zwei beliebige innerhalb der Einschraublänge liegende Gänge.

[2]) Die Herstellungsgenauigkeiten sind für Außen-, Flanken- und Kerndurchmesser gleich. Die Abmaße beziehen sich auf das Ausschußmaß des Werkstücks.

Der Außendurchmesser des Ringes (D_R) und der Kerndurchmesser des Dorns (d_D) werden frei gearbeitet, wobei als Grenze ihr theoretisches Profil gilt.

Mit diesen Abmaßen und auf Grund der früheren Ausführungen sind die Grenzwerte für folgende Gewindelehren berechnet:

DIN 2261. Gut-Lehrdorn für metrisches Gewinde nach DIN 13/14, Fein- und Mitteltoleranz, Grenzmaße.

DIN 2262. Gut-Lehrdorn für metrisches Gewinde nach DIN 13/14, Grobtoleranz, Grenzmaße.

Tabelle 271b. Herstellungsgenauigkeit und Abnutzung der Lehren für Toleranzen grob für metrisches Gewinde nach 13 und 14. Abmaße (DIN 2244, Tafel 8).

Steigung h	Gutseite								h[1] $\pm$	$\frac{1}{2}\alpha$ $\pm$	Ausschußseite[2] $\pm$
	ϕ_K des Ringes d_R (−) ϕ_A des Dornes D_d (÷)				ϕ_{Fl} des Ringes d_{2R} (−) und des Dornes d_{2D} (÷)						
	größtes Abmaß	kleinstes Abmaß neu	abg.	Herstellungs-Tol.	größtes Abmaß	kleinstes Abmaß neu	abg.	Herstellungs-Tol.			
mm	μ	μ	μ	μ	μ	μ	μ	μ	μ	Min.	μ
0,25	15	7	0	8	15	10	5	5	5	60	3
0,3	15	7	0	8	15	10	5	5	5	50	3
0,35	15	7	0	8	15	10	5	5	5	45	3
0,4	17	7	0	10	20	13	8	7	5	43	3
0,45	17	7	0	10	20	13	8	7	5	40	3
0,5	17	7	0	10	20	13	8	7	5	35	3
0,6	17	7	0	10	20	13	8	7	5	33	3
0,7	17	7	0	10	20	13	8	7	5	30	3
0,75	17	7	0	10	20	13	8	7	5	28	3
0,8	17	7	0	10	20	13	8	7	5	25	3
0,9	17	7	0	10	20	13	8	7	6	20	3
1,00	17	7	0	10	20	13	8	7	6	18	3
1,25	17	7	0	10	20	13	8	7	6	15	3
1,50	25	10	0	15	25	17	10	8	6	15	4
1,75	25	10	0	15	25	17	10	8	6	15	4
2,	28	13	0	15	28	18	10	10	7	13	4
2,5	30	15	0	15	30	20	10	10	7	13	5
3	30	15	0	15	35	23	13	12	8	13	5
3,5	35	18	0	17	38	25	13	13	8	13	5
4	37	20	0	17	43	28	15	15	8	13	6
4,5	37	20	0	17	43	28	15	15	8	13	6
5	37	20	0	17	43	28	15	15	9	10	6
5,5	42	22	0	20	45	30	15	15	9	10	7
6	42	22	0	20	45	30	15	15	9	10	7

[1]) Die Steigungstoleranz gilt für zwei beliebige innerhalb der Einschraublänge liegende Gänge.

[2]) Die Herstellungsgenauigkeiten sind für Außen-, Flanken- und Kerndurchmesser gleich. Die Abmaße beziehen sich auf das Ausschußmaß des Werkstücks.

Der Außendurchmesser des Ringes (D_R) und der Kerndurchmesser des Dorns (d_D) werden frei gearbeitet, wobei als Grenze ihr theoretisches Profil gilt.

Dabei ist:

ϕ_A abgenutzt = kleinster Außendurchmesser der Mutter nach DIN 2245/47 (Tab. 262/4a),

ϕ_A neu, Kleinstmaß = ϕ_A abgenutzt + zulässige Abnutzung nach DIN 2244 (Tab. 271a, b),

ϕ_A neu, Größtmaß = ϕ_A neu, Kleinstmaß + Herstellungstoleranz nach DIN 2244 (Tab. 271a, b),

Tabelle 272a. Herstellungsgenauigkeit und Abnutzung der Lehren für Toleranzen fein und mittel für Whitworth-Gewinde nach DIN 11 und 12. Abmaße (DIN 2244, Tafel 9).

Gangzahl	Steigung h	Gutseite								h[1] ±	$\tfrac{1}{2}\alpha$ ±	Ausschußseite[2] ±
		ϕ_K des Ringes d_R (−) ϕ_A des Dornes D_d (+)				ϕ_{Fl} des Ringes d_{2R} (−) und des Dornes d_{2D} (+)						
		größtes Abmaß	kleinstes Abmaß neu	kleinstes Abmaß abg.	Herstellungs-Tol.	größtes Abmaß	kleinstes Abmaß neu	kleinstes Abmaß abg.	Herstellungs-Tol.			
	mm	μ	μ	μ	μ	μ	μ	μ	μ	μ	Min.	μ
20	1,270	23	15	8	8	15	10	5	5	4	10	3
18	1,411	23	15	8	8	15	10	5	5	4	10	3
16	1,588	23	15	8	8	18	13	8	5	4	10	3
14	1,814	30	20	13	10	20	13	8	7	4	10	3
12	2,117	30	20	13	10	20	13	8	7	5	8	3
11	2,309	30	20	13	10	20	13	8	7	5	8	3
10	2,540	30	20	13	10	23	15	8	8	5	8	3
9	2,822	30	20	13	10	23	15	8	8	5	8	3
8	3,175	30	20	13	10	23	15	8	8	5	8	3
7	3,629	35	23	13	12	23	15	8	8	5	8	3
6	4,233	35	23	13	12	23	15	8	8	6	8	3
5	5,080	35	23	13	12	23	15	8	8	6	8	4
$4^1/_2$	5,645	43	28	15	15	28	18	10	10	6	8	4
4	6,350	43	28	15	15	28	18	10	10	6	8	4
$3^1/_2$	7,257	45	30	15	15	30	20	10	10	6	8	5
$3^1/_4$	7,816	55	38	20	17	38	25	13	13	7	8	5
3	8,467	60	43	23	17	43	28	15	15	7	8	5
$2^7/_8$	8,835	60	43	23	17	43	28	15	15	7	8	5
$2^3/_4$	9,237	60	43	23	17	43	28	15	15	7	8	5
$2^5/_8$	9,677	60	43	23	17	43	28	15	15	7	8	5
$2^1/_2$	10,160	65	45	23	20	45	30	15	15	8	8	6

[1]) Die Steigungstoleranz gilt für zwei beliebige innerhalb der Einschraublänge liegende Länge.

[2]) Die Herstellungsgenauigkeiten sind für Außen-, Flanken- und Kerndurchmesser gleich. Die Abmaße beziehen sich auf das Ausschußmaß des Werkstücks.

Der Außendurchmesser des Ringes (D_R) und der Kerndurchmesser des Dorns (d_D) werden frei gearbeitet, wobei als Grenze ihr theoretisches Profil gilt.

ϕ_K Größtmaß $=$ theoretischer Kerndurchmesser des Bolzens nach DIN 13/14 (Tab. 98) (es ist nur das Größtmaß angegeben, da der ϕ_K frei gearbeitet wird).

Für ϕ_Fl gilt das Entsprechende wie beim ϕ_A, nur tritt an Stelle des kleinsten Außendurchmessers der Mutter: der theoretische Flankendurchmesser nach DIN 13/14 (Tab. 98) $+$ Abmaß des abgenutzten Lehrdorns nach DIN 2244 (Tab. 271a, b).

DIN 2263. Ausschuß-Lehrdorn für metrisches Gewinde nach DIN 13/14 Fein-, Mittel- und Grobtoleranz, Grenzmaße.

Tabelle 272b. Herstellungsgenauigkeit und Abnutzung der Lehren für Toleranzen grob für Whitworth-Gewinde nach DIN 11 und 12. Abmaße (DIN 2244, Tafel 10).

Gangzahl	Steigung h	Gutseite								h[1]	$\frac{1}{2}\,\alpha$	Ausschußseite[2]
		ϕ_K des Ringes d_R $(-)$ ϕ_A des Dornes D_d $(-)$				ϕ_Fl des Ringes d_{2R} $(-)$ und des Dornes d_{2D} $(+)$				$\pm$	$\pm$	$\pm$
		größtes Abmaß	kleinstes Abmaß		Herstellungs-Tol.	größtes Abmaß	kleinstes Abmaß		Herstellungs-Tol.			
			neu	abg.			neu	abg.				
	mm	μ	μ	μ	μ	μ	μ	μ	μ	μ	Min.	μ
20	1,270	30	20	13	10	20	13	8	7	6	15	3
18	1,411	35	23	13	12	23	15	8	8	6	15	3
16	1,588	35	23	13	12	23	15	8	8	6	15	4
14	1,814	35	23	13	12	23	15	8	8	6	15	4
12	2,117	43	28	15	15	28	18	10	10	7	13	4
11	2,309	43	28	15	15	28	18	10	10	7	13	4
10	2,540	43	28	15	15	28	18	10	10	7	13	5
9	2,822	45	30	15	15	30	20	10	10	7	13	5
8	3,175	50	35	20	15	35	23	13	12	8	13	5
7	3,629	55	38	20	17	38	25	13	13	8	13	6
6	4,233	60	43	23	17	43	28	15	15	8	13	6
5	5,080	60	43	23	17	43	28	15	15	9	10	7
$4\frac{1}{2}$	5,645	60	43	23	17	43	28	15	15	9	10	7
4	6,350	65	45	23	20	45	30	15	15	9	10	7
$3\frac{1}{2}$	7,257	68	48	25	20	48	33	18	15	9	10	8
$3\frac{1}{4}$	7,816	73	50	25	23	50	35	20	15	10	10	8
3	8,467	80	55	28	25	55	38	20	17	10	10	8
$2\frac{7}{8}$	8,835	85	58	30	27	58	40	20	18	11	10	9
$2\frac{3}{4}$	9,237	85	58	30	27	58	40	20	18	11	10	9
$2\frac{5}{8}$	9,677	85	58	30	27	58	40	20	18	11	10	9
$2\frac{1}{2}$	10,160	90	60	30	30	60	43	23	17	12	10	9

[1]) Die Steigungstoleranz gilt für zwei beliebige innerhalb der Einschraublänge liegende Gänge.

[2]) Die Herstellungsgenauigkeiten sind für Außen-, Flanken- und Kerndurchmesser gleich. Die Abmaße beziehen sich auf das Ausschußmaß des Werkstücks.

Der Außendurchmesser des Ringes (D_A) und der Kerndurchmesser (d_D) des Dorns werden frei gearbeitet, wobei als Grenze ihr theoretisches Profil gilt.

Dabei ist:

ϕ_{Fl} Größtmaß und Kleinstmaß = größter Flankendurchmesser der Mutter nach DIN 2245/47 (Tab. 262/4 a) $\pm$ Herstellungstoleranz nach DIN 244 (Tab. 271a, b Ausschußseite), (ϕ_A und ϕ_K sind frei gearbeitet; verkürzte Flanken).

DIN 2264. Gut-Lehrring für metrisches Gewinde nach DIN 13/14, Feintoleranz, Grenzmaße.

DIN 2265. Gut-Lehrring für metrisches Gewinde nach DIN 13/14. Mitteltoleranz, Grenzmaße.

DIN 2266. Gut-Lehrring für metrisches Gewinde nach DIN 13/14, Grobtoleranz, Grenzmaße.

Dabei ist:

ϕ_A Kleinstmaß = theoretischer Außendurchmesser der Mutter nach DIN 13/14 (Tab. 98) (es ist nur das Kleinstmaß angegeben, da der ϕ_A frei gearbeitet wird).

ϕ_K abgenutzt = größter Kerndurchmesser des Bolzens nach DIN 2245/47 (Tab. 262/4a).

ϕ_K neu, Größtmaß = ϕ_K abgenutzt — zulässiger Abnutzung nach DIN 2244 (Tab. 271a, b).

ϕ_K neu, Kleinstmaß = ϕ_K neu, Größtmaß — Herstellungstoleranz nach DIN 244 (Tab. 271a, b).

Für ϕ_{Fl} gilt das Entsprechende wie beim ϕ_K, nur tritt an Stelle des größten Kerndurchmessers des Bolzens: der größte Flankendurchmesser des Bolzens nach DIN 2245/47 (Tab. 262/4a) — Abmaß des abgenutzten Lehrringes nach DIN 2244 (Tab. 271a, b).

DIN 2267. Prüfdorn für Gut-Lehrring für metrisches Gewinde nach DIN 13/14, Feintoleranz, Grenzmaße.

DIN 2268. Prüfdorn für Gut-Lehrring für metrisches Gewinde nach DIN 13/14, Mitteltoleranz, Grenzmaße.

DIN 2269. Prüfdorn für Gut-Lehrring für metrisches Gewinde nach DIN 13/14, Grobtoleranz, Grenzmaße.

Dabei ist:

ϕ_A, ϕ_K, ϕ_{Fl}, Größt- und Kleinstmaß = Kleinst- ϕ_A, ϕ_K, ϕ_{Fl} des Lehrringes nach DIN 2264/66 $\pm$ Herstellungstoleranz nach DIN 2244 (Tab. 271a, b, Ausschußseite).

DIN 2270. Einstellehrdorn für die Lehren zur Prüfung der Ausschußseite des Flankendurchmessers des Bolzens für metrisches Gewinde nach DIN 13/14, Fein-, Mittel- und Grobtoleranz, Grenzmaße.

Dabei ist:

ϕ_{Fl} Größt- und Kleinstmaß = kleinster Flankendurchmesser des Bolzens nach DIN 2245/47 (Tab. 262/4a) $\pm$ Herstellungsgenauigkeit nach DIN 2244 (Tab. 271a, b, Ausschußseite).

DIN 2271. Gut-Lehrdorn für Whitworth-Gewinde nach DIN 11 und 12, Fein- und Mitteltoleranz, Grenzmaße.

DIN 2272. Gut-Lehrdorn für Whitworth-Gewinde nach DIN 11 und 12, Grobtoleranz, Grenzmaße.

Dabei ist:

ϕ_A, ϕ_{Fl}, abgenutzt = theoretischer Außen-, Flankendurchmesser nach DIN 11 (Tab. 94) + Abmaß des abgenutzten Lehrdorns nach DIN 2244 (Tab. 272a, b).

ϕ'_A, ϕ_{Fl}, neu, Kleinstmaß = ϕ_A, ϕ_{Fl}, abgenutzt + Abnutzung nach DIN 2244 (Tab. 272a, b).

ϕ_A, ϕ_{Fl}, neu, Größtmaß = ϕ_A, ϕ_{Fl}, neu, Kleinstmaß + Herstellungstoleranz nach DIN 2244 (Tab. 272a, b).

ϕ_K Größtmaß = theoretischer Kerndurchmesser des Bolzens nach DIN 11 (Tab. 94) (Angabe des Größtmaßes genügt, da der ϕ_K frei gearbeitet wird).

DIN 2273. Ausschuß-Lehrdorn für Whitworth-Gewinde nach DIN 11 und 12, Fein-, Mittel- und Grobtoleranz, Grenzmaße.

Dabei ist:

ϕ_{Fl}, Größt- und Kleinstmaß = größter Flankendurchmesser der Mutter nach DIN 2248/50 (Tab. 266/8a) ± Herstellungstoleranz nach DIN 2244 (Tab. 272a, b, Ausschußseite), (ϕ_A und ϕ_K sind frei gearbeitet; verkürzte Flanken).

DIN 2274. Gut-Lehrring für Whitworth-Gewinde nach DIN 11 und 12, Feintoleranz, Grenzmaße.

DIN 2275. Gut-Lehrring für Whitworth-Gewinde nach DIN 11 und 12, Mitteltoleranz, Grenzmaße.

DIN 2276. Gut-Lehrring für Whitworth-Gewinde nach DIN 11 und 12, Grobtoleranz, Grenzmaße.

Dabei ist:

ϕ_A Kleinstmaß = theoretischer Außendurchmesser der Mutter nach DIN 11 (Tab. 94) (Angabe des Kleinstmaßes genügt, da der ϕ_A frei gearbeitet wird).

ϕ_K abgenutzt = theoretischer Kerndurchmesser nach DIN 11 (Tab. 94) — Abmaß des abgenutzten Lehrringes nach DIN 2244 (Tab. 272a, b).

ϕ_K neu, Größtmaß = ϕ_K abgenutzt — zulässige Abnutzung nach DIN 2244 (Tab. 272a, b).

ϕ_K neu, Kleinstmaß = ϕ_K neu, Größtmaß — Herstellungsgenauigkeit nach DIN 2244 (Tab. 272a, b).

Für ϕ_{Fl} gilt das Entsprechende, nur ist an Stelle des theoretischen Durchmessers der größte Flankendurchmesser des Bolzens nach DIN 2248/50 (Tab. 266/8a) zu setzen.

DIN 2277. Prüfdorn für Gut-Lehrring für Whitworth-Gewinde nach DIN 11 und 12, Feintoleranz, Grenzmaße.

DIN 2278. Prüfdorn für Gut-Lehrring für Whitworth-Gewinde nach DIN 11 und 12, Mitteltoleranz, Grenzmaße.

DIN 2279. Prüfdorn für Gut-Lehrring für Whitworth-Gewinde nach DIN 11 und 12, Grobtoleranz, Grenzmaße.

Dabei ist:

ϕ_A, ϕ_K, ϕ_{Fl}, Größt- und Kleinstmaß = kleinster ϕ_A, ϕ_K, ϕ_{Fl}, des Lehrringes nach DIN 2274/76 ± Herstellungstoleranz nach DIN 2244 (Tab. 272a, b, Ausschußseite).

DIN 2280. Einstellehrdorn für die Lehren zur Prüfung der Ausschußseite des Flankendurchmessers der Bolzen für Whitworth-Gewinde nach DIN 11 und 12, Fein-, Mittel- und Grobtoleranz, Grenzmaße.

Dabei ist:

ϕ_{Fl} Größt- und Kleinstmaß $=$ kleinster Flankendurchmesser des Bolzens nach DIN 2248/50 (Tab. 266/8a) $\pm$ Herstellungstoleranz nach DIN 2244 (Tab. 272a, b, Ausschußseite).

Die Baumasse, d. h. die sonstigen Abmessungen für Meßzapfen, Griffe usw., sind in folgenden Normenblättern festgelegt:

DIN 2281. Gut-Lehrdorn, Prüfdorn und Einstellehrdorn für metrisches Gewinde nach DIN 13/14.

DIN 2282. Meßzapfen für Gut-Lehrdorn, Prüfdorn und Einstelllehrdorn für metrisches Gewinde nach DIN 13/14.

DIN 2283. Ausschuß-Lehrdorn für metrisches Gewinde nach DIN 13/14.

DIN 2284. Meßzapfen für den Ausschuß-Lehrdorn für metrisches Gewinde nach DIN 13/14.

DIN 2285. Einstellehren für die Lehren zur Prüfung der Ausschußseite des Flankendurchmessers des Bolzens für metrisches Gewinde nach DIN 13/14.

DIN 2286. Gut-Lehrring für metrisches Gewinde nach DIN 13/14.

DIN 2287. Gut-Lehrdorn, Prüflehrdorn und Einstellehrdorn für Whitworth-Gewinde nach DIN 11 und 12.

DIN 2288. Meßzapfen für Gut-Lehrdorn, Prüfdorn und Einstell-Lehren für Whitworth-Gewinde nach DIN 11 und 12.

DIN 2289. Ausschuß-Lehrdorn für Whitworth-Gewinde nach DIN 11 und 12.

DIN 2290. Meßzapfen für den Ausschußlehrdorn für Whitworth-Gewinde nach DIN 11 und 12.

DIN 2291. Einstellehren für die Lehren zur Prüfung der Ausschußseite des Flankendurchmessers des Bolzens für Whitworth-Gewinde nach DIN 11 und 12.

DIN 2292. Gut-Lehrring für Whitworth-Gewinde nach DIN 11 und 12.

Die **Gewindelochbohrer**-Durchmesser sind in DIN 336 enthalten. Die angegebenen Werte sind Durchschnittswerte für allgemeine Zwecke, können aber auch, wenn eine besondere Bedingung auf Einhaltung der Toleranz des Kerndurchmessers nicht gemacht ist, für Muttern mit Gewindegrenzmaßen nach DIN 2244 verwendet werden.

Für die Lehren für Fein-, Rohr- und anormale Gewinde sind die Herstellungsgenauigkeiten nach den Ausführungen im Nachtrag zu S. 596 zu berechnen.

Zu S. 606. Tabelle 273 und Abb. 389 ändern sich infolge der anderen Festsetzung der Herstellungsgenauigkeit. Die neuen Werte sind in Tabelle 273a und in Abb. 389a vermerkt. Sie fallen für die Fein- und Mitteltoleranz praktisch mit denen für die (besten) amerikanischen Lehren X und für die Lehren für BSF-Gewinde, enger

Sitz; für die Grobtoleranzen mit denen für die amerikanischen Lehren Y zusammen. Berücksichtigt man, daß das obere Abmaß der Gewindelehrdorne bei den USSt-Lehren Y um etwa $50^0/_0$, bei den USSt-Lehren Z um etwa $75^0/_0$ größer als ihre Toleranz ist, so sieht man, daß die äußeren Abmaße bei den deutschen Lehren höher liegen. Das ist dadurch gerechtfertigt, daß 1. die Steigungs- und Winkelfehler im Flankendurchmesser kompensiert sind und 2. auch eine Abnutzung zugelassen ist. Die Innehaltung der engen Toleranzen, wie sie bei den NDI-Lehren für Fein- und Mitteltoleranz, bei den USSt-Lehren X und bei den Lehren für den engen Sitz des BSF-Gewindes gefordert werden, ist erst in letzter Zeit, und zwar dadurch möglich geworden, daß man die Lehren schleift und deshalb in der Lage ist, die die Toleranz des Flankendurchmessers beeinflussenden Steigungsfehler wesentlich kleiner als früher zu halten.

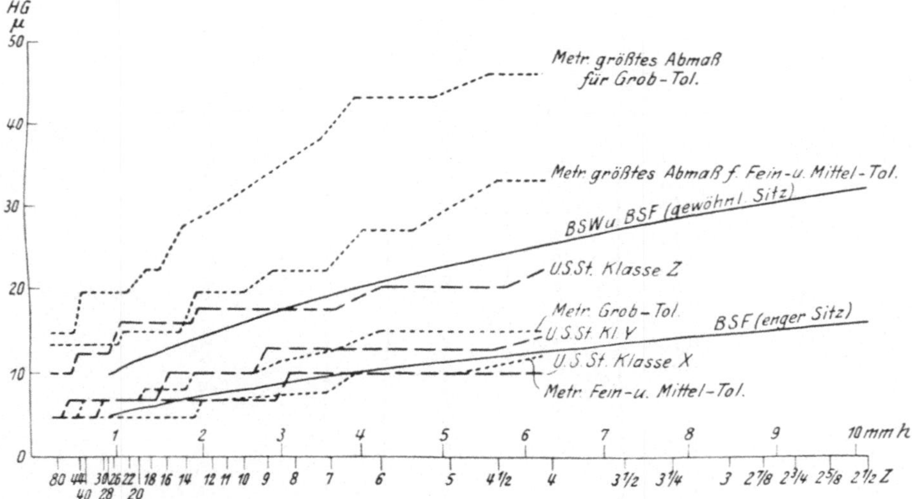

Abb. 389 a. Verlauf der Herstellungstoleranz des Flankendurchmessers der Lehren mit der Steigung beim metrischen, BSW-, BSF- uud USSt-Gewinde.

Zu S. 607. **Für die Herstellungsgenauigkeit** der zur Prüfung der Schrauben benutzten Gewindelehren hat die Firma Reißhauer im wesentlichen die Werte der ersten Ausgabe der DIN 244 übernommen, obwohl sie bei $70^0/_0$ der untersuchten Lehren kleiner als die Hälfte jener Werte waren (diese Messungen zeigen auch deutlich die Berechtigung für die in der 2. Auflage (DIN 2244) vorgenommene Herabsetzung der Steigungsfehler und die vorgeschlagene (aber nicht angenommene) Verringerung der Winkeltoleranzen). Das geschah, um unnötigen Ausschuß zu vermeiden (11). Nur die Toleranzen für den Außen- und den Kerndurchmesser wurden kleiner als die früheren Werte der DIN 244 gewählt, da sie leichter inne zu halten sind; dabei sind die Herstellungsgenauigkeiten für den Kerndurchmesser des Dornes und den Außendurchmesser des Ringes, der schwierigeren Herstellung wegen, etwas größer als für die beiden anderen Durchmesser gehalten.

Zu S. 607. Auch für Schneidzeuge müssen natürlich noch Toleranzen aufgestellt werden. Dies ist aber in Deutschland vorläufig noch verschoben worden, weil der jetzige Augenblick, in dem sich die geschliffenen Schneidzeuge gerade einzuführen beginnen, dafür ungeeignet ist. Die Grundsätze für die Tolerierung der Schneidzeuge bleiben natürlich dieselben wie bei den Gewindelehren. Man wird also dem Gewindebohrer ein unteres Abmaß geben, das zum

Tabelle 273a. Ersatz zu: Toleranz des Flankendurchmessers und bei der Herstellung innezuhaltende Werkstatt-Toleranzen.

h	Fein- und Mitteltoleranz		Grobtoleranz	
	$\delta\phi_{Fl}$	Werkstatt-toleranz	$\delta\phi_{Fl}$	Werkstatt-toleranz
mm	μ	μ	μ	μ
0,25	5	2	5	2
0,30	5	2	5	2
0,35	5	2	5	2
0,40	5	2	7	4
0,45	5	2	7	4
0,50	5	2	7	4
0,60	5	2	7	4
0,70	5	2	7	4
0,75	5	2	7	4
0,80	5	2	7	4
0,90	5	2	7	4
1,0	5	2	7	4
1,25	5	2	7	4
1,50	5	2	8	5
1,75	5	2	8	5
2,0	7	3	10	6
2,5	7	3	10	6
3,0	8	4	12	8
3,5	8	4	13	9
4,0	10	5	15	10
4,5	10	5	15	10
5,0	10	5	15	10
5,5	12	7	15	10
6,0	12	7	15	10

Ausgleich der Steigungs- und Winkelfehler praktisch ausreicht, und hierauf eine reine Flankendurchmesser-Toleranz setzen, ebenso wird man mit der Abnutzung auch wieder unter das untere Abmaß gehen. Selbstverständlich werden die Abmaße größer als bei den Lehren angesetzt werden müssen. Schätzungsweise wird man die Toleranzen für die Steigung und den halben Flankenwinkel etwa ein Viertel so groß wie bei den Schrauben nehmen können, woraus sich ja dann die Herstellungsgenauigkeiten zunächst für den Flanken- und weiterhin auch für den Außen- und den Kerndurchmesser ergeben.

Jedenfalls ist es aber auch schon heute erforderlich, die Schneidzeuge vor Ingebrauchnahme und, was noch wichtiger, die ersten damit geschnittenen Gewinde zu untersuchen, um unnötigen Ausschuß zu vermeiden.

E. Rohr- und Rundgewinde.

Zu S. 609. Abb. 391. Die Unterschrift muß heißen: c) Profil des **Lehrdornes.**

Zu S. 612. Toleranzen des ASTP-Gewindes. Der Lehrdurchmesser darf be der eigenen Revision des Herstellers um 1 Gang. bei der Abnahme durch den Besteller um $1^1/_2$ Gang gegenüber dem theoretischen Wert vor- oder zurückstehen. Danach beträgt die Toleranz des Flankendurchmessers (am Ende der normalen Einschraublänge F) das $1^1/_2$fache des in Tabelle 127a angegebenen Durchmesserzuwachses je Gang. Die damit berechneten Größtwerte des Flankendurchmessers selbst sind bereits in Tabelle 127a mitgeteilt.

Dieselben Bestimmungen gelten auch für das gerade Rohr- und für das Gegenmuttergewinde. Toleranzen für Gewinde an Rohren für. hohe Drucke sind in Aussicht genommen (21).

Zu S. 613 4. Kontrolle des ASTP-Gewindes. Die Bestimmungen darüber weichen in den neuen Veröffentlichungen (19, 21) etwas von den früheren und auch untereinander ab. Nach der eigentlichen Norm B 3 über Rohrgewinde gehören zu den Urlehren der auf S. 613 genannte Dorn und die beiden, dort unter den Prüflehren aufgeführten Ringe, während in der zusammenfassenden Darstellung der National Screw Thread Comm. nur der Dorn allein genannt ist.

Nach der Norm B 3 bestehen ferner die Prüflehren aus 1 Dorn und 2 Ringen, die genau wie die Urlehren ausgeführt werden, nach der anderen Darstellung dagegen nur aus 1 Dorn und 1 Ring der Dicke F.

Die Norm B 3 sagt auch nichts über Abnahmelehren, während sie in dem zusammenfassenden Bericht, und zwar entsprechend den Ausführungen auf S. 614, enthalten sind.

Den Urlehren müssen die Ergebnisse ihrer Messung beigefügt werden.

Zu S. 615. Ausgleich der Winkelfehler. Wie beim USSt- wird auch beim Rohrgewinde gerechnet

$$f_2 = \frac{2 \cdot t_1 \cdot \mathrm{tg}\, \delta\, \alpha/2}{\sin(\alpha + \delta\, \alpha/2)} = \frac{1{,}332 \cdot h \cdot \mathrm{tg}\, \delta\, \alpha/2}{\sin(\alpha + \delta\, \alpha/2)} = 1{,}53815 \cdot h \cdot \mathrm{tg}\, \delta\, \alpha/2.$$

Der letzte Wert folgt daraus, daß $t_1 = t - 2 \cdot \frac{1}{10} \cdot h = t - 0{,}23094 \cdot t = 0{,}76906 \cdot t$ genommen ist, da die Lehren an den Spitzen um $\frac{1}{10} \cdot h$ abgeflacht sein sollen.

Zu S. 616. Tabelle 277 gilt nach den neuen Veröffentlichungen nur für Prüflehren. In ihr ist folgende Zeile einzufügen:

Nenndurch-messer		$\delta\phi_{Fl}$		Axiale Verschiebung durch $\delta\phi_{Fl}$			Größte Abweichung von der fluchtenden Lage beim Zus.schrauben v. Gewinde-lehrdorn und -ring	
Zoll	mm	$^1/_{1000}{}''$	μ	$^1/_{1000}{}''$	μ	in $^1/_{10}$ Gang	$^1/_{1000}{}''$	mm
11	275	0,70	17,8	11,2	285	0,090	22,8	0,580

In Spalte $\delta\phi_{Fl}$ mm muß es heißen 28,7.

Zu S. 616. 6. Zeile von oben ist hinter: Steigungsfehler einzufügen: „bei den langen Gewinden". Aus den angegebenen Gründen ist auch von der Aufstellung von Toleranzen und Prüfungsvorschriften für dieses Gewinde Abstand genommen.

Zu S. 617. Tabelle 278. Es ist folgende Zeile einzufügen:

Nenndurch-messer		$\delta\phi_{Fl}$		Axiale Verschiebung durch $\delta\phi_{Fl}$			GrößteAbweichung von der fluchtenden Lage beim Zusam-menschrauben von Arbeitslehren		GrößteAbweichung von der fluchtenden Lage b. Zusammen-schraub. v. Arbeits- und Prüflehren	
Zoll	mm	$^1/_{1000}{}''$	μ	$^1/_{1000}{}''$	μ	in $^1/_{10}$ Gang	Zoll	mm	Zoll	mm
11	275	1,40	35,6	22,4	569	0,180	45,8	1,163	34,3	0,871

Außerdem sind folgende Änderungen einzutragen:
in Spalte $\delta\phi_{Fl}$ μ statt 34,6 37,6;
in Spalte Axiale Verschiebung durch $\delta\phi_{Fl}$ μ: 480.
In der Ergänzungstabelle 278a sind noch angegeben: Außendurchmesser des Lehrdorns und Kerndurchmesser des Lehrringes am dünnen Ende, am Ende der normalen Einschraublänge F und am Ende der Gewindelänge E. Sie lassen sich aus den entsprechenden Flankendurchmessern A, B und G berechnen durch die Beziehungen

$$\phi_A \;(\text{bzw.}\; \phi_K) = \phi_{Fl} \pm (t - \tfrac{1}{10}\cdot h) = \phi_{Fl} \pm 0{,}666025/z.$$

Die Flankendurchmesser A, B und G sowie die Ringdicken E und F sind aus Tabelle 127 und 127a zu entnehmen. Die entsprechenden Außen- und Kerndurchmesser sind mit A', B', G' bzw. A'', B'', G'' bezeichnet.

Zu S. 618. Die Abmessungen für Gewindebohrer bis $4''$ für ASTP- und ASP-Gewinde sowie für Kernlochbohrer bis $6''$ für ASTP-Gewinde sind in ähnlicher Weise wie für das USSt-Gewinde aufgestellt und toleriert (21). Bei den Gewindebohrern für gerades Rohrgewinde sind für die Flankendurchmesser auch Grenzwerte festgesetzt (Tabelle 278b); sie liegen, wie selbstverständlich, unter den Größt- und über den Kleinstwerten des Flankendurchmessers der Werkstücke, während die theoretischen Werte für ihren Flanken- und Außendurchmesser mit den in Tabelle 127 und 127a angegebenen übereinstimmen (21). Die Toleranzen betragen $^1/_2$ bis $^1/_4$ der der Werkstücke; sie sind aber bei den Gewindebohrern nicht nur auf die Steigung, sondern auch auf den Durchmesser bezogen.

Tabelle 278a. Ergänzung zu: Außendurchmesser der Lehrdorne und Kerndurchmesser der Lehrringe.

Nenn-durch-messer Zoll	Außendurchm. der Lehrdorne			Kerndurchmesser d. Lehrringe		
	A' Zoll	B' Zoll	G' Zoll	A'' Zoll	B'' Zoll	G'' Zoll
$^1/_8$	0,38818	0,39943	0,40467	0,33884	0,35009	0,35533
$^1/_4$	0,51439	0,52689	0,53950	0,44039	0,45289	0,46550
$^3/_8$	0,64902	0,66402	0,67450	0,57501	0,59001	0,60050
$^1/_2$	0,80600	0,82600	0,83936	0,71086	0,73086	0,74421
$^3/_4$	1,01525	1,03644	1,04936	0,92011	0,94129	0,95421
1	1,27155	1,29655	1,31422	1,15571	1,18071	1,19839
$1^1/_4$	1,61505	1,64130	1,65922	1,49921	1,52546	1,54339
$1^1/_2$	1,85400	1,88025	1,89922	1,73817	1,76442	1,78339
2	2,32694	2,35419	2,37422	2,21111	2,23836	2,25839
$2^1/_2$	2,80278	2,84541	2,87388	2,63628	2,67890	2,70737
3	3,42388	3,47175	3,49888	3,25737	3,30525	3,33237
$3^1/_2$	3,92075	3,97207	3,99888	3,75425	3,80556	3,83237
4	4,41763	4,47038	4,49888	4,25112	4,30387	4,33237
$4^1/_2$	4,91450	4,96919	4,99888	4,74800	4,80268	4,83237
5	5,47398	5,53255	5,56188	5,30748	5,36604	5,39537
6	6,52935	6,58922	6,62388	6,36284	6,42272	6,45737
7	7,52310	7,58560	7,62388	7,35659	7,41909	7,45737
8	8,51685	8,58328	8,62388	8,35034	8,41678	8,45737
9	9,51060	9,58122	9,62388	9,34409	9,41472	9,45737
10	10,62857	10,70419	10,74888	10,46206	10,53768	10,58237
11	11,62232	11,70263	11,74888	11,45581	11,53612	11,58237
12	12,61607	12,70107	12,74888	12,44956	12,53456	12,58237
14 ϕ A	13,85825	13,95588	13,99888	13,69175	13,78937	13,83237
15 „	14,85200	14,95744	14,99888	14,68550	14,79093	14,83237
16 „	15,84575	15,95900	15,99888	15,67925	15,79250	15,83237
17 „	16,83950	16,95825	16,99888	16,67300	16,79175	16,83237
18 „	17,83325	17,95825	17,99888	17,66675	17,79175	17,83237
20 „	19,82075	19,95357	19,99888	19,65425	19,78706	19,83237
22 „	21,80825	21,94888	21,99888	21,64175	21,78237	21,83237
24 „	23,79575	23,94419	23,99888	23,62925	23,77768	23,83237
26 „	25,78325	25,93950	25,99888	25,61675	25,77300	25,83237
28 „	27,77075	27,93482	27,99888	27,60425	27,76831	27,83237
30 „	29,75825	29,93013	29,99888	29,59175	29,76362	29,83237

Zu S. 620. Auch für die amerikanischen Schlauch- und Feuerschlauchverschraubungen sind jetzt Toleranzen aufgestellt (18, 21, 23). Für die Schlauchverschraubungen sind sie etwas größer als früher gewählt, um eine größere Abnutzung der Arbeits- sowie auch der Revisionslehren zulassen zu können. Ihre von den in Tabelle 132 und 131a angegebenen Durchmessern aus zu rechnenden Werte sind in Tabelle 279a enthalten. Die Toleranzen für die Steigung beziehen sich, wie üblich, auf die Einschraublänge, sie müssen ebenso wie die Winkelfehler im Flankendurchmesser kompensiert werden und sind unter der Annahme berechnet, daß je die Hälfte der Toleranz des Flankendurchmessers dafür ausgenutzt werden darf.

Die Toleranzen für den Außendurchmesser des Bolzens und den Kerndurchmesser der Mutter sind gleich der doppelten Flanken-

Tabelle 278b. Toleranzen des Flankendurchmessers der Gewindebohrer für gerades Rohrgewinde.

Nenn-durch-messer Zoll	ϕ_{Fl}			
	Max. Zoll	Min. Zoll	$\pm$ Tol. $^1/_{1000}{}''$	μ
$^1/_8$	0,3763	0,3733	1,5	38
$^1/_4$	0,4914	0,4884	1,5	38
$^3/_8$	0,6288	0,6253	1,75	44
$^1/_2$	0,7802	0,7767	1,75	44
$^3/_4$	0,9909	0,9869	2,0	51
1	1,2406	1,2366	2,0	51
$1^1/_4$	1,5856	1,5811	2,25	57
$1^1/_2$	1,8246	1,8201	2,25	57
2	2,2988	2,2938	2,5	64
$2^1/_2$	2,7649	2,7594	2,75	70
3	3,3913	3.3858	2,75	70
$3^1/_2$	3,8916	3,8861	2,75	70
4	4,3899	4,3844	2,75	70

durchmessertoleranz. Dagegen sind die Toleranzen für den Kerndurchmesser des Bolzens und den Außendurchmesser der Mutter nicht zahlenmäßig aufgeführt, vielmehr ist nur angegeben, daß der kleinste Kern- bzw. der größte Außendurchmesser eine Abflachung von $^1/_3$ der theoretischen, also von $\frac{1}{24} \cdot t$, haben dürfen, bzw. daß ihre Toleranz gleich der des Flankendurchmessers $+ \frac{2}{9} \cdot t_1 = \delta \phi_{Fl} + 145{,}6/z$ ist.

Tabelle 279a. Toleranzen der amerikanischen Schlauch- und Feuerschlauchverschraubungen.

z	$d\,(-),\ D_1\,(+)$		$d_1\,(-),\ D\,(+)^1)$		$d_2\,(-),\ D_2\,(+)$		$\delta h\,(\pm)$		$\delta a/2$
	$^1/_{1000}{}''$	μ	$^1/_{1000}{}''$	μ	$^1/_{1000}{}''$	μ	$^1/_{1000}{}''$	μ	$\pm$Min.
11,5	17,0	432	21,2	538	8,5	216	2,5	64	112
7,5	32,0	813	35,4	900	16,0	406	4,6	117	137
6	36,0	914	42,3	1074	18,0	457	5,2	132	124
4	50,0	1270	61,4	1561	25,0	635	7,2	183	115

ist. Diese Festsetzungen weichen von der beim USSt-Gewinde für den Kerndurchmesser des Bolzens getroffenen ab, wo der kleinste Durchmesser immer noch eine Abflachung von $\frac{1}{8} \cdot t$ haben muß. Die in Tabelle 279a mitgeteilten Werte sind nach den auf S. 533/4 dargelegten Grundsätzen, also unter der Voraussetzung richtigen Flankenwinkels, berechnet.

---

^{1}) Nicht zahlenmäßig angegeben; gelten nur unter der Voraussetzung richtigen Flankenwinkels.

Die Toleranzen für die Schlauch- und Feuerschlauchverschraubungen sind größer als bei dem weiten Sitz des USSt-Gewindes und auch größer als beim geraden Spezialrohrgewinde, was des großen Mindestspiel wegen auch durchaus gerechtfertigt ist.

Die Grenzwerte sind aus Tabelle 279b zu entnehmen.

Die Kontrolle, die aber bisher nur für die Feuerschlauchverschraubungen, also die Durchmesser über 2″, festgelegt ist, erfolgt in genau derselben Weise wie beim USSt-Gewinde (s. S. 549 und 617), nur ist hier auf die der Gutseite des Außendurchmessers des Bolzens und des Kerndurchmessers der Mutter verzichtet. Vorgesehen sind folgende Lehren:

	Nippel	Kupplung	
Gutseite	Gewindelehrring mit dem Größtmaß des Kern-[1]) und Flankendurchmessers des Bolzens, während der Außendurchmesser frei gearbeitet ist	Gewindelehrdorn mit dem Kleinstmaß des Außen- und des Flankendurchmessers der Mutter, während der Kerndurchmesser frei gearbeitet ist	Gutseite
ϕ_{Fl} Ausschußseite	Gewindelehrring mit dem Kleinstmaß des Flankendurchmessers, Kerndurchmesser wie bei Gutseite (so daß nur der Flankendurchmesser trägt) [2])	Gewindelehrdorn mit dem Größtmaß des Flankendurchmessers, Außendurchmesser wie bei Gutseite (so daß nur der Flankendurchmesser trägt) [2])	ϕ_{Fl} Ausschußseite
ϕ_A Ausschußseite	Glatter Ring mit Kleinstmaß	Glatter Lehrdorn mit Größtmaß	ϕ_K Ausschußseite
ϕ_K		Nicht vorgesehen	ϕ_A

1. Der Kerndurchmesser des Lehrdorns ist aber tatsächlich bei $2\,^1/_2$ und $3″$ Durchmesser um $15 \cdot 10^{-3}$ Zoll, bei $3\,^1/_2″$ um $20 \cdot 10^{-3}$ Zoll und bei $4\,^1/_2″$ um $25 \cdot 10^{-3}$ Zoll, also um das Spitzenspiel größer gehalten, um nicht durch die im Kern des Bolzens zulässige Abrundung behindert zu werden. Es müßte also richtiger heißen: der Kerndurchmesser des Gewindelehrringes erhält das Kleinstmaß der Mutter.

2. Diese Lehren dürfen nur 2 Gänge besitzen.

Da die Gutseite Gewindelehren den Außendurchmesser des Bolzens und den Kerndurchmesser der Mutter nicht mit prüfen, müßte eigentlich, um die Zusammenschraubbarkeit zu gewährleisten, auch eine Prüfung ihrer Gutseite, insgesamt also mit Grenzlehren erfolgen.

Die Herstellungsgenauigkeit der Gewindelehren beträgt $1 \cdot 10^{-3}$ Zoll $(25,4\ \mu)$ und ist auf der Gutseite gegen die Abnutzung (also bei den Ringen nach Minus, bei den Dornen nach Plus), auf der Ausschußseite entgegengesetzt zu verlegen. Die zulässigen Abweichungen für die Steigung zwischen irgend zwei innerhalb der Einschraublänge gelegenen Gängen betragen $\pm\, 0,5 \cdot 10^{-3}$ Zoll $(13\ \mu)$, für den halben Flankenwinkel $\pm\, 10'$.

Tabelle 279b. Gewinde der amerikanischen Schlauch- und Feuerschlauchverschraubungen.

Nenn-durchmesser Zoll	z	d		d_1		d_2		D		D_1		D_2	
		Max. Zoll	Min. Zoll	Max. Zoll	Min.¹) Zoll	Max. Zoll	Min. Zoll	Min. Zoll	Max.¹) Zoll	Min. Zoll	Max. Zoll	Min. Zoll	Max. Zoll
0,750	11,5	1,0625	1,0455	0,9495	0,9283	1,0060	0,9975	1,0725	1,0937	0,9595	0,9765	1,0160	1,0245
1,000	11,5	1,2951	1,2781	1,1821	1,1599	1,2386	1,2301	1,3051	1,3263	1,1921	1,2091	1,2486	1,2571
1,250	11,5	1,6399	1,6229	1,5629	1,5417	1,5834	1,5579	1,6499	1,6711	1,5369	1,5539	1,5934	1,6019
1,500	11,5	1,8788	1,8618	1,7658	1,7446	1,8223	1,8138	1,8888	1,9100	1,7758	1,7928	1,8323	1,8408
2,000	11,5	2,3528	2,3358	2,2398	2,2186	2,2963	2,2878	2,3628	2,3840	2,2498	2,2668	2,3063	2,3148
2,500	7,5	3,0686	3,0366	2,8954	2,8600	2,9820	2,9660	3,0836	3,1190	2,9104	2,9424	2,9970	3,0130
3,000	6	3,6239	3,5879	3,4073	3,3650	3,5156	3,4976	3,6389	3,6812	3,4223	3,4853	3,5306	3,5486
3,500	6	4,2438	4,2079	4,0273	3,9850	4,1356	4,1176	4,2639	4,3062	4,0473	4,0833	4,1556	4,1736
4,500	4	5,7609	5,7109	5,4361	5,3747	5,5985	5,5735	5,7859	5,8473	5,4611	5,5111	5,6235	5,6485

¹) Nicht zahlenmäßig angegeben; gilt nur unter der Voraussetzung richtigen Flankenwinkels.

Alle diese Angaben gelten für die Abnahmelehren, so daß in der Werkstatt mit engeren Toleranzen gearbeitet werden muß.

Zu S. 621/2. Die Toleranzen für Edisongewinde sind jetzt endgültig (DIN VDE 400).

Dabei sind die Herstellungsgenauigkeiten für die Lehren der Ausschußseite gegen den früheren Entwurf (Tabelle 286, 4. Spalte von rechts) zehnmal größer angesetzt. Ferner ist die Breite b der Ringe gleich der Größe L (vorletzte Spalte) gewählt, während die letzte Spalte (R) für die Länge l_1 der Gewindezapfen der Lehrdorne gilt. Diese sind aber nicht auf der ganzen Länge mit Gewinde versehen, sondern sind vorn auf eine kurze Strecke glatt und mit dem Maß des kleinsten Kerndurchmessers gehalten, um ein leichteres Einschrauben zu ermöglichen.

Die in Tabelle 286 angegebenen Größtwerte der Mutterdurchmesser D und D_1 gelten auch für die Gewinde an den Lehren zur Kontrolle der Einschraubtiefe der Edison-Lampensockel 10, 14, 27 und 40 mm, und zwar bei den ersten drei mit einer Toleranz von —0,1 mm, bei dem letzten mit einer solchen von — 0,2 mm (DIN VDE 9611).

Zu S. 622. Die Toleranzen für Edison-Gewinde nach Tabelle 286 sind auch von Österreich in Oenorm E 1500 übernommen (22).

Zu S. 623. Die Kontrolle beim Panzerrohr-, Nippel- und Glühlampengewinde auf der Ausschußseite durch einen glatten Ring bzw. Lehrdorn ist ausreichend, da für die Überdeckung allein der Außendurchmesser des Bolzens und der Kerndurchmesser der Mutter maßgebend sind.

S. 623. Toleranzen der Stahlpanzerrohrgewinde. Wie schon in dem Nachtrag zu S. 235/6 erwähnt, sind auch in DIN VDE 430 Grenzmaße für dieses Gewinde und in DIN VDE 431 Angaben für die zu ihrer Prüfung benötigten Lehren gemacht. Während bei dem Edisongewinde (DIN VDE 400 und 401) die Grenzmaße für die Werkstücke und die Lehren gleich gehalten waren, so daß bei neuen Lehren sofort ersichtlich war, daß ein Mindestspiel auftrat und dieses bei Benutzung völlig abgenutzter Lehren den Wert 0 annahm, ist man beim Stahlpanzerrohrgewinde in anderer Weise vorgegangen. Hier fallen die Größtmaße der Bolzen und die Kleinstmaße der Muttern mit den theoretischen Werten nach Tabelle 146 zusammen, während die der Gewindelehren um den für ihre Abnutzung zulässigen Betrag von $50\,\mu$ kleiner bzw. größer gehalten sind; auch hier ist also bei Benutzung neuer Lehren ein Mindestspiel, und zwar von $100\,\mu$ vorhanden (das gleichfalls symmetrisch auf Bolzen und Muttern verteilt ist) und wird auch dieses für völlig abgenutzte Lehren gleich 0, so daß sich also praktisch dieselben Verhältnisse wie beim Edisongewinde ergeben. Ferner sind die beiden anderen Abmaße für Bolzen und Mutter verschieden gehalten (s. Tab. 283a). Auf der Ausschußseite werden auch hier nur Außendurchmesser des Bolzens und Kerndurchmesser der Mutter geprüft.

Tabelle 283a. Toleranzen für Stahlpanzerrohrgewinde.
Abmaße (vom theoretischen Maß aus gerechnet).

d_l	z	d, d_1, d_2		D, D_1, D_2		Lehren alle Durchm.
		o	$u\,(-)$	U	$O\,(\div)$	
mm		μ	μ	μ	μ	$o\,(-)\quad U\,(\div)$
9	18	0	200	0	150	50
11	18	0	200	0	150	50
13,5	18	0	200	0	150	50
16	18	0	200	0	150	50
21	16	0	300	0	250	50
29	16	0	300	0	250	50
36	16	0	300	0	250	50
47	16	0	300	0	250	50

Tabelle 284a gibt die Grenzmaße der Werkstücke; die Größtmaße der Gewindelehrringe sind in allen drei Durchmessern um $50\,\mu$ kleiner; die Kleinstmaße der Lehrdorne um $50\,\mu$ größer gehalten, während die Durchmesser der glatten Lehrringe und -dorne mit den in Tabelle 284 angegebenen Werten der Ausschußseiten von Außendurchmesser Bolzen und Kerndurchmesser Mutter übereinstimmen. Die Abnutzung, die Herstellungsgenauigkeit (die hier auch für die Steigung und den halben Flankenwinkel angegeben ist), Ringbreite b und Länge l_1 der Gewindezapfen der Lehrdorne sind aus Tab. 284b zu entnehmen. Auch hier ist nicht ihre ganze Länge mit Gewinde versehen, sondern in l_1 ist gleichfalls noch ein kurzer glatter Ansatz mit dem Maß des Kerndurchmessers der neuen Lehre enthalten, der zur Erleichterung des Einschraubens dient. Die Herstellungsgenauigkeiten der Gutseite sind auffallend groß (bis zu $^2/_5$ der Toleranz), entsprechend sind auch die Herstellungsgenauigkeiten der Steigung und des halben Flankenwinkels gehalten.

Tabelle 284a. Toleranzen für Stahlpanzerrohrgewinde.
Grenzmaße der Werkstücke.

Kurz-zeichen	d		d_1		d_2		D		D_1		D_2	
	Größt-maß	Kleinst-maß	Größt-maß	Kleinst-maß	Größt-maß	Kleinst-maß	Kleinst-maß	Größt-maß	Kleinst-maß	Größt-maß	Kleinst-maß	Größt-maß
Pg	mm	mm	mm	mm	mm	mm	mm	mm	mm	mm	mm	mm
9	15,20	15,00	13,86	13,66	14,53	14,33	15,20	15,35	13,86	14,01	14,53	14,68
11	18,60	18,40	17,26	17,06	17,93	17.73	18,60	18,75	17,26	17,41	17,93	18,08
13,5	20,40	20,20	19,06	18,86	19,73	19,53	20,40	20,55	19,06	19,21	19,73	19,88
16	22,50	22,30	21,16	20,96	21,83	21,63	22,50	22,65	21,16	21,31	21,83	21,98
21	28,30	28,00	26,78	26,48	27,54	27,24	28,30	28,55	26,78	27,03	27,54	27,79
29	37,00	36,70	35,48	35,18	36,24	35,94	37,00	37,25	35,48	35,73	36,24	36,49
26	47,00	46,70	45,48	45,18	46,24	45,94	47,00	47,25	45,48	45,73	46,24	46,49
42	54,00	53,70	52,48	52,18	53,24	52,94	54,00	54,25	52,48	52,73	53,24	53,49

Die Größtmaße der neuen Gewinde-Lehrringe sind um 50 μ kleiner, die Kleinstmaße der neuen Gewinde-Lehrdorne sind um 50 μ größer.

Zu S. 625. Die amerikanischen Toleranzen für Edison-Gewinde sind auch vom kanadischen Normenausschuß übernommen (20). Die in beiden Ländern üblichen Kontrollehren sind in Abb. 394c wiedergegeben.

Tabelle 284b. Abnutzung und Herstellungsgenauigkeit (HG) der
Lehren für Stahlpanzerrohrgewinde.

Kurz-zeichen	Abnutzung der Lehren	HG Gutseite			Herstellungsgenauig-keit der Lehren Ausschußseite Ring u. Dorn $\pm$	b	l_1
		ϕ Ring $-$ Dorn $+$	δh auf 10 Gang	$\delta \alpha/2$			
Pg	μ	μ	$\pm \mu$	$\pm$ Min.	μ	mm	mm
9	50	50	10	45	10	12	18
11	50	50	10	45	10	12	20
13,5	50	50	10	45	15	14	20
16	50	50	10	45	15	14	22
21	50	100	15	45	15	16	25
29	50	100	15	45	20	16	28
36	50	100	15	45	20	18	28
42	50	100	15	45	20	18	32

Für das Normal-Edisongewinde hat sich auch Japan in seiner Norm Nr. 12, C 2 den amerikanischen Toleranzen angeschlossen (24).

Zu S. 625/6. Neues Eisenbahnkupplungsgewinde. Bei den Spindeln wird auf der Ausschußseite noch der Flankendurchmesser durch Rachenlehren mit kugelförmigen Meßstücken geprüft. Außerdem sind noch Rachenlehren für die Prüfung der Gutseiten der drei Durchmesser vorgesehen, was überflüssig ist, da sie hier schon durch den Gewindelehrring kontrolliert werden; die Prüfung des Flankendurchmessers auf der Gutseite ist sogar falsch, da er ja, des Ausgleichs der Steigungs- und Winkelfehler wegen, doch stets kleiner als der theoretische Wert gehalten werden muß.

Der Gewindelehrring selbst wird durch einen saugend passenden Dorn, seine Abnutzung gefühlsmäßig oder durch ein Meßgerät für Innengewinde geprüft. Die Rachenlehren werden, wie üblich, auf der Ausschußseite und auf der Gutseite auf Abnutzung durch Meßscheiben (2. Güte-

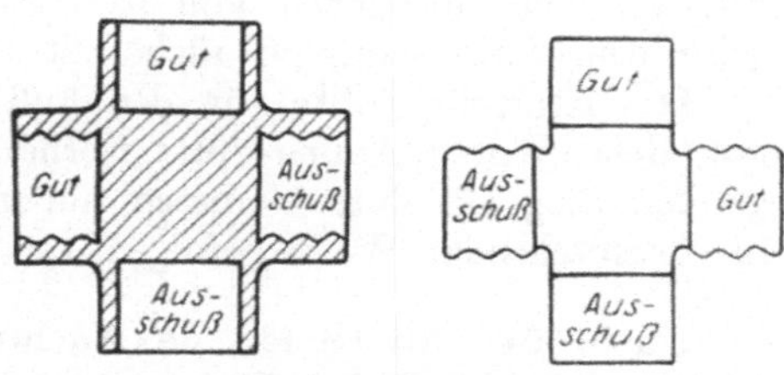

Abb. 394 c. Amerikanische Lehren zur Kontrolle des Edison-Gewindes am Lampenfuß (links) und an der Fassung (rechts).

grades nach DIN 171) kontrolliert, die Lehre für die Ausschußseite des Flankendurchmessers durch einen Dorn mit einer entsprechenden Nut, während die Gutseite nach einer Vergleichsgewindelehre eingestellt wird.

Die Herstellungsgenauigkeit der Lehre zur Prüfung des Kerndurchmessers der Mutter beträgt nicht 0,01, sondern 0,006 mm. Die Abnutzung des zur Kontrolle der Mutter benutzten Gewindelehrdorns wird durch unmittelbare Messung ermittelt. Zur Erleichterung der Kontrolle in der Werkstatt während der Herstellung ist noch eine feste Steigungslehre mit zwei Kugelzapfen vorgesehen.

Umrechnung von Zoll in mm.

Zu S. 636. In der Tabelle ist noch nachzutragen:

z	mm
68	0,373₅
38	0,668₄

Nachtrag.

Zu S. 654. Nachtrag 3. In einem neueren Vorschlage hat die Schweiz die Steigung 1,25 mm fallen lassen, wünscht aber bei 12 mm Durchmesser $h = 1$ mm (statt 1,5 mm in DIN 243). Die Kraftfahr-Industrie hat aber diese Änderung abgelehnt, da ihr die Steigung $h = 1$ mm bei dem genannten Durchmesser für die meisten Zwecke zu fein erscheint (Schlesinger: Die Gewinde, 2. Aufl. 1926).

Zu S. 658. Nachtrag 9. Um die Regeln der Union des Syndicats mit den Beschlüssen der BESA und den Wünschen der Länder, in denen die VDE-Normalien gelten, in Übereinstimmung zu bringen, machte Zetter 1920 folgenden Vorschlag, der aber ohne Erfolg blieb:

Maßgebend ist der Außendurchmesser mit 39,5; 26,5; 13,9 und 9,5 mm. Das Profil besteht aus 2 durch eine Tangente verbundenen

Kreisbögen vom gleichen Halbmesser $\frac{17}{60} \cdot h = 0{,}2833 \cdot h$. Die Gewindetiefe beträgt $0{,}3 \cdot h$. Die Gangzahlen sind: 4, 7, 9 und $14/1''$ (entsprechend den Steigungen 6,350; 3,628; 2,822; 1,814 mm). Der Außendurchmesser der Fassung wird um $2 \cdot 0{,}08 \cdot \sqrt{h}$ größer gehalten, so daß ein Spiel von $0{,}08 \cdot \sqrt{h}$ entsteht. Der Nippel erhält Minus-, die Fassung Plus-Toleranzen von $0{,}05$ bis $0{,}1 \cdot h$ (die sich hiernach ergebenden Werte stimmen nicht mit denen in Tabelle 163 überein).

Die Kontrolle sollte für den Fuß durch einen Gewindelehrring mit dem größten Außen- und Kerndurchmesser sowie durch einen glatten Ring mit dem kleinsten Außendurchmesser, für die Fassung in entsprechender Weise erfolgen.

Zu S. 594—601 (S. 143 des Nachtrages). Nachtrag 10. In einer neueren unverbindlichen Besprechung ist für das gewalzte Schraubeneisen vereinbart:

Oberes Abmaß: — 5 Paßeinheiten (vom Nennmaß aus gerechnet):

$$
\begin{aligned}
&\text{Toleranz: unter } {}^{7}/_{16}{}''\ \phi \ \ldots\ldots\ldots\ 0{,}3 \text{ mm}\\
&\qquad\text{von } {}^{1}/_{2} \text{ bis } {}^{3}/_{4}{}''\ \phi \ \ldots\ 0{,}4 \ \text{''}\\
&\qquad\text{von } {}^{7}/_{8} \text{ bis } 1{}^{1}/_{8}{}''\ \phi \ \ldots\ 0{,}5 \ \text{''}\\
&\qquad\text{von } 1{}^{1}/_{4} \text{ bis } 1{}^{1}/_{2}{}''\ \phi \ \ldots\ 0{,}6 \ \text{''}\\
&\qquad\text{über } 1{}^{1}/_{2}{}''\ \phi \ \ldots\ldots\ 0{,}8 \ \text{''}
\end{aligned}
$$

Die neuen Toleranzen sind also größer als die in Tabelle 269a und 270a angegebenen. Wichtig ist aber vor allem die jetzt getroffene Festsetzung für das obere Abmaß, wodurch gewährleistet ist, daß das größte Schraubeneisen stets kleiner als der größt zulässige Bolzen ist und somit die Schneidzeuge sicher geschont werden.

Literaturverzeichnis.

I. Die Entwicklung der verschiedenen Gewindesysteme.

A. Einleitung.

1. Grundbegriffe.

2) Am. Engg. Standards Nr. 3: Pipe Thread. 1919.
3) Brit. Engg. Standards Assoc. Report Nr. 21, 1909, on Brit. Standard Pipe Threads.
4) Rep. of the Nat. Screw Thread Comm., revised 1924.
5) Mitt. d. NdI 9, 50. 1926.
6) Mitt. d. NdI 9, 285. 1926.

3. Die Entwicklung der Gewindeherstellung.

18) Dick, O.: Die Feile. Berlin: Julius Springer 1925.

C. Das United States Standard- (USSt-) Gewinde — Vereinigte Staaten von Amerika.

5. Das USSt-Gewinde 1922.

9) Am. Mach. 61, 383, 421, 457. 1924.
10) Rep. of the Nat. Screw Thread Comm., revised 1924.
11) VDI-Nachrichten 3. III. 1924.
12) Am. Mach. 64, 196. 1926.

6. Sonder-Gewinde.

5) Circ. Nr. 40 des Bur. of Stand. (nach Rep. of the Nat. Screw Thread Comm., revised 1924).

J. Die Normung der Gewinde in Europa.

1. Deutschland.

34) Schmidt, Schlesinger, Simon: Mitt. d. NdI 8, 560, 921, 1064. 1925; Werkst.-Techn. 19, 386, 637, 772, 782. 1925.
35) Mitt. d. NdI 8, 460. 1925.
36) Mitt. d. NdI 8, 817. 1925.
37) Sparwirtschaft 1925, S. 44.
38) Mitt. d. NdI 9, 93. 1926.
39) Zehl: Z. Feinmech. Präzision 34, 38. 1926. Sparwirtschaft, Önig 6, N 66, N 77. 1926.
40) Mitt. d. NdI 9, 194. 1926.
41) Schlesinger, G.: Die Gewinde. 2. Aufl. 1926.
42) Hager: Werkst.-Techn. 20, 267. 1926.
43) Sparwirtschaft, Önig 6, N 49. 1926.

2. Die Normung in den übrigen europäischen Ländern.

11) Iparí Szalvámositás 1, 26. 1923.
12) Čsekoslovenská Normalisační Společnost CSN 1001. 1924: Gewinde.
13) Ingenieur-Zg. 4, 123. 1924.
14) Mitt. d. NdI 8, 200. 1925.
15) Mitt. d. Önig 5, 91. 1925.
16) Mitt. d. NdI 9, 50. 1926.

17) Mitt. d. NdI 9, 194. 1926.
18) Sparwirtschaft, Önig 6, N 55, N 98. 1926.
19) Finnlands Standardiseringskommission SFS. B I 1—4.
20) Japanese Engineering Standard Nr. 13. B 3.

K. Rohrgewinde.
1. England.

9) Mitt. d. NdI 9, 50. 1926.
10) Bernhardt, K.: Mitt. d. Wärmetechn. Abtlg. im Verb. d. Zentralheizungs-
Ind. Aug./Dez. 1925.

2. Vereinigte Staaten.

26) Am. Engg. Standard B 2: Pipe Threads. 1919.
27) Am. Engg. Stand. Comm. B 26; Fire-Hose-Coupling Screw Thread. 1924.
28) Am. Mach. 61, 910. 1924.
29) Rep. of the Nat. Screw Thread Comm., revised 1924.
30) Berndt, G.: Z. Feinmech. Präzision 34, Nr. 20. 1926.

3. Deutschland.

34) Rep. of the Nat. Screw Thread Comm., revised 1924.
35) Mitt. d. NdI 8, 602. 1925.
36) El. u. Maschinenb. 43, 229. 1925.
37) Mitt. d. NdI 9, 196. 1926.
38) Mitt. d. NdI 9, 285. 1926.

L. Trapez-, Sägen- und Rundgewinde.
1. Trapezgewinde.

18) Rep. of the Nat. Screw Thread Comm., revised 1924.
19) Čseskoslovenská Normalisačni Společnost ČSN 1001. 1924: Gewinde.

2. Sägengewinde.

7) Rep. of the Nat. Screw Thread Comm., revised 1924.

3. Rundgewinde.

16) El. u. Maschinenb. 43, 230. 1925.
17) Canadian Engg. Standards Assoc. No. C 10. 1923. Standard Specification for
Regular Tungsten Incandescent Lamps.
18) Schlesinger, G.: Die Gewinde. 2. Aufl. 1926.
19) Mitt. d. NdI 9, 286. 1926.
20) Japanese Engineering Standard Nr. 12, C 2.

II. Gewindemessungen.
C. Flankendurchmesser.
1. Meßstücke.

32) Eppenstein, O.: Meßgerät (wiss. Tagung während der Kölner Messe) S. 51.
1925.
33) Kugler, Ch.: Mach. 31, 563. 1925.
34) Kurtz, H. F.: Mech. Engg. 47, 987. 1925.
35) Rep. of the Nat. Screw Thread Comm., revised 1924.

2. Die Meßgeräte zur Bestimmung des Flankendurchmessers.

23a) (Ergänzung.) Schuchardt, E.: Maschinenbau 4, 676. 1925.
38) Bernlöhr, P.: Z. Feinmech. Präzision 33, 81. 1925; Werkst.-Techn. 19, 578.
1925.
39) Reindl, J.: Vorschlag auf der Sitzung des Werkzeugausschusses des NDI
am 11. Dezember 1925. Mitt. d. NDI 9, 913. 1926.
40) Wilde, H.: Z. Feinmech. Präzision 34, 2. 1926.
41) Rep. of the Nat. Screw Thread Comm., revised 1924.
42) Am. Mach. 62, 861. 1925.
43) Wilde, H.: Z. Feinmech. Präzision 34, 83. 1926.
44) Flanders, R. E.: Amer. Mach. 65, 29 E. 1926.

D. Steigung.
1. Feste Lehren und Geräte für Vergleichsmessungen.
27) Heiser, M.: Mach. **31**, 889. 1925.
28) Wilde, H.: Z. Feinmech. Präzision **34**, 83. 1926.
2. Steigungsmeßmaschinen.
23) Herbert, A.: Accurate measurement and its commercial values, 1. Edit. 1924.
24) Nat. Physical Laboratory Report for the year 1921.
3. Leitspindeln.
17) Gaertner: Mach. **31**, 808. 1925.
18) Williams, J.: Amer. Mach. **61**, 547. 1924.
19) Mach. **30**, 195. 1924.

E. Flankenwinkel.
3. Das Einstellen des Drehstahls beim Gewindeschneiden.
7) Kurtz, H. F.: Mech. Engg. **47**, 987. 1925.
8) Am. Mach. **62**, 861. 1925.

F. Abflachung und Abrundung.
17) Mach. **30**, 161. 1924.
18) Am. Mach. **61**, 554. 1924.
19) Am. Mach. **62**, 861. 1925.

G. Optische Meßgeräte.
1. Mit Mikroskop.
18) Kreis, E.: Technik u. Betrieb 2, 189, 222, 253. 1925.
19) Kurtz, H. F.: Mech. Engg. **47**, 987. 1925.
20) Am. Mach. **64**, 177. 1926.
21) Mach. **32**, 511. 1926.
22) Mach. **32**, 695. 1926.
23) Steinle, Mschbau. 5, 445. 1926.
2. Projektionsverfahren.
18) Flanders, R. E.: Am. Mach. **61**, 481. 1924.
19) Kurtz, H. F.: Mech. Engg. **47**, 987. 1924.
20) Nat. Physical Laboratory, Yearbook 1924, S. 121.
21) Mach **30**, 240. 1924.
22) Am. Mach. **61**, 707. 1925.
23) Proc. Verb. d. Soc. d. Ing. Civ. de France 1924, S. 369.
24) Werkst.-Techn. **19**, 48. 1925.
25) Rev. d'optique 4, 164. 1925.
26) Wickman: Amer. Mach. **64**, 132 E. 1926.

H. Innengewinde.
7) Auch: Nat. Physical Laboratory, Report for the year 1921.
10) Auch: Nat. Physical Laboratory, Report for the year 1921.
14) Bartholdy: Kruppsche Monatshefte 6, 41. 1925.
15) Bernlöhr, P.: Z. Feinmech. Präzision **33**, 81. 1925; Werkst.-Techn. **19**, 578. 1925.
16) Herbert, A.: Accurate measurement and its commercial values; 1: Edit. 1924.
17) Nat. Physical Laboratory, Report for the year 1921.

L. Feste und nachstellbare Gewindelehre.
1. Einleitung.
1) Bethge: Werkst.-Techn. **19**, 768. 1925.
3. Gewindelehrdorne zum Prüfen von Innengewinden.
17) Schlesinger, G.: Werkst.-Techn. **19**, 1. 1925.
18) Engg. **117**, 773. 1924.
4. Genauigkeit der Normal-Gewindelehren.
6) Johansson: Katalog Nr. 6.
7) Kreis, E.: Technik u. Betrieb **2**, 189, 222, 253. 1925.
8) Schulz: Z. Feinmech. Präzision **34**, 84. 1926.

III. Gewindetoleranzen.
A. Einleitung.
1. Die Aufstellung der Toleranzen.

4) Berndt, G.: Mitt. d. NdI **8**, 347. 1925.
5) Berndt, G.: Festschrift der Bauer & Schaurte A.-G. 1926.
6) Breuer, P.: Werkst.-Techn. **19**, 132. 1925.
7) Gramenz, K.: Werkst.-Techn. **19**, 525. 1925.
8) Schaurte: Z. Feinmech. Präzision **34**, 45. 1926.
9) Rep. of the Nat. Screw Thread Comm., revised 1924.
10) Mitt. d. Önig 1925, S. 55.

B. Das BSW-, BSF- und BA-Gewinde — England.
1. BSW- und BSF-Gewinde.

5) Rep. CL(M) 7270 führt jetzt die Nr. 92.
6) Wickman: Amer. Mach. **64**, 132 E. 1926.
7) Groocock, W. G.: Amer. Mach. **64**, 115 E. 1926.
8) Nat. Physical Laboratory, Report for the year 1925.
9) Herbert, A.: Am. Mach. **64**, 157 E. 1926.
10) Muirhead, D. P.: Amer. Mach. **64**, 160 E. 1926.

C. USSt-Gewinde — Vereinigte Staaten.
2. Die Arbeiten der National Screw Thread Commission.

12) Auch: Am. Mach. **61**, 383, 421, 457. 1924.
13) Auch: Machinery Data Sheets Nr. 49.
18) Berndt, G.: Z. Feinmech. Präzision **33**, 231. 1925.
19) Berndt, G.: Z. Feinmech. Präzision **33**, 267. 1925.
20) Flanders, R. E.: Am. Mach. **61**, 481. 1924.
21) Hungerford, H. C.: Am. Mach. **61**, 658. 1924.
22) Jones and Lamson: Katalog.
23) Kurtz, H. F.: Mech. Engg. **47**, 987. 1925.
24) Commercial Standards as adopted by the Tap and Die Institute 1. Mai 1924.
25) Rep. of the Nat. Screw Thread Comm., revised 1924.
26) Machinery Data Sheets Nr. 52.

D. Gewindetoleranzen in Deutschland.
1. Die Toleranzen vor der Gewindenormung.

11) Zehl, F.: Z. Feinmech. Präzision **34**, 38. 1926. Mitt. d. Önig **6**, N 66, N 77. 1926.

2. NDI-Toleranzen.

9) Berndt, G.: Z. Feinmech. Präzision **33**, 267. 1925.
10) Bethge, K.: Werkst.-Techn. **19**, 538, 768. 1925.
11) Kreis, E.: Technik u. Betrieb **2**, 189, 222, 253. 1925.
12) Reindl, J.: Ausführungen auf der Sitzung des Werkzeugausschusses des NDI am 11. Dez. 1925.
13) Mitt. d. Önig **4**, 90. 1924.
14) Mitt. d. NdI **8**, 237, 556. 1925.
15) Mitt. d. NdI **9**, 194. 1926.
16) Wickman: Am. Mach. **64**, 132 E. 1926.
17) Koch und Kienzle, D.R.P. Anm **42**b, K. 91985.
18) Schimz, C.: Maschinenbau **5**, 552 1926. Z. f. Feinmech. u. Präzision **34**, 140. 1926.
19) Hindersin, M.: Z. f. Feinmech. u. Präzision **34**, 200. 1926.

E. Rohr- und Rundgewinde.

18) Berndt, G.: Z. Feinmech. Präzision **34**, 213. 1926.
19) Am. Engg. Standards Comm. Pipe Threads B 3. 1919.
20) Canadian Engg. Standards Assoc. No. C 10. 1923. Standard specifications for Regular Tungsten Incandescent Lamps.
21) Rep. of the Nat. Screw Thread Comm., revised 1924.
22) El. u. Maschinenb. **43**, 230. 1925.
23) Am. Engg. Standards Comm. Nat. (Americ.) Standard Fire-Hose Coupling Screw Thread B 26. 1924.
24) Japanese Engineering Standard Nr. 12, C 2.

Schriften der Arbeitsgemeinschaft Deutscher Betriebsingenieure.

Band I: Der Austauschbau und seine praktische Durchführung. Bearbeitet von zahlreichen Fachleuten. Herausgegeben von Dr.-Ing. **Otto Kienzle.** Mit 319 Textabbildungen und 24 Zahlentafeln. VIII, 320 Seiten. 1923. Gebunden RM 8.50

Band II: Lehrbuch der Vorkalkulation von Bearbeitungszeiten. Von **Kurt Hegner,** Oberingenieur der Ludwig Loewe & Co. A.-G., Berlin. Erster Band. Systematische Einführung. Mit 107 Bildern. X, 188 Seiten. 1924. Gebunden RM 14.—

Band III: Spanabhebende Werkzeuge für die Metallbearbeitung und ihre Hilfseinrichtungen. Bearbeitet von zahlreichen Fachleuten. Herausgegeben von Dr.-Ing. e. h. **J. Reindl,** Technischer Direktor der Schuchardt & Schütte A.-G. Mit 574 Textabbildungen und 7 Zahlentafeln. XI, 455 Seiten. 1925. Gebunden RM 28.50

Band IV: Spanlose Formung. Schmieden, Stanzen, Pressen, Prägen, Ziehen. Bearbeitet von Dipl.-Ing. **M. Evers,** Dipl.-Ing. **F. Großmann,** Dir. **M. Lebeis,** Dir. Dr.-Ing. **V. Litz,** Dr.-Ing. **A. Peter.** Herausgegeben von Dr.-Ing. **V. Litz,** Betriebsdirektor bei A. Borsig, G. m. b. H., Berlin-Tegel. Mit 163 Textabbildungen und 4 Zahlentafeln. VI, 152 Seiten. 1926. Gebunden RM 12.60

Über die Eingliederung der Normungsarbeit in die Organisation einer Maschinenfabrik. Von Dipl.-Ing. **Friedrich Meyenberg,** Berlin. V, 67 Seiten. 1924. RM 3.30

Einführung der genormten Fräserdorn- und Messerkopfbefestigungen in die Betriebe. Einführungsmöglichkeit der Frässpindelkopfnormen an verschiedenen Maschinen. Von **K. Hegner,** Berlin und **J. G. Tapken,** Spandau. Mit 20 Textfiguren. 8 Seiten. 1926. (Sonderabdruck aus „Werkstattstechnik", Zeitschrift für Fabrikbetrieb und Herstellungsverfahren, XX. Jahrgang 1926, Heft 3.) Einzelpreis RM —.50; 10 Expl. und mehr je RM —.40; 50 Expl. und mehr je RM —.35; 100 Expl. und mehr je RM —.30

Mehrfach gelagerte, abgesetzte und gekröpfte Kurbelwellen. Anleitung für die statische Berechnung mit durchgeführten Beispielen aus der Praxis. Von Prof. Dr.-Ing. **A. Gessner,** Prag. Mit 52 Textabbildungen. IV, 96 Seiten. 1926. RM 8.10

Die Ermittlung der Kegelrad-Abmessungen. Berechnung und Darstellung der Drehkörper von Präzisions-Kegelrädern und kurzer Abriß der Herstellung. Tabellen aller Abmessungen für die gebräuchlichsten Übersetzungsverhältnisse. Von Oberingenieur **Karl Golliasch.** Mit 96 Abbildungen im Text. 61 Seiten. 1923. Gebunden RM 15.75

Die Satzräder der Evolventenverzahnung. Grundlagen und Anleitung zu ihrer Berechnung von Dr.-Ing. **Paul Krüger.** Mit 30 Abbildungen. VI, 88 Seiten. 1926. RM 8.40

Grundzüge der Schmiertechnik. Gestaltung und Berechnung vollkommen geschmierter Maschinenteile auf Grund der hydrodynamischen Theorie. Praktisches Handbuch für Konstrukteure, Betriebsleiter, Fabrikanten und Studierende des Maschinenbaufaches. Von Oberingenieur **E. Falz.** Mit 84 Textabbildungen, 21 Zahlentafeln und 31 Rechnungsbeispielen. VIII, 292 Seiten. 1926. Gebunden RM 22.50